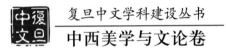

复旦中文学科建设丛书

中西美学与文论卷

中西与古今之间

汪涌豪　编选

创于1897　The Commercial Press

图书在版编目(CIP)数据

中西与古今之间/汪涌豪编选.—北京:商务印书馆,
2017
(复旦中文学科建设丛书·中西美学与文论卷)
ISBN 978-7-100-15485-7

Ⅰ.①中… Ⅱ.①汪… Ⅲ.①比较美学-中国、西方
国家-文集 Ⅳ.①B83-0

中国版本图书馆 CIP 数据核字(2017)第 273960 号

中西与古今之间

复旦中文学科建设丛书·中西美学与文论卷

汪涌豪 编选

商务印书馆出版
(北京王府井大街36号 邮政编码100710)
商务印书馆发行
苏州市越洋有限公司印刷
ISBN 978-7-100-15485-7

2017年11月第1版 开本710×1000 1/16
2017年11月第1次印刷 印张 22.25
定价:60.00元

前　言

　　复旦大学中文学科的开始,追溯起来,应当至 1917 年国文科的建立,迄今一百年;而中国语言文学系作为系科,则成立于 1925 年。1950 年代之后,汇聚学界各路精英,复旦中文成为中国语言文学教学和研究的重镇,始终处于海内外中文学科的最前列。1980 年代以来,复旦中文陆续形成了中国语言文学研究所(1981 年)、古籍整理研究所(1983 年)、出土文献与古文字研究中心(2005 年)、中华古籍保护研究院(2014 年)等新的教学研究建制,学科体制更形多元、完整,教研力量更为充实、提升。

　　百年以来,复旦中文潜心教学,名师辈出,桃李芬芳;追求真知,研究精粹,引领学术。复旦中文的前辈大师们在诸多学科领域及方向上,做出过开创性的贡献,他们在学问博通的基础上,勇于开辟及突进,推展了知识的领域,转移一时之风气,而又以海纳百川的气度,相互之间尊重包容,"横看成岭侧成峰",造成复旦中文阔大的学术格局和崇高的学术境界。一代代复旦中文的后学们,承续前贤的精神,持续努力,成绩斐然,始终追求站位学术前沿,希望承而能创,以光大学术为究竟目标。

　　值此复旦中文百年之际,我们编纂本丛书,意在疏理并展现复旦中文传统之中具有领先性及特色,而又承传有序的学科领域及学术方向。其中的文字,有些已进入学术史,堪称经典;有些则印记了积极努力的探索,或许还有后续生长的空间。

　　回顾既往,更多是为了将来。我们愿以此为基石,勉力前行。

陈引驰

2017 年 10 月 12 日

出 版 说 明

　　本书系为庆祝"复旦大学中文学科百年"所策划的丛书《复旦中文学科建设丛书》之一种。该丛书是一套反映复旦中文百年学术传统、源流，旨在突出复旦中文学科特色、学术贡献的学术论文编选集。由于所收文章时间跨度大，所涉学科门类众多，作者语言表述、行文习惯亦各不相同，因此本馆在编辑过程中，除进行基本的文字和体例校订外，原则上不作改动，以保持文稿原貌。部分文章则经作者本人修订后收入。特此说明。

编辑部

2017 年 11 月

目　　录

中国美学与文论研究

西方美学与文论研究

中西方美学的交汇与影响研究

中国美学与文论研究

中国艺术与中国古代美学思想

蒋孔阳

在中国传统文化中,我国古代的艺术和美学思想是非常丰富的。由于它们深受宗法礼教与小农经济的影响,因而表现出许多有别于西方的特点。

中国从殷周时代开始,就是一个大一统的宗法社会。在这个社会中,维系统一的,一是小农经济,二是宗法礼教。因为是小农经济,一切自给自足,无假外求,因而是封闭性的。他们"日出而作,日入而息,耕田而食,凿井而饮,帝力于我何有哉!"一切很满足,缺乏希腊人那种向外奋斗的精神。反映他们生活的,主要是一些诉说民间疾苦或者儿女私情的田园牧歌式的抒情小诗。中国古代的文学作品,不是波澜壮阔的史诗和悲剧,而是《诗经》和《楚辞》,决不是偶然的。至于宗法礼教,则是把原始社会的氏族血缘关系,与奴隶主大帝国的专制统治,糅合在一道,形成了一方面是温情脉脉、另一方面又是残酷剥削的尊卑贵贱等级关系。说它温情脉脉,是说它到处充满了感情,用亲族关系代替法制关系,认亲不认法,认亲不认贤。一直到今天,老子退休儿顶替,以至开后门等,都是它的遗传。至于残酷的尊卑贵贱等级关系,那在中国古代就更加明显了。一个人的价值,不是由他的才能、贡献和品格来决定的,而是由他的地位来决定。而这种地位又是先天的、固定的。

一

在这样一个封闭的小农经济和等级森严的专制社会中,中国古代的文学艺术向着两个方向发展：一是民间的讽喻诗和抒情诗，以及士大夫知识分子怡情遣兴的文学艺术；二是歌功颂德的朝廷宗庙的礼乐文章。马克思说："统治阶级的思想在每一时代都是占统治地位的思想。"①在中国古代的艺术中，礼乐占有统治的地位。如果说，雕刻是希腊艺术的中心，那么，礼乐就应当是中国古代艺术的中心。

"礼乐"是典礼化了的音乐。中国古代是一个音乐特别发达的民族。为什么呢？这与我们的封建社会是宗法社会这一特点分不开的。宗法社会一切活动的中心，就是祭祀祖先。祭祖的活动和仪式，通谓之"礼"。开始，礼就是指祭神之器。王国维说："盛玉以奉神之器谓之豊若丰。"后来推而广之，凡"奉神人之事通谓之礼"②。古人事事祭祖先，也就是祭神，所以事事讲礼，打仗也要讲礼。礼，包括了奴隶主贵族的一切活动，因此，刘师培有"典礼为一切政治学术之总称"的讲法。在宗法奴隶社会中，等级森严，所以礼也有等级的严格规定。王、侯、大夫、士，各有各的祭祀，因而各有各的礼。"待年而食者"，即普通劳动人民，不能参加祭祀，因此没有资格讲礼。所谓"礼不下庶人"，就是这个意思。讲礼的目的，是为了别尊卑、别贵贱，使"尊者，事尊；卑者，事卑"（《大戴礼记》）。

但是，祭神必须娱神，娱神必须有歌舞和乐舞。在礼的进行中，如果没有相应的乐相配，一方面，礼会失去其庄严肃穆的气氛；另一方面，则礼的节奏和秩序，无法掌握。因此，行礼必须同时举乐。古代无论举行什么典礼，没有不伴随着音乐的。《周礼·大司乐》说：

> 以六律、六同、五声、八音、六舞，大合乐以致鬼神示，以和邦国，以谐万民，以安宾客，以悦远人，以作动物。

这说明，在古代礼和乐不仅具有同样的目的，而且是同时举行的。由于祭祀的对象不同，礼不同，因而所用的音乐也不同。祭祀要讲礼，王、侯、大夫、士

---

① 马克思《德意志意识形态》，人民出版社1961年版，第42页。
② 王国维《释礼》，《观堂集林》（一），中华书局1959年版，第291页。

等人的生活也要讲礼,因此,他们的生活也离不开音乐。朝觐、宴会、守猎、迎送宾客等,莫不讲礼,因而也莫不有音乐。《仪礼》一书,是记载古时的礼节和仪式的。在这些记载中,礼的进行处处离不开乐。郑樵《通志》说:"礼乐相须为用,礼非乐不行,乐非礼不举。"礼乐二者,在当时是缺一不可的。《礼记·仲尼燕居》也说:"达于礼而不达于乐,谓之素;达于乐而不达于礼,谓之偏。"因此,礼乐并行,成了我国古代宗法社会生活中文学艺术的一个重要特点。就是由于这种礼乐制度的影响,我国古代的艺术和美学思想,就表现出下列的一些特点:

(1) 具有浓厚的政治伦理色彩。

西方的美学思想,强调艺术的独立地位和作用,而在中国古代宗法社会中,则强调乐必须为礼服务,文学艺术必须服从于政治。这样,艺术的美不美,不在于艺术本身,而在于它对政治伦理有用或无用,也就是善不善。美善两字,不仅同形,而且古代在内容和意义上,也是相近或相似的,《说文》即说:"美与善同意",又说:善"与义、美同意"。孔子反对郑声,那就因为"郑声淫",虽美不善。他认为《韶》乐比《武》乐美,那也因为《武》乐虽"尽美矣,未尽善也"。而《韶》乐则不仅"尽美",而且"尽善"。当时儒、道、墨、法诸家关于"礼乐"问题的一场大论战,关键的问题,就在于艺术对于政治与经济,有没有用?法家、墨家认为无用,所以坚决反对;而儒家则认为有用,所以极力鼓吹。因此,他们的争论,不在于艺术要不要从政治伦理中独立出来,而在于艺术是不是能够紧密地和政治伦理联系在一起。不仅这样,孔子甚至说:"诵诗三百,授之以政,不达;使于四方,不能专对;虽多,亦奚以为?"这就直截了当把艺术当成了政治的工具。正是在这种思想的影响下,《毛诗序》提出了"教以化之"的理论,认为诗歌和艺术的目的,就是"经夫妇,成孝敬,厚人伦,美教化,移风俗"。汉代的班固,之所以反对《离骚》,那就因为它表现了个性的自由,"露才扬己";同时又"非法度之政,经义所载",不符合宗法社会政治伦理的要求。王逸为之辩护,也只在于证明:"夫《离骚》之文,依托五经以立义焉。"那就是说,《离骚》并没有背离社会的政治伦理标准,因此是应当肯定的。

中国古代的美学思想,偏重"诗言志",其实也就是强调艺术与政治伦理的关系。《汉书·艺文志》:"古者诸侯卿大夫交接邻国,以微言相感。当揖让之时,必称诗以谕其志,盖以别贤不肖而观盛衰焉。"这很明显,称"诗言志"的目的,就是要"别贤不肖而观盛衰"。臣下的"献诗以陈志",外交上的"赋诗以言志"等等,都是具有浓厚的政治伦理色彩的。《国语·楚语上》:左史倚相曰:"昔卫武公年数九十有五矣,犹箴儆于国,曰:'自卿以下至于师长士,苟在朝者,无谓我老耄而舍我,必恭恪于朝,朝夕以交戒我;闻一二之言,必诵志而纳之,以训导我。'"那就是说,比较聪明的统治者,时时征求臣下的意见,方法之一,就是听取臣下诵诗,借以"观志""知志"。为此目的,古代还设有采诗官,"王者所以观风俗,知得失,自孝正也。"这样,"言志"就不仅仅是表达主观的思想感情问题,而且还带有浓厚的政治伦理目的。也正因为这样,所以《毛诗序》一方面高举"诗言志"的美学纲领,另一方面在评价《诗经》的时候,它会不顾诗歌本身的内容,而硬要从政治伦理方面来加以解说。《关雎》《卷耳》明明是民间的爱情诗,它却一定要把一个说成是"后妃之德也",把另一个说成是"后妃之志也"。因此,"诗言志"和今天西方所说的"表现说",差距是很大的。表现说,着重在自由地表现艺术家主观的思想感情,而言志说,则强调艺术的政教风化作用。中国的这种言志教化说,到了魏晋时代方才受到了冲击,转变成了缘情说。但由于中国宗法社会的基础并没有什么根本的改变,因此与政治伦理结合在一起的言志说,仍然长期支配中国古代的美学思想。

(2)具有森严的等级差别。

在宗法社会中,讲究尊卑贵贱。礼乐本身,就是等级的表现。不同等级的人,行不同的礼,享受不同的音乐。例如舞蹈,舞队的行列称为佾,舞佾的多少是按照等级来规定的。天子八八六十四,诸侯六六三十六,大夫、士四四一十六。鲁国的陪臣季氏,因为用了八八六十四的舞佾,孔子就大为生气,说:"季氏八佾舞于庭,是可忍也,孰不可忍也!"(《论语·八佾》)又如悬挂钟磬的架子——乐悬,也有严格的规定。《周礼·小胥》说:"正乐悬之位,王宫悬,诸侯轩悬,卿大夫判悬,士特悬。辨其声。"根据郑玄的注:"宫悬,四面悬;轩悬,去其一面;判悬,又去其一面;特悬,又去其一面。"那就是说,王可以四面悬挂乐器;诸侯可以三面悬挂;卿大夫可以两面悬挂;而士,只能挂一面。如果违反这个规定,就是大逆不道。音乐舞蹈如此,其他住宅、衣服、车马等等,无不如此。总之,符合等级规定的,就符合礼,因而美;不符合等级规定的,就僭越了礼,因而不美。

在这种等级观念的支配下,宗法社会的审美观点,讲究身份,讲究气派,讲究威严,讲究富贵。孔子并不富,却很讲究:"割不正,不食;席不正,不坐。"历代的帝王和统治阶级,更是极其讲究。溥仪在《我的前半生》一书中记载:慈禧太后吃饭,每顿要一百个菜。她不是为了吃,而是为了摆场面。在宗法社会中,场面就是美。我们参观故宫,更无处不是在摆场面和架子。首先,它要摆出威严和气势的场面,高不可攀,令人生畏生敬。故宫的建筑,都是高台基、大红柱、大屋顶。太和殿广场有三万多平方米,不仅不种树,连一根草都不生。这样,一走进去,就令人有庄严肃穆、不敢喘气的感觉。当时的统治阶级,他们所要达到的美学效果,就是这种政治上的神圣感,庄严感。其次,它要显出富贵豪华的场面。故宫的一切,都是天下至富至贵至罕至宝的东西。栏杆台阶都是汉白玉,桌椅几凳、盆景盆花,都是珍珠宝玉。这些东西,既不适用,更不舒服,但为了显示王家的豪富,所以穷尽奢华。本来,以富为美,这在原始人已经如此。普列汉诺夫《没有地址的信》就举了很多例子。近代资本主义社会,也有以炫富为美的。但像中国宗法社会中的统治阶级那样,把美和富贵荣华联系在一道的,却是并不多的。第三,它要带有吉祥的象征意味。宗法社会的统治阶级,为了表示它不同于一般的老百姓,自然要编出"我命自天"的种种神话。真命天子,就是一个著名的例子。于是,为了渲染和烘托这一神话,他们的装饰、审美趣味等,都环绕着这种神话打转。凡是能够象征这种神话的,或者对他们具有吉祥象征意味的东西,他们就不厌其烦,百般宣扬。走进故宫去,到处是龙的雕刻,龙的装饰,真是成了龙的世界。人变成了龙,并借龙来统治世界。他们不仅不以此为单调乏味，反而以此为最高的美。他们的美学思想，不是按照美的本质，把人提高；而是相反的，将人贬值和异化。美不是人的本质在客观现实中的表现，而是人的异化物的象征。黑格尔把东方艺术称为象征型艺术，在一定的范围之内，不能不说有其一定的道理。

（3）强调人与自然的统一，强调"致中和"的美学思想。

《荀子·乐论》说："乐合同，礼别异。"《礼记·乐记》也说："乐者为同，礼者为异。"这都是说，礼是要把人区别开来，使贵贱有等，长幼有序，男女有别。但是，社会是统一的，不能只看到别和异，还要使他们和和同。音乐艺术的作用，就是要在等级森严的秩序中，创造出一种和同娱乐的气氛。正因为这样，所以《礼记·乐记》的音乐美学思想，从头到尾，都贯穿了一个"和"字。所谓："乐者，天地之和也；礼者，天地之序也。"就是这一思想的具体表现。这样的和，从个人以至社会，从社会以至整个宇宙，无不贯通。天、地、人，三者相通。其中，人是基础。也就是说，"人道"顺应"天道"，从而天人合一，达到人与自然相统一，这就是儒家所说的"致中和"。《中庸》说："喜怒哀乐之未发，谓之中；发而皆中节，谓之和。中也者，天下之大事也；和也者，天下之达道也。致中和，天地位焉，万物育焉。"对于这段话，朱熹在《四书集注》中解释说：

> 位者，安其所也；育者，遂其生也。自戒惧而约之，以至于至静之中无久偏倚，而其守不失，则极其中而天地位矣。自谨独而精之，以至于应物之处无所差谬，而无适不然，则极其和而万物育焉。盖天地万物，本吾一体。吾之心正，则天地之心亦正矣；吾之气顺，则天地之气亦顺矣。

这段话，肯定了"天地万物，本吾一体"，肯定了人与自然是统一的，因此，人只要"自戒惧""自谨独"，就既可以达到个人内心的和平，又可以使天地各得其位，万物各得其育，从而从个人的和，达到天地的和。所谓"能尽人之性，则能尽物之性；能尽物之性，则可以赞天地之化育；可以赞天地之化育，则可以与天地参矣。"这种思想，与西方明显不同。西方也强调人，但它是以人为本位，向外开拓，向外征服，它是在掌握自然的必然规律上获得支配自然的权利，从而达到自由的王国。我国古代的思想,同样以人为本位,但它不是要向外开拓,向外征服,而是自我的尽性尽命,自我在精神上"上下与天地同流"(孟子语)。在这里,我们不能说中国的比西方的好,也不能说西方的比中国的好,它们所表现的是两种不同的宇宙观,不同的人生态度。从中国的态度出发,可以达到一种天人感应、物我交融、万象森然的气象或意境;从西方的态度出发,他们的"智慧的最后的断案"是:

要每天每日去开拓生活与自由,

然后才能作生活与自由的享受。①

正因为这样,所以西方的美学思想,强调文学艺术要写斗争,写反抗,写人去对客观世界起作用。但丁的《神曲》,在地狱的大门上写着:"你们走进来的,把一切希望抛在后面。"那就是说,要有下地狱的决心,才能写作。歌德的《普洛米修斯》,公开反对上帝,蔑视上帝的权威,要依照他自己的形象,去"创造人类"。这种精神,在中国古代"致中和"的美学思想中,是很少能够找到的。它们可以"怨",但不可以"怒";可以"刺",但不可以"乱";他们宁死,也不能触犯宗法社会最高的统治者——皇上。屈原那样伤心,要出走,但最后还是"眷局顾而不行",自投汨罗江而死。《毛诗序》说:"发乎情,止乎礼义。"也就是说,文学艺术的"情"要合乎宗法社会的"礼",这就道出了中国古代"致中和"的美学思想的精髓。

(4) 宗法社会不仅强调等级和威严,而且重视感情,讲究人情味。

上下君臣之间,有如父子夫妻一样,一方面,有名分、辈分、身份的差别,另一方面又有骨肉天伦的血缘联系。这好像矛盾,但天下的事物,莫不是矛盾的统一,何况艺术与美学这样复杂的精神现象?我国宗法礼教的美学思想,一方面强调礼乐,强调"威仪棣棣",使民既生畏敬之心,而不敢反叛;又生向往之心,为了取得富贵,而尽力王事。这些,都是它的糟粕,应当抛弃。但是,另一方面,

---

① 歌德《浮士德》。

它又强调感情,强调顺乎人情,却又不能不说有其合理的方面。与西方古代的禁欲主义比较起来,我国古代从孔子开始,很少有人主张禁欲主义,很少有人完全抹煞人的感情的需要的。他们都认为艺术是为了满足人的感情。《荀子·乐论》开头就说:"夫乐者,乐也,人情之所必不免也,故人不能无乐。"这样,他把感情放到了音乐和艺术的首位。以后《礼记·乐记》发挥了这一思想,说:"乐者,音之所由生也,其本在人心之感于物也。"这就进一步把音乐的起源和本质,归之于"人心之感于物"的感情。历代"诗言志"说,固然其目的是为了政教风化,但着眼点都是在感情。孔颖达《左传正义·昭公二十五年》:"在己为情,情动为志,情、志一也。"这就是说,情是属于个人内心的,志则是情表现于外所要达到的社会目的。二者有内外之别,但实质上是一致的。个人感情与社会目的的统一,礼与乐的统一,这就是宗法礼教美学思想的理想要求。根据这一要求,我国古代对于艺术要表现感情的说法,就有其不同于西方的民族特点。

西方人说感情,喜欢从生理和心理的角度来说。因此,他们重视快感、重视情欲,有的甚至把感情当成是一种无意识的本能冲动。我国古代,并不完全否认这种自然、本能的感情,但却不承认它们是艺术所要表现的感情。艺术所要表现的感情,应当与政治伦理相通,符合礼的规范。《礼记·乐记》说:"乐者,通伦理者也。"又说:"先王之制礼乐也,非以极口腹耳目之欲也,将以教民平好恶,而反人道之正也。"再则说:"夫物之感人无穷,而人之好恶无节,则是物至而人化物也。人化物也者,灭天理而穷人欲者也。"这些都是说,感情是重要的,但它不是物欲的满足,也不能过分,而应当加以节制,使其符合政治伦理的要求。这有其合理的一面,那就是要使礼乐制度和政治伦理,合乎人情,顺乎人情,由人情的需要来制定,因而带有人情味。荀子说的"养情"和"称情而立文",就是这个意思。儒家所倡导的许多礼教制度,开始都是从人情的自然需要出发的,例如祭礼,《礼记·祭义》说:

> 致斋于内,散斋于外。斋之时,思其居处,思其笑语,思其志意,思其所乐,思其所嗜,斋三日,乃见所谓斋者。祭之日,僾然必有见乎其位;周还出

户,肃然必有闻乎其容声;出户而听,忾然必有闻乎其叹息之声……

这把祭祀的过程和仪式,简直描写为祭者和被祭者之间的感情的交流。孔子说:"祭神如神在";荀子说:"事死如生,事亡如存。"都把可怕的丧礼说得合情合理,充满了感情,富有人情味。中国古代的以礼乐为中心的美学思想,之所以能够具有长远的生命力,除了政治上的原因外,就在于它的这种人情味。

但是,合理的东西一旦转化为现实的统治的东西,它就将常常失去其合理性而变得不合理。这是历史的辩证法。我国儒家重情的礼乐思想,本来是从人情的自然需要来谈礼,来谈政教;但当这一礼乐思想成为制度、在政治上占了统治地位的时候,它却反过来窒息和扼杀人的感情,要使感情符合礼乐政教的要求。于是,种种矫情夺情、欺世盗名、以至灭绝人性、伤心害理的事,都干出来了。《儒林外史》中的王玉辉,是一个老实人;就因为受了这种礼教思想的毒害,所以会让女儿活活饿死,还连声说:"死的好! 死的好!"封建社会中,大量的"瞒和骗"的文学艺术,也是这样产生出来的。因此,中国古代宗法社会的美学思想,过多地重视政治伦理的感情,而不重视天然的本能的感情;过多地重视主观感情上的"诚",而不重视客观现实的"真",结果给它自己造成了严重的危害。

(5)中国古代宗法社会的艺术和美学思想,不像西方那样具有宗教性,追求和向往超现实的非人间的美。

如像柏拉图,把回忆和追求天国理念的美,当成人生最高的目的。宗法社会是非常现实的,他们所希求的美,不在来世,而在现世。能够享受和占有人间的一切欢乐,他们就认为最美。因此,他们的美学思想,不仅是现世的,而且是世俗的。统治阶级中的一些官僚地主、政客文人,他们日夜梦寐以求的,是升官发财、荣华富贵、福禄寿喜。他们不仅活着要享受,死了还要享受。中国历代墓葬之厚,就说明了这一点。这种美学思想,在历代的统治阶级中,都有大量的反映,而文康的《儿女英雄传》,则作了最为淋漓尽致的抒写和描绘。它把升官发财,当成人生的第一意义,说什么"人无风趣官多贵,案有琴书家必贫"。那就是说,为了升官发财,它把做人最起码的"风趣"和"琴书"都反对掉了。何玉凤这个侠女,为了想老公读书中举,她所行的酒令,全部俗不可耐。什么"名花可及那金花?""旨酒可是琼林酒?""美人可得作夫人?"真是叫人恶心!书中最能表现宗法社会中庸俗的美学观点的,是安老爷讲的一个笑话。说是有一个人,功业无边,一生都是善行。死了后,玉帝要赏他,但又不知如何赏法,就叫他自己提要求。他说:

> 不愿为官,不愿参禅,不愿修仙,但愿父作公卿子状元,给我挣下万顷庄田,万贯金钱,买些秘书古董,奇珍雅玩,合那佳肴美酒,摆设在名园,伴着我同我的娇妻美妾,呼儿唤女笑灯前。不谈民生国计,不谈人情物理,不谈柴米油盐,只谈些无尽无休的梦中梦,何思何想的天外天,直谈到地老天荒,一十二万九千六百年,那时再逢开辟,依然还我这座好家山。

看起来,这十分荒唐,俗不可耐。但是,如果我们正视现实的话,在我们这个古老的宗法社会中,它却是许多人向往和追求的人生理想和美学理想。他们活着,不是为了创造事业,而是为了尽情地享受。这种美学思想,固然是统治阶级的,但却不仅侵蚀到了一些文人身上,而且也毒害了一些劳动人民,其流毒是很深广的。冯友兰在《文史资料选摘》第三十四辑中,载有《"五四"前的北大和"五四"后的清华》一文,说"五四"前后北大的一些大学生,还把升官发财当成他们最高的人生理想和美学理想。他们不要读书,不要真才实学,他们要的是拉拢应酬、是看戏、吃馆子、逛窑子。这样的读书人,你能希望他们救国救民、改造社会吗?不久前播放的电视连续剧《四世同堂》中的钱诗人对祁瑞宣说:

> 我们的传统的升官发财的观念,封建的思想,就是一方面想作高官,一方面又甘心作奴隶。家庭制度,教育方法,和苟且偷生的习惯,都是民族的遗传病。这些病,在国家太平的时候,会使历史无声无色的,平凡的,像一条老牛似的往前……乃至国家遭到危难,这些病就像三期梅毒似的,一下子溃烂到底。

钱诗人讲得很沉痛。他的话是针对冠晓荷等一批民族败类说的。不能说我们整个民族过去都是如此,但是,我们的民族之所以会出现这样一批败类,不也和我们的民族素质有关吗?而这种民族素质的形成,和我们追求升官发财、富贵荣华的那种庸俗的美学思想。又不能说没有一定的关系。因此,我们特别提出来,加以批判和否定。

二

中国古代社会,除了宗法礼教的一面之外,还有小农经济的一面。如果宗法礼教产生了以礼乐为中心的儒家的美学思想,那么,小农经济则产生了以无为、自然为中心的道家的美学思想。道家的美学思想,主要有两点:一是自由,二是自然。说自由,是说在精神上解除了外界的束缚,逍遥自在,这时就美。庄子在《知北游》中说:"天下有大美而不言。"什么是"大美"呢?那就是"圣人者,原天地之美而达万物之理,是故至人无为,大圣不作,观于天地之谓也"。这就是说,至人无为,一切顺应自然的规律,游心于自然,按照自然本来的面貌观赏自然,主观上没有任何的欲望,客观上也就解除了外物对我们的限制和束缚,这时,我们感到了自由,因而"得至美而游乎至乐"(《田子方》)。游鱼之所以美,那是因为它自由,"出游从容"。鲁鸟之所以不美,那是因为它被关进了笼子里,失去了自由。"忘足,履之适也;忘腰,带之适也。"而最大的"适",是"忘适之适也"。那就是说,我们根本不去想鞋子合不合脚,腰带合不合身,它们自然而然,我们自由自在,这时就得到了真正的美。至于自然,这是中国古代最高的美学理想,儒家讲,道家也讲,但道家讲得最为彻底。庄子在《秋水篇》中说:"牛马四足,是谓天。落马首,穿牛鼻,是谓人。故曰:无以人灭天,无以故灭命,无以得殉民,谨守而勿失,是谓反其真。"这里所说的"天",就是自然。它与人为是相反的,人为伪而自然真。去掉了人为,"反其真",这就可以得到美。牛马四足,听其自然,美;落马首,穿牛鼻,失去了自然,也就不美了。故此,庄子认为艺术的美,就在于合乎自然。他在《达生篇》中讲了一个故事:

梓庆削木为锯。锯成,见者惊犹鬼神。鲁侯见而问焉,曰:"子何术以为焉?"对曰:"臣工人,何术之有?虽然,有一焉。臣将为锯,未尝敢以耗气也,必斋以静心。斋三日,而不敢怀庆赏爵禄;斋五日,不敢怀非誉巧拙;斋七日,辄然忘吾有四肢形体也。当是时也,无公朝,其巧专而外骨消。然后入山林,观天性,形躯至矣,然后见成锯,然后加手焉。不然则已。则以天合天,器之所以疑神者,其是欤?"

如果说,自由是忘去外界的束缚,取得内心的解放;那么,自然则是忘去内心的束缚,顺应自然的规律,取得自然的"天性"。如果说,自然物的美,只要听任其自然的天性就够了;那么,技艺和艺术的美,则要"以天合天"。所谓"以天合天",两个"天"字,指的都是自然。不过前一个"天"字,指的是人的自然,主观的自然;后一个"天"字,指的则是对象的自然,客观的自然。梓庆之所以能够制造出那么精美的乐器锯来,那就因为他一方面充分调动了自己主观的自然,而又充分顺应了客观的木料的自然,二者相合,"以天合天",因而制造了使人惊为鬼神的锯来。

这样,以庄子为代表的道家的美学思想,既主张自由,又主张自然。而这两方面,又是相互促成,互为条件的。只有合乎自然,顺应自然,才能达到主观的自由。只有自由了,不受干扰了,才能达到客观的自然。

中国封建宗法社会中的知识分子,一般是达则兼善天下,穷则独善其身。当他达的时候,讲究礼乐教化,要当忠臣,"致君尧舜上"。当他穷的时候,他就混迹江湖,过着隐逸自适的生活,与渔樵为伍,崇奉老庄。这时,他要自由和自然。各门艺术,不再是"经国之人业",而只是他个人消闲遣兴的玩艺。闲情诗、山水诗是这样,山水画、花鸟画也是这样。这里,我们且以文人所善爱的水墨山水画,作为重点,来作一点分析。

中国的绘画,是从壁画发展到册页画,从人物画发展到山水花鸟画,从色彩画发展到水墨画,从写实画发展写意画。最能代表中国艺术的民族特色的,是以山水花鸟为题材的水墨画。

由于从事这种绘画的多是知识分子，所以又称文人画。它的特点，就是文人面对着一张宣纸，用一支毛笔，不重色彩的敷染，而就用水墨，通过山水花鸟等的描绘，来寄托自己的情思。黑格尔认为艺术是理念的精神内容与物质的感性形式的统一。艺术愈是向前发展，精神内容愈是超过和压倒物质的感性形式，在中国文人的水墨画中，物质的感性材料可说减少到了最低的限度，而精神内容则达到了最高的表现程度。因此，水墨画是强调精神，强调抒写主观的思想感情的。如果说，中国古代庙堂的礼乐艺术，重视的是国家社会，是政治伦理，是普遍的道德规范；那么，在文人的水墨画中，重视的则是个人的情趣，自由的心灵。黑格尔说：中国过去在皇帝专制统治之下，没有自由的心灵。但是，在水墨艺术当中，中国的知识分子却表现了最高度的心灵的自由。正因为这样，所以水墨画达到了高度的艺术独创性。中国古代的诗词，也有这样的特点。因此，水墨画和诗词，可以说是中国文人艺术的结晶。

水墨画和诗词，为什么能够表现中国文人的自由的心灵呢？这就因为中国过去的文人，过着两种生活：一是为公的生活，也就是通过科举，取得一官半职，谋取朝廷的俸禄。二是为私的生活，也就是公余之暇，寄情风月；或者靠着祖宗的遗产，过着隐逸的清闲生活。在谋取朝廷俸禄的时候，道貌岸然，唯恭唯谨，满口圣贤文章；在过着清闲生活的时候，则又以清高狂放自许，啸傲山林，弹琴赋诗，信笔作画，自得其乐。封建知识分子，有的在朝，有的在野，但大多数是两种生活交错着过，甚至同时过。上朝的时候，是官，公字压顶；下朝的时候，则民，私字快乐。在这里，公与官联系在一起，一般不为士林所重；而私则与民联系在一起，反而尽兴适趣，符合士人的口味。中国古代的水墨画和文人诗词，大多数是在士大夫知识分子私生活中滋长和繁荣起来的。因此，我们应当从他们特殊的生活方式与精神面貌，来理解中国古代艺术的精神。它们和西方艺术那种始终面对现实生活，反映现实生活，并参与现实生活的重大斗争，是迥然不同的。

由于水墨山水画是从文人的私生活出发的，所以它所反映出来的美学思

想,就具有下列的一些特点:

(1) 追求兴趣。

钟嵘《诗品》,已有"滋味""性情"等的提法,严羽《沧浪诗话》,则直接提出了"兴趣"。所谓"兴趣",是说不受外物的拘束,强调个人自由的爱好,自己高兴画什么就画什么。它不重视反映客观的真实,而只求抒写和寄托主观的感情。元代倪云林说:"仆之所谓画者,不过逸笔草草,不求形似,所以自娱耳。"又说:"余之竹聊以写胸中之逸气耳,岂复较其似与非,叶之繁与疏,技之斜与直哉?"吴镇也说:"墨戏之作,盖士大夫词翰之余,适一时之兴趣。"明代屠隆也说:"盖士气画者,乃士林中能作隶家,画品全法气韵生动,不求物趣,以得天趣为高。"这都着重在写个人一时的兴趣,而不着重能不能妙肖外物。正因为这样,所以他们在形式上愈来愈趋于简率和单纯。清代钱松在《松壶画忆》中说:

> 宋人写树千曲百折,惟北苑为长劲瘦直之法,然亦枝根相纠。至元时大痴、仲圭,一变为简率,愈简愈佳。

这一倾向,到了明清的石涛、八大山人以至扬州八怪等,更是愈来愈明显,形成了一股强烈的抒写性情、重神似而不重形似的美学思想。它们为了表现个人的兴趣,有的草草几笔,萧疏淡泊;有的则改变外物的形式,以求抒写内心的寄托。例如八大山人把鱼眼睛画在头上,郑所南把兰草画在空中,都是意有所不平,用画来表达胸中的块垒。总之,都是随兴而发,适趣而作,这是中国古代文人画的一个特点。

(2) 注重人品。

西方画,追求形式的和谐与完美,追求表现事物本身的特征。中国古代的文人画,虽然也不否认形式与事物特征的重要性,但其绘画的目的,主要是在表现画家本人的人品。画家首先应当是一个文人,应当精通文人所应当精通的一切。这样,他就不仅是一个画家,同时是诗人、书法家、音乐家、金石家、鉴赏家等。西方讲究各门艺术的分类,中国则经常把各门艺术融汇起来。绘画中有题诗,有篆刻。不这样,不仅不足以表现"诗情画意",而且更不足以表现画家之为一个文人。这一点是很重要的。画家一旦失去了文人的身份,他的画就将被讥为匠气、俗气,而不能登入高雅之堂了。其次,强调"立意",强调"我",从而使书画的笔墨成为表现自我人品的工具。笔非仅是笔,墨非仅是墨,而成为笔情墨趣。这情趣,非他人的情趣,乃我的情趣,因而画中无处没有我。石涛《苦瓜和尚画语录》说:"一画之法,乃自我立。"又说:"我自发我之肺腑,揭我之须眉。"这都说明了,中国古代文人画画,是以我为主,物为宾,物乃我的人品的表现,而不是物本身的特征和表现。正因为这样,所以几枝竹子,成百上千的画家画,都画不尽。这画不尽的不是竹子,而是画家的"意",画家的"情趣",画家的"人品"。

(3) 游心自然,畅神达意。

中国古代文人画,注重表现自我的人品。但这一人品,又不是怒目金刚,自我标出,而是由于长期的修养,悠游涵泳,以至心随物化,自然而然地成为一种生活态度,自然而然地从绘画中的一笔一墨中表现出来。李日华说:"性者自然之天,技艺之熟,照极而自呈,不容措意者也。"①这"性",指的是"状物"之性,但也可以指画家之性。物之性与画家之性,长期融合,达到庄子所说的"以天合天",然后自然地画家之性从物之性中流露出来。画家不欲表现自己的人品,他的人品也就自然而然地跃然纸上了。张彦远说:"宗炳、王微,皆拟迹巢由,放情林壑,与琴酒而俱适,纵烟霞而独往。"中国文人艺术家,差不多都具有这样的特点。一方面,他们"外师造化",也就是游心自然,放荡江湖之中,沉醉山水之间,然后情随境迁,心与物化,挥笔点染,自然高妙。另一方面,他们又"中得心源",自始至终,坚持着自我,以至山川草木,无不著我少色彩,无不代我而立言。我游我观,我思我画,都是畅我之神,达我之意。畅神达意,方才是中国文人画的最高目的。

因为中国文人画,在游心自然之中,强调畅神达意,所以他们的"外师造化"不同于西方画家的摹仿自然。西方画家站在自然的外面,研究和描写自然,因

---

① 《六研斋笔记》,引自伍蠡甫《中国画论研究》,北京大学出版社,第139页。

此他们重视写生。达·芬奇认为"镜子为画家之师","若想考查你的写生画是否与实物相符,取一镜子将实物反映入内,再将此映象与你的图画相比较,仔细考虑一下两种表象的主题是否相符。"①当然,我们不能仅据此就断定西方绘画全部像照镜子一样,但它至少说明了:西方的绘画是画家站在自然的外面去画。而中国的"外师造化",却是游心自然,澡雪自己的精神,陶冶自己的性灵,然后通过自然,来畅我之神,达我之意。

(4) 整体意境。

中国古代的文人画,从情节上来看,往往经不住仔细的挑剔。它们不仅不是,而且也不似。王维的《雪中芭蕉图》,混乱时序,哪一点符合生活的真实?《长江万里图》《潇湘图》等,又从何处去找寻长江和湘江的面貌? 文人画本来不注重细节的真实。他们不是要画某一个地方,某一个人,或者某一个物。他们喜欢画梅、兰、竹、菊,但他们又何尝是在画梅、兰、竹、菊? 风景也好,人物也好,花鸟也好,都不过是听他们驱遣、供他们使唤的工具和媒介而已。通过这些工具和媒介,画家所要表现的是一种情趣、一种气氛,所要创造的是一种整体的意境。所谓整体的意境,是说它不像西方画一样,截取生活中的某个片断、某个方面,加以描绘;而是以自己的感情为主,通过心灵的感受,去摄取某些物象,来构成某种景或境,从而形成一个自足的艺术天地。在这个天地里面,人物不仅没有性格,甚至眉毛眼睛都看不见,但是,他却有一种姿态,一种情韵,和整个的背景融合在一起。风景也不着重在某一棵树、每一块石头,而是由它们共同所构成的一种情境。正因为这样,所以中国的山水画配景常常很大:崇山峻岭,山川绵邈。有的画,如马远,所画的虽只有一角,但引人遐想,也自然形成一个完整的境界。

文人山水画所创造的意境是完整的,但却不是混沌的。它有情有景,有虚有实,有主有宾,因而层次井然,主题鲜明。一眼望去,处处是山水,很少看到

① 《芬奇论绘画》,人民美术出版社,第51页。

人。即使有人,人也融进了山水之中,变成了山水中的一员。因此,我们可以说,人景化了。但是,这景又不是自然本身的景,而是人所欣赏的情化了的景。这样,人景化,景情化,情景交融,方才构成了一个完整的意境。作品的主题,既不是情,也不是景,而是它们相互渗透和交融之后,所呈现出来的意境。意境愈深远,蕴含愈丰富,作品就能愈臻于上乘。中国文人画所追求的,就是这种整体的意境的美。

中国古代的艺术和美学思想,是极其丰富的、复杂的,以上所述,只是其中的一部分。是否有当,敬请指教。

原载《复旦学报(社会科学版)》1987 年第 3 期

论汉代的神学与美学

施昌东

在汉代，儒学与谶纬神学相结合的所谓儒教神学以及神仙思想等都很流行，而儒教神学则是占了统治地位的官方哲学，对于当时社会的政治、经济和文化生活包括人们的审美活动和文艺活动都有极大的影响。

西汉的封建统治阶级起初是崇尚黄老思想，主张"无为而治"，来巩固自己王朝的统治的，但自从"好黄老"的窦太后死后，汉武帝开始"罢黜百家，独尊儒术"，而董仲舒之流则把儒家学说和唯心主义阴阳五行之说结合起来，炮制了一套所谓"天人感应""君权神授""三纲五常"之道"出于天"等等的神学目的论的思想体系，于是这种儒教神学就逐渐成了汉代主要的统治思想。后来用"天人感应"的神学观点解释儒家经典的"纬书"和"图谶"就随之盛行起来，先秦儒家学说就完全神学化了。到了东汉初年，"光武中兴"，以为是应了"图谶"，因而立即"宣布图谶于天下"，甚至规定：谁要是反对，即以"非圣无法"论处。至白虎观会议，汉章帝"亲称临决"，把儒学与谶纬神学完全糅合起来，钦定于《白虎通义》之中，作为"永为世则"的"国宪"。这样，汉代的儒教神学就达到了登峰造极的阶段。汉代的封建统治者之所以竭力倡导这种神学，主要的是由于他们鉴于秦末和西汉末年农民大起义对于封建制度的沉重打击，而亟需这种精神鸦片来麻痹人民群众的革命意志，以维护自己的统治。因而它在历史上是起了非常反动的作用的。

这种神学思想渗透在美学领域,就形成了一种神学唯心主义的美学思潮,普遍地灌注在当时人们的审美活动和文艺活动之中。而当时的无神论者则反对这种神学及其美学思想。因此,我们要研究汉代的美学思想斗争的历史特点及其发展规律,首先就必须了解当时的神学与美学的关系究竟如何的问题。在这里,我拟对此加以简要地论述。

一

汉代的封建统治阶级把先秦儒家学说完全加以神学化,自然也就把儒家的美学思想完全加以神学化。这从董仲舒的《春秋繁露》到由"班固撰集"的《白虎通义》等的神学著作都是如此。当然,先秦儒家如孔、孟的美学思想是唯心主义的,而且与"天命论"相联系,但还不能说完全是神学的东西。而汉儒则把它完全纳入了"天人感应"的神学目的论的思想体系。这首先就表现在对于"美"的看法上。

先秦儒家对于"美"的看法,一般都是从人性论的观点出发,把它看作是"仁"的具体表现的,如孔子在《论语》中说"里仁为美"以及他认为《关雎》之所以令人感到"洋洋乎盈耳"之美,就在于它"乐而不淫,哀而不伤",亦即符合于"仁"的观念的缘故。所以他又说:"歌乐者,仁之和也。"(《孔子家语·儒行解》)孟子则说:"充实之谓美。"这里所谓"充实"是指人具有高度的"仁义"修养和品质,而这也就是"美",所以他又说:"岂以仁义为不美也?"并说:"仁言不如仁声之入人深也。"(均见《孟子》)这里的"仁声"也就是指能够深刻动人的美的"雅乐"。孔、孟的这种看法,虽然是唯心主义先验论的,但显然还不是完全神学化的。汉儒继承了孔、孟的这种观点,但却用"天人感应"的神学观点加以发挥。这可以董仲舒为其代表。

董仲舒也讲"仁之美",但他说:"仁之美者在于天。天,仁也。"(《春秋繁露·王道通》)这是说"仁之美"乃是"天"——上帝意志的体现。而人之所以成为"仁之美者"就在于他是"受命于天"的,如说:"人之受命于天,取仁于天而仁也。"(同上)而"天"是"万物之祖,万物非天不生"(《春秋繁露·顺命》),自然界和人类社会都是由"天"——上帝所产生和创造的。因此,董仲舒认为自然界和人类社会生活的"美"也都是上帝意志的体现。他在《春秋繁露·天地之行》中提出"天高地卑"等等的所谓"天地之行美也"的神秘说法,认为上帝把自然界的现象安排得具有"神""明""仁""义""忠""信"等等之"美",而"为人君者其法取象于天","为人臣者其法取象于地",这样也就有了社会生活之"美"。在《春秋繁露·循天之道》中,还提出"天有两和以成二中"的神秘说法,认为"天地之美恶,在两和之处……","美"乃是天地阴阳"中和"之道的具体表现,反之,不"中和"就不美,就是"恶"或丑。因此,董仲舒又说:"夫德莫大于和,而道莫正于中。中者,天地之美达理也,圣人之所保守也。"所谓"中和"之"美",也就是"仁之美",都是"天"的意志的体现。于是董仲舒认为凡事物是"中和"的表现,也就是"美",如说:"故君子衣服中而容貌恭,则目悦矣。"(《春秋繁露·为人者天》)"志和而音雅,则君子予之知乐。"(《春秋繁露·玉环》)"君子"的衣服、容貌之所以美而令人悦目,就在于那是"中""恭"(这也是"和"的意思,因为恭敬之貌乃是"礼"的表现,而儒家认为"礼之用,和为贵")的表现;而"君子"的美好的音乐也必须是"和"而"雅"(正)的。同时,董仲舒在《举贤良对策》中还把孔子的《春秋》对于事物的"美恶"判断,说成是"天意"的表现。他说:"《春秋》之所讥,灾害之所加也;《春秋》之所恶,怪异之所施也。书邦家之过,兼灾异之变,以此见人之所为,其美恶之极乃与天地流通而往来相应。此言,言天之一端也。"这更是用"天人感应"的神学目的论来解释孔子的"美恶"观点。董仲舒认为孔了作《春秋》的要旨之一,就是"切讥刺之所罚,考变异之所加"(《春秋繁露·十指》)。这也就是他的神学目的论的思想体系之中的"谴告"说,即认为"为人君者"如能实行"王道",积善累德,就会得到上天的保佑,而降下嘉禾、醴泉之类的"美祥"来,不然,"为人君者"无道,就会遭到上天的惩罚,而降生灾异、妖孽等丑恶的东西来"谴告"人君,使之觉悟,改过从善。董仲舒所谓"美事召美事,恶事召恶事"

（《春秋繁露·同类相动》）的"美恶"观点，也就是在这个"谴告"说的基础上提出来的。总之，在董仲舒看来，"美"乃是上帝意志的体现，人间的"美恶"或"美丑"都是由上帝所安排和支配的。

董仲舒的这种"美恶"观是他的整个神学唯心主义美学思想的重要组成部分，也是汉儒神学家们所共同拥护的美学观点。汉儒神学家们无不认为"中和"乃是一种"天德"；"中和之美"是神和上帝的精神显现。如《白虎通义》认为"黄帝"所以美其号，称之为"黄帝"，就在于"黄者中和之色，自然之性，百世不易。黄帝始作制度，得其中和，百世常存"的缘故。《通典》注云："黄者中和美色，黄承天德，最盛淳美，故以尊色为谥也。"所以"中和之美"就是"天德"的显现。《白虎通义》还说："皇者何谓也？亦号也。皇，君也，美也，大也，天人之总美大之称也。""纬书"《春秋纬·运斗枢》则说："皇者，中也，光也，弘也"，因而代表"皇天"的"三皇"（按：指伏羲、女娲、神农）"含弘履中，开阴布纲，上合皇极，其施光明，指天画地，神化潜通，煌煌盛美，不可胜量。"总之，在汉儒谶纬神学家们看来，天地万物"煌煌盛美"，都是"中和"的"天德"的显现，故那些在人间"受命于天"的帝王"圣人"能够"履中"，实行"中和"之道，也就成为"美"的化身，以致社会生活"煌煌盛美"。如《易纬·乾凿度》所说"夫执中和，顺时度，以全王德，通至美矣"、"文王之崇至德，显中和之美"等等，也就是这样的意思。

不过，当时的神学家们对于审美活动的看法，在某些个别问题上还是有差异的。例如东汉儒教神学家贾逵认为"夫君人者不饰不美，不足以一民"（《全后汉文》卷三十一，贾逵），在他看来，帝王应当讲究美和装饰才行。马融依据"天人感应"的"谴告"说，认为当"祥应将至"之时，帝王就更应当"使百姓复睹羽旄之美，闻鼓钟之音，欢欣喜乐，鼓舞疆畔，以迎和气，招致休庆"（《后汉书·马融传》）。但是，另一些神学家则认为帝王过分讲究美和装饰，就不符合"天意"，会受到上天的谴责。如郎颢在《对状尚书条便宜七事》中依据"纬书"《易·内传》所说的"人君奢侈，多饰宫室，其时旱"的神学观点，说"是故鲁僖遭旱，修政自救，下钟鼓之县，休缮治之官，虽则不宁，而时雨自降。"因此，他主张帝王必须

"减雕文之饰","退宴私之乐"(《后汉书·郎颉传》),以防灾异之变。再如,有些神学家认为"天神"是喜爱"美"的,所以在"郊坛"上必须要有"文章采镂黼黻之饰,及玉、女乐"等等,但是,西汉的匡衡在《上言罢郊坛伪饰》中却认为"天地之性,贵诚上质",不必"修其文",因而主张"郊坛"上的这些"伪饰""宜皆勿修"(《汉书·郊祀志下》)。汉儒神学家们之间虽有诸如此类的观点上的差异,但这正表明在这些神学家看来,人们的审美活动是必须符合于"天意"的,或受"天神"的意志的制约的。由此可见,汉代的神学对于当时人们的审美活动的影响是很大的。

二

汉儒神学家把先秦儒家的美学思想完全纳入了"天人感应"的神学目的论的思想体系而加以发挥,还突出地表现在他们对于"礼乐"及"诗"等的看法上。

汉儒神学家在许多方面是直接搬用了先秦儒家关于"礼乐"及"诗"等的观点的。这只要看看董仲舒和《白虎通义》的一些言论就可明白。如董仲舒所说的"《诗》道志,故长于质;《礼》制节,故长于文;《乐》咏德,故长于风;《书》著功,故长于事……"(《春秋繁露·玉环》)"乐循礼,然后谓之君子"(《举贤良对策》);"乐者,所以变民风,化民俗也"(同上);"先质而后文,右志而左物,故曰:'礼云礼云,玉帛云乎哉?'……'乐云乐云,钟鼓云乎哉?'"(《春秋繁露·玉环》)"故君子非礼而不言,非礼而不动……"(《春秋繁露·天道施》)等等,这些显然纯属先秦儒家的美学思想。《白虎通义》所说的"礼乐者何谓也? 礼之为言履也,可履践而行。乐者,乐也。君子乐得其道,小人乐得其欲……《孝经》曰:'安上治民莫善于礼,移风易俗莫善于乐。'子曰:'乐在宗庙之中,君臣上下同听之,则莫不和敬;在族长乡里之中,长幼同听之,则莫不和顺,在闺门之内,父子兄弟同听之,则莫不和亲,故乐者所以崇和顺比饰节;节奏合以成文,所以合和父子君臣,附亲万民也,是先王立乐之意也。故听其雅颂之声,志意得广焉;执干戚习俯仰,屈信容貌得齐焉;行其缀兆,要其节奏,行列得正焉,进退得齐焉。故乐者天地之命,中和之纪,人情所不能免焉也。……乐尚雅何?雅者古正也,所以远郑声。……"(《礼乐篇》)等等,则是直接引用孔子和《荀子·乐论》及《乐记》中的言论缀合而成的。先秦儒家认为"礼乐"及"诗"具有"安上治民","移风易俗"的教化作用;而"乐循礼","乐"及"诗"必须遵循"礼"而为"礼"服务,即要表现符合于"仁义道德"的思想感情,从而维护宗法社会的等级制度。这些观点虽有其历史的阶级的局限,但其中也还有某些合理的,甚至进步的因素。况且,尽管孔、孟的"礼乐"观是唯心主义的,但也还不是完全神学化的;而荀子的"礼乐"观则是基本上倾向于唯物主义的;《乐记》中关于"乐者音之所由生也,其本在人心之感于物也"等等的观点,也还是唯物主义的。但是,当董仲舒和《白虎通义》的撰集者班固等汉儒神学家对于先秦儒家关于"礼乐"及"诗"的言论作进一步阐释和发挥,就被纳入了"天人感应"的神学目的论的思想体系之中而成为极端荒唐的东西,甚至《乐记》也被汉儒渗入这种神学观点。

例如,董仲舒认为"道者,所繇适于治之路也。仁义礼乐皆其具也。"(《举贤良对策》)"仁义礼乐"都是帝王"圣人"实行"王道"的工具。而"道之大原出于天","圣人法天而立道"(同上),所以"仁义礼乐"之道乃是"圣人"效法"天"的意志而成的,或者说"仁义礼乐"乃是"圣人所发天意"。这样,在董仲舒看来,"礼乐"及以"仁义"为其内容的"诗"也就都是"天意"或神和上帝意志的体现了。在《春秋繁露》中,董仲舒还提出所谓"王者""受命应天制礼作乐"的说法,认为"王者必受命而后王。王者必改正朔,易服色,制礼乐,一统天下,所以明易姓非继仁(人),通以己受之于天也。"(《春秋繁露·三代改制质文》)这意思是说历史是按照"天"所安排的黑、白、赤"三统"和夏商质文"四法"互相循环、交错而演变的,"礼乐"也是随着这"三统""四法"互相循环、交错而演变的,因而每当一个"新王"降生必须进行"改制",重新"制礼作乐",以表示自己"非继人",而是"受之于天"。因此,治定制礼,功成作乐,也就是为了"明天命","见天功"(《春秋繁露·楚庄王》),显示上帝的神圣意志和功德。如"文王受命而王……作《武乐》

制文礼以奉天。武王受命……作《象乐》继文（文王）以奉天。周公辅成王受命……作《汋乐》以奉天"等等（《春秋繁露·三代改制质文》）。同时，董仲舒又认为"王者""有改制之名，无易道之实"，（同上）就是说"礼乐"虽然随"王者"的不同而有所更改，但按其实质都是"天意"的体现，这是永恒不变的，因为"天不变，道亦不变"（《举贤良对策》）。所以董仲舒认为"圣王"实行"礼乐"就是"循天之道"。这样，儒家的"礼乐"观在董仲舒那里，就变成了"天人感应"的神学。

再如《白虎通义》说："乐以象天，礼以法地。人无不含天地之气，有五常之性者，故乐所以荡涤反其邪恶也，礼所以防淫节其侈靡也。"（《礼乐篇》）这是说"礼乐"是"圣人""象天""法地"而制作的，而"圣人"天生就具有"五常之性"即"仁、义、礼、智、信"的品质，所以其所制作的"礼乐"就具有"荡涤邪恶"、"防淫"的教化作用。《白虎通义》还说："经所以有五何？经，常也；有五常之道，故曰'五经'：《乐》仁，《书》义，《礼》礼，《易》智，《诗》信也。人情有五性，怀五常，不能自成，是以圣人象天五常之道而明之，以教人成其德也。"（《五经篇》）既然"五经"乃是"圣人象天五常之道而明之"的东西，那末，"礼乐"和"诗"也就是"天"（上帝）的精神意志的体现了。因此，在《白虎通义》的作者们看来，"礼乐"和"诗"都是"通乎鬼神"的东西，故说"祭天作乐者何？为降神也。"（《郊礼篇》）"降神之乐在上（堂上）何？为鬼神举也。"（《礼乐篇》）一般儒家认为"诗"具有"美刺"的作用，而《白虎通义》则把它说成了"天人感应"的"谴告"作用，如说："为人臣不显谏纤微未见于外，如《诗》所刺也。若过恶已著，民蒙毒螫，天见灾变，事白异露，作诗以刺之，幸其觉悟也。"（《谏诤篇》）这就是说当上天降生灾异之变以"谴告"人君之时，为人臣者才"作诗以刺之"，希望人君能够"觉悟"，改过从善，以应上天。这岂不是把"诗"之"刺上"作用说成是"天人感应"的"谴告"作用了吗？不仅如此，《白虎通义》甚至把各种乐器也加以神学化，认为"埙""管""鼓""笙""弦""磬""钟""柷敔"等八类乐器即所谓"八音"，是"法《易》八卦"而成的，因而具有神灵的性质，如说"鼓，震音，烦气也，万物愤懑震动而出，雷以动之，温以暖之，风以散之，雨以濡之，奋至德之声，感和平之气也；同声相应，同气相求,神明报应,天地佑之,其本乃在万物之始耶,故谓之鼓也。"(《礼乐篇》)显然,这些都是神学唯心主义的虚构。

董仲舒和《白虎通义》的这些神学唯心主义美学思想,是普遍地流行于汉代的。当时几乎所有的儒教神学家都是用"天人感应"的神学观点,尤其是用"谴告"说来理解"礼乐"和"诗"的本质和意义的,有的还有些独特的"创造",说得更加神秘,荒唐。例如,西汉的匡衡说:"六经者,圣人所以统天地之心,著善恶之归,明吉凶之分,通人道之正,使不悖于其本性也。故审六艺之指,则天人之理可得而和,草木昆虫可得而育。此永永不易之道也。"(《汉书·匡衡传》)这显然是用"天人之际"的神学观点来理解《礼》《乐》《诗》等六经的。因此,匡衡依据"天人感应"说认为人君如果"放郑卫,进雅颂"(同上)就能消除灾异之变,以致太平。刘向认为"仲舒为世儒宗",更是相信董仲舒的美学观点的。因此他在《条灾异封事》中,就引用《诗经》中的许多话,来说明"诗人之所刺"与上天降生灾异之变的密切联系。翼奉还别出心裁地炮制了所谓《诗》有五际"的神秘理论,认为《诗经》乃是"圣人""推得失,考天心"(《汉书·翼奉传》)之作。谷永也大谈"谴告"说,认为人君如果"放去淫溺之乐,罢归倡优之夵('夵',古笑字)"(《汉书·谷永传》)也就会消除灾异。东汉的马防认为"王者"之"乐"是为了"顺天地,养神明,求福应"的,因此应当"顺上天之明时,因岁令王正,发太簇之律,奏雅颂之音,以立太平,以迎和气"(《全后汉文》卷十七,马防:《奏上迎气乐》)。蔡邕也说:"《诗》云:'畏天之怒,不敢戏豫。'天之戒诚不可戏也。"他甚至认为当灾异降生之时,就连"上方技巧之作,鸿都篇赋之文"都不得作(《后汉书·蔡邕传》)。在汉代的"纬书"中就说得更加神秘、荒诞了,例如《乐纬·稽耀嘉》说:"圣王……制礼作乐,所以改世俗,致祥风,和雨露,为万姓获福于皇天者也。""纬书"的作者认为如果实行了"礼乐",神灵就会下降,出现奇特的美妙现象,如同上篇说:"鼓和乐于东郊,致魂灵下太一之神。"(宋均注:太一,北极神之别名)又说:"五音克谐,各得其伦,则凤凰至,冠类鸡头,燕啄蛇头,龙形麟翼,鱼尾五采,不啄生虫。"《礼纬·稽命征》则说:"制礼作乐,得天意,则景星见。"《尚书纬·中候》也说:"周公作乐而治,蓂荚生。"反之,如果不行"礼乐"也就会出现怪异的不祥现象,如《春秋纬·运斗枢》说:"远雅颂,著倡优,则玉衡(星名)不明,菖蒲冠环,雄鸡五足。"至于诗,《诗纬·含神雾》说:"《诗》者,刻之玉版,藏之金府,天地之心,君德之祖,万物之户也。集微揆著,上统元皇,下序四始,罗列五际。"《诗经》被说成神通广大,无所不包的"天书"。诚然,编造"纬书"的神学家们就是把儒家所推崇的经典都看是"天书"的,如《尚书纬·璇玑钤》说:"《尚书》篇题号'尚'者,上也,上天垂文象布节度;'书'者,如也,如天行也。"并且还编造了有关"河图""洛书"等等的荒唐故事,来说明"图""书"之文都是"天"(上帝)的创造物。总之,在汉代的神学家那里,儒家经典及其美学思想,完全成为"天人感应"的神学了。

三

这种神学唯心主义的美学思想,在汉代既占了统治的地位,它对当时的文艺创作活动就产生了极大的影响。因为在这种美学思想的指导下进行创作,必然使作品具有神学的思想内容和倾向,所以在汉代就存在着大量的颂神的文艺作品。由于神学家所谓"天人感应"的"人"主要是指帝王或"圣人",是统治阶级的代表者,所以那些颂神的文艺作品,也就是为统治阶级歌功颂德的作品。

不过,"天人感应"的儒教神学创建于汉武帝时,而在此之前主要是黄老思想占统治地位,所以那时道家的神仙思想在艺术中表现得较为突出。这只要看西汉景帝时由鲁恭王刘馀所建造的鲁灵光殿上的绘画就足见其一斑。东汉王延寿的《鲁灵光殿赋》描写殿上的绘画情况说:"神仙岳岳于栋间,玉女窥窗而下视,忽瞟眇以响像,若鬼神之仿佛。图画天地,品类群生,杂物奇怪,山神海灵,写载其状,托之丹青,千变万化,事各缪形,随色象类,曲得其情。上纪开辟,遂古之初,五龙比翼,人皇九头,伏羲鳞身,女娲蛇躯,鸿荒朴略,厥状睢盱,焕炳可观。黄帝唐虞,轩冕以庸,衣裳有殊,下及三后,淫妃乱主,忠臣孝子,烈士贞女,贤愚成败,靡不载叙。恶以诚世,善以示后。"(《全后汉文》卷五十八,王延寿)这里所描绘的主要是神仙、神话以及历史故事,其所体现的思想,就神学而言,主要的显然是道家的神仙思想。在汉武帝之后,这种表现神仙思想的文艺作品也还不少,如王充在《论衡》中就曾批判了许多宣传神仙思想的故事,其中还提到这样的图画:"图仙人之形,体生毛,臂变为翼,行于云,则年增矣,千岁不死……"(《论衡·无形篇》)这就是宣传"得道成仙,长生不死"的神仙思想的绘画。我们现在还可以在汉墓画像石上看到类似这种神仙的图画。但是当"天人感应"的儒教神学流行起来,并占了统治地位之后,表现这种儒教神学思想的文艺作品就成为主要的了。汉武帝本身既好仙,又很赞赏董仲舒的儒教神学,而且还要"独尊儒术";虽然他由于"方征讨四夷,锐志武功,不暇留意文礼之事"(《汉书·礼乐志》),"礼乐"还来不及很好实行,而且还把"郑声施于朝廷"(同上),但是,当时的宫廷郊庙之乐,已经充满神学的内容,如《汉书·礼乐志》所记载的《郊祀歌十九章》中就既有包含汉武帝好仙的思想内容的《天马》和《日出入》,也有包含"天人感应""君权神授"的神学思想的《帝临》和《惟泰元》等等作品。这种情况表明当时道家的神仙思想已经开始与儒教神学合流了。尤其是东汉光武帝由于曾利用"图谶"为手段窃取了西汉末年农民起义的革命成果,而"中兴"了汉封建王朝,以为自己当了皇帝是"应天"的,因而"宣布图谶于天下"。因此后来的汉明帝下诏说:"《尚书·璇玑钤》曰:'有帝汉出,德洽作乐,名太予。'今且改郊庙乐曰《太予乐》,太乐官曰'太予乐官',以应图谶。乐诗曲操,以俟君子。"(《后汉书·曹褒传》)东平王刘苍也为此而作《武德舞歌诗》歌颂之,曰:"……越序上帝,骏奔来宁。……章明图谶,放唐之文。……"(《全后汉文》卷十,东平王苍)这些是"天人感应"的谶纬神学思想表现在汉代宫廷郊庙之乐中之最典型的例子。

至于那些信仰儒教神学的封建文人所创作的文艺作品凡是为统治阶级歌功颂德的,大多同时也就是颂神的或者包含"天人感应"思想倾向的作品。这样的作品很多,例如西汉王褒的《圣主得贤臣颂》《甘泉宫颂》,东汉班固的《两都赋》《终南山赋》《东巡颂》《南巡颂》和傅毅的《洛都赋》《窦将军北征颂》等等。尤其是《白虎通义》的撰集者班固的赋颂作品,可以说是宣传儒教神学思想的代表作。他在《两都赋》这篇大作中既对封建王朝竭尽歌功颂德之能事,同时又大肆宣扬什么"天人合应,以发皇明",什么"上帝怀而降监,乃致命于圣皇。于是圣皇乃握乾符,阐坤珍,披皇图,稽帝文,赫然发愤,应若兴云,霆击昆阳",什么"龚行天罚,应天顺人",什么"人神之和永洽,群臣之序既肃"等等,全篇充满神学思想。甚至他的一些咏物诗如《灵芝歌》也是如此。这种神学思想也普遍地表现在汉代的绘画艺术中,如王充的《论衡·雷虚篇》就谈到当时的"图画之工,图雷之状,累累如连鼓之形。又图一人若力士之容,谓之雷公。使之左手引连鼓,右手推椎,若击之状。其意以为雷声隆隆者,连鼓相扣之意(音)也;其魄然若敝裂者,椎所击之声也;其杀人也,引连鼓相椎并击之矣。世又信之,莫谓不然。"这幅王充所批判的所谓"雷公"画,是用来表现"天怒"即上帝发怒要惩罚有罪过的人而"用雷杀人"的意思的。这种宣传神学思想的图画,在汉墓画像石上也可看到。在《论衡》中,我们还看到王充所批判的当时流行着的许多宣传谶纬神学思想的故事传说。而在"纬书"中就有"黄帝坐于扈阁,凤凰衔书至帝前"、"伏羲时有天下龙马,负图出于河,遂法之书八卦"以及孔子"得麟之后,天下血书鲁端门"等等的故事,可见当时的神学家是利用讲故事这种艺术形式来宣传谶纬神学思想的。甚至汉代的建筑艺术,也渗透这种神学思想。《白虎通义》就曾对"辟雍"、"明堂"等宫廷建筑作了神学的解释,如说"辟者,璧也,象圆以法天也";"明堂者所以通神灵,感天地,正四时,出教化,宗有德,重有道,显有能,褒有行也。明堂……上圆法天,下方法地,八窗象八风,四闼法四时,九室法九州,十二座法十二月,三十六户法三十八雨,七十二牖法七十二风"等等。由此可见,汉代帝王的"辟雍""明堂"等的建筑艺术显然是在这种儒教神学思想的指导下建造起来的。

总之,汉代的神学及其美学思想是普遍地渗透在当时的文学艺术的各个部门的。封建统治阶级创作这种文艺作品,无非是为了替自己歌功颂德,宣传"君权神授""三纲五常"之道"出于天"等等神学思想,来对人民群众进行精神奴役,以维护和巩固封建专制主义的统治。

四

从上所述,我们清楚地看到,汉代的封建统治阶级的美学是与它的神学思想融合为一体的,其主要特点,就是"天人感应"的神学目的论思想普遍地渗透在美学领域以及文艺创作活动之中,而形成了一种神学唯心主义的美学思潮,而这种美学思潮在理论上不过是把先秦儒家的美学思想加以完全神学化而已,这是由于整个"天人感应"的神学就是从儒家学说与唯心主义阴阳五行之说相结合而炮制出来的结果,或者说是由于把儒家学说完全作了神学的解释的结果。因此,汉代的这种美学思想又完全是复古主义的东西。董仲舒就竭力主张"奉天而法古",因而当时的儒教神学家都是复古主义者。这种美学思想在理论上显得特别荒唐,可以说是中国历史上儒家美学理论中最落后、最反动的一部分。

不过,这种神学唯心主义的美学思想,尽管在汉代占了统治的地位,但也遭到当时无神论者的抵制、反对和批判。如桑弘羊、桓谭、王充、王符、仲长统等在反对汉儒神学思想的同时,也就批判了这种神学唯心主义美学思想,为发展唯物主义美学思想开辟了道路。在这方面,以王充为最杰出。

这些无神论者首先从"天人相分"的唯物主义宇宙观出发,否定"天人感应"的神学目的论。例如,桑弘羊就认为诸如"水旱之灾"乃是"天之所为","阴阳之化"的结果,亦即是自然界本身变化的结果,而"非人力",也无"所本始"(见桓宽:《盐铁论》),它们既与所谓"圣主"没有什么关系,也根本没有什么上帝所主宰的。王充则说"天者,体也,与地同","天不与人通"(见《论衡》),认为"天"同"地"一样都是由"元气"构成的物质性的实体,根本不是什么具有意志,有目的的人格化的神或上帝,因而"天"不能与"人"互通消息,互相"感应"。因此,那些宣扬"天人感应"的神学都是"虚妄之言"。桓谭则指出:"今诸巧慧小才伎数之人,增益图书,矫称谶记,以欺惑贪邪,诖误人主,焉可不抑远之哉?"(《后汉书·

桓谭传》)张衡也说"图谶"不过是"虚伪之徒"用来"欺世罔俗,以昧势位"(《后汉书·张衡传》)的东西而已。此外,他们还都批判了汉代的神仙思想,如桓谭在《新论》中就明确指出:"无仙道,好奇者为之。"王充则在《论衡》中进一步从哲学上全面地批判了神仙思想,并指出那些宣传人能"得道成仙,长生不死"的故事、图画都是"虚语""虚图"。

基于上述朴素唯物主义宇宙观,这些无神论者也就从根本上否定了神学唯心主义美学思想,并且提出自己的唯物主义美学思想与之相对立。例如神学家认为"美"是上帝意志的体现,人间的"美恶"是由"天意"所支配的,因而认为时世太平,上天就降生"美祥"——瑞应物,如嘉禾、蓂荚、景星、醴泉、麒麟、凤凰等等美好的东西。但是,在无神论者看来,既然"天"并不是什么有意志、有目的的上帝,而是物质性的自然界,那末这些所谓"美祥"的出现,不过是自然现象的变化而已,并不是什么上天有目的地降下来的;有些现象就是在自然界也是根本不可能有的。王充在《论衡·是应篇》中就具体地批判了这种神学唯心主义的美学观点。他针对"儒者论太平瑞应,皆言气物卓异"的说法,指出:"夫儒者之言,有溢美过实。"是不可信的。而且王充认为审美判断必须要以客观事实为依据,"溢美过实"或"失实",那就是"虚妄之言"或"空生虚妄之美"(《论衡·书虚篇》)。在他看来,"美"既与"善"有密切联系,又必须是"真""实"的,否则就是"虚美"。因此,他在《论衡》中竭力反对那些"溢美过实"或"称美失实"的审美判断和"华伪之文",而主张"真美"。他甚至说:"是故《论衡》之造也,起众书并失实,虚妄之言胜真美也。"(《论衡·对作篇》)这就是说他之所以要撰写《论衡》一书, 个目的就是为了反对"虚妄之言胜真美"。王充是从他的"事有证验,以实效然"的唯物主义真理观出发,来看待"美"的问题的,因而他对于"美"的看法是朴素唯物主义的(参见拙作《王充论"美"》载《学术月刊》1980 年第 3 期),是与董仲舒关于"美"的神学唯心主义观点相对立的。

再如,汉儒神学家认为"乐""诗"以及其他艺术是"通乎鬼神"的。他们把"郑卫之音"看作是"邪恶"的"淫声",而把"雅乐"看作神圣的艺术,认为不"放郑卫,进雅乐",就会遭到"天"的惩罚。而桑弘羊却说:"好音生于郑卫,而人皆乐之于耳,声同也。"(《盐铁论·相刺》)他一反汉儒神学家的观点,把"郑卫之音"看作是人人共同欣赏的美。而桓谭在《新论》中也公然宣称:"余离雅乐而更新弄。"汉儒神学家认为"王者"之"乐"能够"应天""求福",迎来"和气",调和阴阳,以致天下太平。而王充则认为任何乐声既不能"乱阴阳",也不能"调和阴阳",改变天年,不然,"王者何须修身正行,扩施善政?使鼓调阴阳之曲,和气自至,太平自立矣。"(《论衡·感虚篇》)这是说如果像神学家所说的那样,那么,"王者"只要弹奏调和阴阳的乐曲,就可以使天下太平,而不必修身搞好政治了。王符则指出神学家提倡用"鼓舞事神",那是用来"欺诬细民,荧惑百姓妇女"(《潜夫论·浮侈篇》)的。仲长统在《昌言》中也指出:"彼图家画舍,转局指天者,不能自使室家滑利,子孙贵福,而望其德致于我,不亦惑乎?"这些显然都是对神学家认为"乐"及其他艺术是"通乎鬼神"的谬论的否定。汉儒神学家认为儒家所推崇的《礼》《乐》《诗》《书》等"经典"都是"天意"的体现,是"天书",是"圣人象天五常之道而明之"的神圣著作,并大肆引用这些"经典"来宣传"天人感应"的"谴告"之说。而王充则说:"《易》据事象,《诗》采民以为篇,《乐》须不('不'当为'民')欢,《礼》待民平,四经有据,篇章乃成。……《尚书》《春秋》采缀史记……六经之作皆有据。"(《论衡·书解篇》)他认为任何"圣贤"的著作"皆缘前因古,有所据状;如无闻见,则无所状。"(《论衡·实知篇》)都是依据实际见闻所写成的,并"非天地之书"。"六经"也是如此,都是有所依据的,丝毫也不神秘。同时,他还明确而深刻地指出:"六经之文,圣人之语,动言天者,欲化无道、惧愚者。之言非独吾心,亦天意也。及其言天犹以人心,非谓上天苍苍之体也。变复之家,且诬言天,灾异时至,则生谴告之言矣。"(《论衡·谴告篇》)这是说《礼》《乐》《诗》《书》等六经,动辄言"天",宣传上帝的神灵(天意),实际上是假托"天意"来讲"吾心"或"人心",即"以人心效天意",企图借以感化无道的君主和恐吓老百姓的。这是欺骗人的。而神学家("变复之家")却据以宣传"天人感应"的"谴告"之说,显然是很荒谬的。

此外,这些唯物主义无神论者还批判了汉儒神学家在美学上的复古主义思想。如桑弘羊指出:"善声而不知转,未可谓能歌也,善言而不知变,未可谓能说也。"(《盐铁论·相刺》)认为文艺是随着时代的转变而转变的。因而他批评当时的儒者"怀六艺之术""道古而不合于世务"(《盐铁论·刺复》)。王充在《论衡》中再三批判当时"好褒古而毁今"的思潮,并且竭力反对"述而不作",主张"不与俗同""造作新文""不类前人"。这些都是对汉儒神学家所谓"天不变,道亦不变""奉天而法古"的美学思想的否定。

这样,我们又清楚地看到,在汉代,唯心主义与唯物主义两种美学思想的斗争,是和当时的神学与反神学的斗争密切联系在一起的,前者是后者的有机组成部分。这也就是汉代美学思想斗争的历史特点之所在。

一九七九年十月十二日于复旦大学

原载《古代文学理论研究》第二辑,1981 年 7 月

开拓期的中国现代美学

吴中杰

王国维、蔡元培、鲁迅都是跨越时代的人物,他们在晚清就开始了具有特色的学术文艺活动,五四以后,其成就和影响愈来愈大。他们沟通了中西文化,完成了古今嬗变;由于他们各自的贡献,共同为中国现代美学的建立奠定了坚实的基础。

我们说蔡元培、鲁迅是中国现代美学的奠基者,这不难理解,而王国维则是国学大师,封建遗老,他与新文化、新美学何干?但历史的情况是很复杂的,政治思想与文化思想常常呈现出反差状态。王国维就陷身于这种矛盾之中。他在政治上忠于满清封建王朝,不肯接受民主制度,但在学术上却大胆打破传统,勇于创新。他是中国开拓新美学的第一人。他的主要美学论文《红楼梦评论》《论哲学家与美术家之天职》《屈子文学之精神》《文学小言》《去毒篇》《古雅之在美学上之位置》《人间嗜好之研究》,都发表于 1904—1907 年;《人间词话》发表于 1908—1909 年;《宋元戏曲史》写成并出版于 1913 年;此后他转向古史、古文字、古器物的研究,这方面的巨大成就,更扩大了他美学著作的影响。蔡元培1908—1911 年在德国研究哲学和美学;1912 年就任中华民国临时政府教育总长时,将美育列为全国五项教育宗旨之一;1917 年就任北京大学校长后,发表《以美育代宗教说》的演讲,在北大开美学课,组织进行美育活动。①鲁迅于 1907

---

① 蔡元培在北大成立画法研究会、音乐研究会;1920 年在湖南作《美术的进化》《美学的进化》《美学的研究方法》《美术与科学的关系》等演讲;同年,开始编著《美学道德》,写出《美学的倾向》及《美学的对象》两章;嗣后,在北京大学开讲美学课,并续有美学论文发表。

年发表《摩罗诗力说》等论文;1908 年发表《破恶声论》;1913 年发表《拟播布美术意见书》;五四以后,他在杂文中进一步提出许多新的美学见解。由今观之,他们的美学理论都还缺乏系统性,但是,提出了不同于中国古典美学的新观点,引进了西方美学的新方法、新思路。可以说,在王国维、蔡元培、鲁迅的手上,结束了中国古典美学,开启了中国现代美学,他们做的是筚路蓝缕以启山林的工作。

一、审美的自觉性

王国维非常强调文艺的非实利性。他曾多方申述这层意思:

> 天下有最神圣、最尊贵而无与于当世之用者,哲学与美术是已。天下之人嚣然谓之曰无用,无损于哲学美术之价值也。至为此学者自忘其神圣之位置,而求以合当世之用,于是二者之价值失。①

> 昔司马迁推本汉武时学术之盛,以为利禄之途使然。余谓一切学问皆能以利禄劝,独哲学与文学不然。……若哲学家而以政治及社会之兴味为兴味,而不顾真理之如何,则又决非真正之哲学。……文学亦然;馆馔的文学,决非真正之文学也。②

> 美之性质,一言以蔽之曰:可爱玩而不可利用者是已。③

论者大抵指出王国维的这种见解来自康德,并认为这是错误的美学观。他的"可爱玩而不可利用"的美学观是从康德关于审美判断不涉及利害计较的观点衍化出来的。这 点他自己并不讳言。王国维的文章中常常提到康德,并特别引用了席勒有关游戏说的论述,而席勒正是康德美学观的发挥者。王国维的美学主张是否真如有些人所指摘的,是"为了取消文学的社会意义","为了把作

---

① 《王国维文学美学论著集·论哲学家与美术家之天职》。
② 《王国维文学美学论著集·文学小言》。
③ 《王国维文学美学论著集·古雅之在美学上之位置》。

家引上脱离政治的道路"呢？在分析任何一个社会问题时,我们都应该把问题提到一定的历史范围之内,对具体情况进行具体分析。

一个值得注意的现象是:蔡元培和鲁迅同样也持超利害、非实用的美学观。蔡元培曾向国人介绍康德关于美感之四点界说:一曰超脱,二曰普遍,三曰有则,四曰必然,并特别拈出超脱、普遍二点加以发挥。何谓"超脱"？"谓全无利益之关系也";何谓"普遍"？"谓人必所同然也"。①为什么这是美感的两个重要特性呢？他说:"美以普遍性之故,不复有人我之关系,遂亦不能有利害之关系。马牛,人之所利用者;而戴嵩所画之牛,韩干所画之马,决无对之而作服乘之想者。狮虎,人之所畏也;而芦沟桥之石狮,神虎桥之石虎,决无对之而生抟噬之恐者。植物之花,所以成实也,而吾人赏花,决非作果实可食之想。善歌之鸟,恒非食品。灿烂之蛇,多含毒液。而以审美之观念之,其价值自若。美色,人之所好也;对希腊之裸像,决不敢作龙阳之想;对拉飞尔苦鲁滨司之裸体画,决不敢有周昉秘戏图之想。盖美之超绝实际也如是。"②鲁迅的观点也很明确,他在《摩罗诗力说》里曾说:"由纯文学上言之,则以一切美术之本质,皆在使观听之人,为之灵感怡悦。文章为美术之一,质当亦然,与个人暨邦国之存,无所系属,实利离尽,究理弗存。故其为效,益智如不史乘,诚人不如格言,致富不如工商,弋功名不如卒业之券。特世有文章,而人乃以几于具足。"这就是说,文学美术与一切实利的目的无关,但它能给人以情感上的满足。后来,他在《拟播布美术意见书》中又说:"美术之中,涉于实用者,厥惟建筑。他如雕刻、绘画、文章、音乐,皆与实用无所系属者也。"大概美术的有用无用,在当时就有两派不同意见相抵牾,所以鲁迅在列述了双方意见之后,评论道:"顾实则美术诚谛,固在发扬真美,以娱人情,比其见利致用,乃不期之成果。沾沾于用,甚嫌执持。"他的倾向性是很明显的。蔡元培是光复会的领袖,革命后又曾负责全国教育事业,他

---

① 《蔡元培美学文选·美学观念》。
② 《蔡元培美学文选·以美育代宗教说》。

的政治性是很强的,且处处考虑到社会的前途,他在研究《红楼梦》时,甚至处处附会到反清斗争上去,把该书说成是康熙朝的政治小说;鲁迅则是革命的文学家,他弃医从文的目的,就是要用文学来改造国民性。为什么他们也持非实利审美观呢? 难道他们也要取消文学的社会意义,把作家引上脱离政治的道路吗? 这显然是说不通的。我们应该进一步发掘他们这种非实利审美观的深层意义。

其深层意义就是审美的自觉性。在中国古代的文化思想中,儒家占主导地位。儒学重实践理性,讲的是政治哲学与伦理哲学,而思辨哲学就不发达;对于文学,也要求纳入这个轨道,为政治和伦理所用。孔子订下的"思无邪"的衡文标准,和兴观群怨、事君事父、多识鱼虫草木之名的文学价值观,就是这种实践理性的反映。然而这样一来,也就抹煞了文学本身的价值。此后每当社会思想解放一次,文艺思想也随着解放一次。鲁迅说:"曹丕的一个时代可说是'文学的自觉时代'。"①就因为汉末魏初时儒学已失却了统治力量,文艺思想有了觉醒的缘故。到得清末民初,中国又处于一个大变动时期,儒学再也无法维系人心了。随着各种新思想的输入和萌发,文艺思想又获得进一步的解放。魏晋时期文艺思想解放的特征是对文艺自身价值的认识。鲁迅称道曹丕所说诗赋不必寓教训,反对当时那些寓训勉于诗赋的见解,认为这有如近代所说的为艺术而艺术的一派。清末民初的文艺思想解放的特征也是对文艺自身价值的认识。所不同的是,王国维等人请来了西哲康德作为保护神,用他的非实利性美学观来阐明审美的自觉性观念。王国维等人的美学观与曹丕的文学观一样,看似为艺术而艺术,反对实用,实际上是要求审美判断超脱实践理性,恢复它自身的价值。这对儒学是一种背离,对文艺的发展是一个推进。

对于我国传统文化与文人的弊病,王国维是看得很清楚的。他说:"我国无纯粹之哲学,其最完备者,唯道德哲学,与政治哲学耳。至于周、秦、两宋间之形而上学,不过欲固道德哲学之根柢,其对形而上学非有固有之兴味也。其于形

---

① 《而已集·魏晋风度及文章与药及酒之关系》。

而上学且然,况乎美学、名学、知识论等冷淡不急之问题哉!"所以,诗歌则咏史、怀古、感事、赠人之题目弥满充塞于诗界,而抒情叙事之作什佰不能得一;戏曲小说亦往往以惩劝为旨,其有纯粹美学上之目的者,世人不但不知贵,而且加贬。王国维认为,造成这种现象的原因,"岂独世人不具眼之罪哉,抑亦哲学家美术家自忘其神圣之位置与独立之价值,而蒉然以听命于众故也"。正因为如此,所以在中国哲学史上,"凡哲学家无不欲兼为政治家者",不但哲学家如此,诗人也是一样。王国维对历代诗人、艺术家的心态作了剖析:"'自谓颇腾达,立登要路津。致君尧舜上,再使风俗淳。'非杜子美之抱负乎?'胡不上书自荐达,坐令四海如虞唐'。非韩退之之忠告乎?'寂寞已甘千古笑,驰驱犹望两河平。'非陆务观之悲愤乎?如此者,世谓之大诗人矣!至诗人之无此抱负者,与夫小说、戏曲、图画、音乐诸家,皆以侏儒倡优自处,世亦以侏儒倡优畜之。所谓'诗外尚有事在','一命为文人,便无足观',我国人之金科玉律也。呜呼!美术之无独立之价值也久矣。此无怪历代诗人,多托于忠君爱国劝善惩恶之意,以自解免,而纯粹美术上之著述,往往受世之迫害而无人为之昭雪者也。此亦我国哲学美术不发达之一原因也。"①可见,王国维之反传统思想是自觉的,他的鼓吹美术之独立价值,意在推动我国文艺之发达。

反对以惩劝为旨的文学,并非要文学持无是非观,只是要求文学不要成为修身教科书,而发挥它独立的审美作用,以真感情去打动人。鲁迅多次提出反对教训文学,其意亦在于此。真、善、美本是三位一体的关系,如果把善弄成以忠君爱国的大道理去教训人,而缺乏真情实感,也就谈不上美了。所以现代美学更强调真,即要求作家诗人讲真话,表达真感情。王国维认为,文绣的文学、铺缀的文学,都"不足为真文学",真文学往往出于离人孽子征夫之口,就因为他们有真感情,"感情真者,其观物亦真"。他以此为准则,来观察文学史,找出了文学盛衰的道理:屈原之所以是大诗人,因为他"感自己之感,言自己之言者

---

① 《王国维文学美学论著集·论哲学家与美术家之天职》。

也",宋玉景差之不如屈原,因为他们是"感屈子之所感,而言其所言"①;总之,只有真的才是美的,没有真感情就创造不出美的艺术。"观此足以知文学盛衰之故矣"。

鲁迅也强调真诚,他在《摩罗诗力说》里,介绍了拜伦、雪莱、普希金、莱蒙托夫、密支凯维支、裴多菲等摩罗诗人之后,归纳这一派的特点道:"上述诸人……无不刚健不挠,抱诚守真;不取媚于群,以随顺旧俗;发为雄声,以起其国人之新生,而大其国于天下。"可惜中国缺少的就是这些抱诚守真,不取媚于群的作家,诗人们受无邪诗教的束缚,辗转不逾此界,"多拘于无形之囹圄,不能舒两间之真美"。所以,若要中国有真文学,就必须有"作至诚之声"的作家。鲁迅呼唤着精神界战士的出现,也呼唤着现代新文学的出现。

二、美育的启蒙性

王国维、蔡元培、鲁迅都主张美感无利害性,反对沾沾于用,同时他们又都是审美教育的提倡者、推行者,或者说,他们之研究美学,提倡文学,就是想以此来启发民智。他们三人都是启蒙主义者。

蔡元培是有名的美育倡导者。他提出"以美育代宗教说"。因为在他看来,"纯粹之美育,所以陶养吾人之感情,使有高尚纯洁之习惯,而使人我之见,利己损人之思念,以渐消沮者也"。②何以美育能去人我之见,能去利己损人之思念呢? 蔡元培认为,原因在于美感之超脱性与普遍性。"人道主义之最大阻力为专己性,美感之超脱而普漏,则专己性之良药也。"③蔡元培阐释:"盖以美为普遍性,决无人我差别之见能参入其中。食物之入我口者,不能兼果他人之腹;衣服之在我身者,不能兼供他人之温;以其非普遍性也。美则不然。即如北京左近

---

① 《王国维文学美学论著集·文学小言》。
② 《蔡元培美学文选·以美育代宗教说》。
③ 《蔡元培美学文选·美学观念》。

之西山，我游之，人亦游之，我无损于人，人亦无损于我也。隔千里兮共明月，我与人均不得而私之。中央公园之花石，农事试验场之水木，人人得而赏之。埃及之金字塔，希腊之神祀，罗马之剧场，瞻望赏叹者若干人，且历若干年而价值如故。……"①

同样抱着启蒙主义态度的鲁迅，并不把审美教育寄托于美感超脱性和普遍性本身，而希望能用理想之光来引导国民精神。他要利用文艺的力量来改造中国的国民性。

当然，除了普遍之美以外，蔡元培还分析了不同的美学范畴，即所谓"特别之美"对人的陶养作用。"例如崇宏之美，有至大至刚两种。至大者，如吾人在大海中，惟见天水相连，茫无涯涘。又如夜中仰数恒星，知一星为一世界，而不能得其止境，顿觉吾身之小，虽微尘不足以喻，而不知何者为所有。其至刚者，如疾风震霆，覆舟倾屋，洪水横流，火山喷薄，虽拔山盖世之气力，亦无所施，而不知何者为好胜。"此外，他还分析了悲剧之美和滑稽之美，认为"皆足以破人我之见，去利害得失之计较。则其明以陶养性灵，使之日进于高尚者，固已足矣"②。以上分析，是符合审美教育的特点的。特别是由于蔡元培不仅是一个学者，而且还是教育界领导者，因此，他的审美教育学说，在当时有相当大的影响。

美育之事，虽因蔡元培将它列入教育方针，并不断加以鼓吹，而产生了广泛的影响，但其实在蔡元培之前，王国维就很关注这个问题了。在《论教育之宗旨》中，他把美育与德育、体育并提；而《去毒篇》，则要求用美术来进行情感教育。《去毒篇》是对当时流毒全国的鸦片烟害提出根本治疗方法。王国维认为，中国人之嗜鸦片，虽然与知识道德不无关系，"然其最终之原因，则由于国民之无希望，无慰藉。一言以蔽之：其原因存于感情上而已"。所以，禁鸦片根本之道，除修明政治，大兴教育，以养成国民之知识及道德外，尤不可不加意于国民之感情，而要引导国民的感情，"则宗教与美术二者是"。在这方面，王国维与蔡

---

①② 《蔡元培美学文选·以美育代宗教说》。

元培的见解有所不同。蔡元培是反对宗教的,要以美育去代宗教,而王国维则想利用宗教,将宗教与美育并举。在王国维看来,宗教适于下流社会,美术适于上等社会;宗教所以鼓国民之希望,美术所以供国民之慰藉。二者都是我国今日所最缺乏,也是所最需要的。人们在现世感到失望,就将希望寄托于来世,在此岸感到痛苦,就希望能得到彼岸之快乐,所以宗教是不可废的,否则,人们如果没有希望,没有慰藉,那么于劳苦之暇,厌倦之余,不归于鸦片,又能归到哪里去呢? 但上流社会则知识既广,希望亦多,对于他们,宗教的势力就不如在下流社会那么大了。上流社会的精神慰藉,不得不求之于美术。王国维说:"美术者,上流社会之宗教也。"因为感情上之疾病,不是干燥的科学与严肃的道德所能治疗的,非用感情治之不可。"夫人之心力,不寄于此则寄于彼;不寄于高尚之嗜好,则卑劣之嗜好所不能免矣。而雕刻、绘画、音乐、文学等,彼等果有解之之能力,则所以慰藉彼者,世固无以过之。"此外,他还专门撰文论小学校之唱歌科,以为那可调和感情、陶冶意志、练习其聪明器官及发声器,这也是他美育思想的一部分。

且不管王国维想以宗教来慰藉下流社会的心灵,是否有点道理,至少,他要以美术来治疗感情上的疾病,是与蔡元培的审美教育思想相一致的。这就打破了人们对他的无理责难。在王国维保守主义的外表下,我们看到了他的启蒙主义的内涵。他的超实利性的美学观,要成为医治人们感情创伤的良药。

三、观念的新颖性

晚清时期,西学东渐,有识之士,以西方学术思想为参照系,重新审视中国固有文化,提出许多改造意见。他们引进新的观念,运用新的方法来研究问题,使中国学术文化别开生面。

当然,开始难免有幼稚之弊,甚至有点生搬硬套。但问题不在于新观念是否完全正确,新方法是否运用得恰当,而要看到这种新观念、新方法引进的本身,就是一种开拓。人们的眼界开阔了,思路拓展了,学术文化自会产生一种新气象。这一点,王国维看得很清楚,他说:"今即不论西洋哲学自己之价值,而欲完全知此土之哲学,势不可不研究彼土之哲学。异日发明光大我国之学术者,必在兼通世界学术之人,而不在一孔之陋儒固可决也。"①又说:"余谓中西二学,盛则俱盛,衰则俱衰,风气既开,互相推动。"②以国学见长的王国维对西洋哲学下了大功夫,而蔡元培、鲁迅等五四健将也都是学贯中西。因此他们的学术成就,决非封闭式的陋儒所可比拟。

但当时的士人,毕竟还是以保守者为多。他们死抱住传统文化,诋毁新学,不思改变。鲁迅早期的文章,就着重批判了这些抱守残阙之徒。他指出:中国因为屹然出中央而无校雠。则其他之介绍摩罗诗人,也就是要用这种"新声""新源""新力"来救治枯槁萧条的中国古老文化。王国维也坚决反对保守主义。王国维学术思想之开放性,充分体现在他的美学论著中。

首先,王国维比较全面地引进了康德一派的西方近代美学思想。除了上文所提到的美感无利害关系说之外,还将康德美学中的基本审美范畴:优美与宏壮,喜剧与悲剧等,一并介绍进来,使人对康德美学有一个较完整的印象。在这方面,蔡元培也做了很多工作。除了康德美学外,他还较系统地介绍了西方美学进化之轨迹,使人从中获得有关西方美学史的概略知识。而王国维显得更加突出的是,除了介绍之外,他还有所补充和发展。其《古雅之在美学上之位置》即对康德之天才论和形式论有所补充。康德认为,一切艺术都是天才的创造。王国维接受了这个观点,但是他又看到,有成就的作家并非都是天才,所以他又创造了"古雅"这个美学范畴加以补充:"古雅之性质既不存于自然,而其判断亦由于经验,于是艺术中古雅之部分,不必尽俟天才,而亦得以人力致之。苟其人格诚高,学问诚博,则虽无艺术上之天才者,其制作亦不失为古雅。"康德又把美

---

① 《王国维文学美学论著集·奏定经学科大学文学科大学章程书后》。
② 《王国维文学美学论著集·国学丛刊序》。

归之于形式。这一观点,王国维也加以接受,他说:"一切之美,皆形式之美也。"但王国维对形式论也加以发挥,他认为美有专存于形式的,如建筑、雕刻、音乐,有兼存于材质者,如图画、诗歌,然此材质能唤起美情,亦得视为一种形式。何谓"材质"?"戏曲小说之主人翁及其境遇,对文章之方面言之,则为材质;然对吾人之感情言之,则此等材质又为唤起美情之最适之形式。"可见"材质"是指人物、情节、题材之属,就某种意义看,也是一种形式,即对象原有之形式,王国维称之为第一形式,而将材质用艺术加以表现的形式,称为第二形式。"虽第一形式之本不美者,得由其第二形式之美雅,而得一种独立之价值。""绘画中之布置,属于第一形式,而使笔使墨,则属于第二形式。"王国维还对"古雅"这个美学范畴进行定性定位:"优美之形式,使人心和平;古雅之形式,使人心休息,故亦可谓之低度之优美。宏壮之形式常以不可抵抗之势力唤起人钦仰之情,古雅之形式则以不习于世俗之耳目故,而唤起一种之惊讶。惊讶着,钦仰之情之初步,故虽谓古雅为低度之宏壮,亦无不可也。故古雅之位置,可谓在优美与宏壮之间,而兼有此二者之性质也。"此外,如论笑之"势力发表"说,论审美教育之"眩惑"说,也都富有创见。可见,王国维的美学思想是富有创造性的,即使在早期,也不仅限于接受和介绍。

其次,王国维还善于运用新的美学观念来分析中国文学,从而表现出更大的创造性。

最初的尝试是《红楼梦评论》,这篇文章一反我国以考据、索隐为主的小说研究传统,而从哲学和美学的角度加以评论,且具有理论的严整性,这显然是一种开创性的工作。虽然,立论的基本观点:生活之欲、痛苦、解脱之道,明显地搬用叔本华哲学,且与《红楼梦》原书并不完全契合,但抓住悲剧性这一点来概括全书,却不能不说是很得要领的。王国维还根据叔本华的学说,将悲剧分为三种:"第一种悲剧,由极恶之人,极其所有之能力,以交构之者。第二种,由于盲目的运命者。第三种之悲剧,由于剧中之人物之位置及关系而不得不然者;非必有蛇蝎之性质,与意外之变故也,但由普遍之人物,普遍之境遇,逼之不得不如是,彼等明知其害,交施之而交受之,各加以力而不任其咎,此种悲剧,其感人贤于前二者远甚。何则?彼示人生最大之不幸,非例外之事,而人生之所固有故也。"他认为《红楼梦》是属于第三种悲剧,并结合具体情节,加以深入地分析,这的确道出了《红楼梦》的真价值。《人间词话》则运用中国旧有词话的格式和用语写评论,看似对于传统的回归,实则全书处处富有新意。不过有如水中之盐,有味而无形罢了。《人间词话》之要旨,在境界说,其诠释:是从西方诗学中浪漫主义与现实主义的分野得到启示,衍化而来;王国维明确地将近代西方美学中崇尚个性和求真原则确定为境界说的基石;至于"主观之诗人""客观之诗人"说,当然与西方哲学有关;甚至,他还直接引用尼采所谓"一切文学,余爱以血书者"的话,来评价李后主、宋徽宗的词。……在《人间词话》里,王国维将西方近代美学与中国古典美学糅和在一起,作出了新的创造。

在介绍外国美学思想方面,鲁迅所涉的范围更为广泛。他早年所介绍的摩罗诗人,就囊括甚广;尼采也是他所常道及的哲人;存在主义的先驱克尔凯郭尔(鲁译:吉开迦尔),是鲁迅所最早引入;五四以后,他通过翻译厨川白村的文艺论著《苦闷的象征》,又介绍了柏格森和弗洛伊特学说,而且还用来分析中国具体的美学问题。鲁迅吸取了外国美学的精华,为中国开辟了一条现实主义的美学道路。还在1913年发表的《拟播布美术意见书》里,鲁迅就从创作过程着手,对艺术作了全面的分析。"故美术者,有三要素:一曰天物,二曰思理,三曰美化。"鲁迅所提的艺术三要素,是符合现实主义美学原则的。五四以后,他又在此基础上,加以发挥,并直接体现在自己的创作中,从而在中国现代文学中树立起新的美学旗帜。

原载《学术月刊》1986年第6期

《红楼梦》的叙述艺术

应必诚

小说是一种叙述艺术，作家根据时代社会生活用想象虚构手段创造出来的小说世界，只有通过叙述才能呈现出来，才能存在。离开了叙述，也就没有作家创造的小说世界，也就无所谓小说艺术了。

各民族小说的叙述艺术，都有自己发展的历史，包括《红楼梦》在内的明清通俗小说的直接源头是宋元说话艺术。"话本"就是宋元说话人说话的底本。什么是"说话"呢？这里"说"是动词，意思是讲解、叙述，"话"是名词，指叙述的内容，主要指故事。说话，就是讲故事。"说话"形式的形成也有文学自身的原因，但它无疑与当时城市经济的繁荣发展有密切的关系。说话是当时城市市民用以娱乐自己的主要的艺术形式。当时说话人直接在城市市民聚居的地区叫勾栏、瓦舍这样的娱乐场所演出。这种说话艺术，就它的叙述方式来说，说书人就是叙述人，说书人直接面对接受对象听众。说书人出于招徕听众的营利目的，在叙述内容方面，力求贴近市民生活，适应市民的审美要求。在艺术形式上追求情节的曲折，故事的生动，运用巧合、悬念等叙述技巧，以引起听众的兴趣。说话人在讲到紧要处，常常戛然而止，且听下回分解，使听众欲罢不能，如此一回一回继续下去。

包括《红楼梦》在内的明清小说继承了宋元说话的艺术传统，又超越了宋元话本艺术的传统。就叙述艺术形式来说，明清小说的创作摆脱了说书人在勾栏瓦肆卖艺的直接营利目的,从"听"的艺术变成"读"的艺术。这个转变,对小说叙述艺术的发展具有重要的意义。在叙述结构上,宋元话本的"说书人—叙述对象—听众"的模式发生了变化。首先,作者和叙述人开始分离;其次,叙述者也不像说话那样直接面对接受对象,作者面对的是虚拟的、隐含的读者,到了作品实际被阅读,虚拟的隐含的读者才变为实在的读者;最后,叙述内容在摆脱了"说"的束缚以后,日趋多样、丰富、复杂,开始从以故事为中心走向以人物为中心。叙述的模式也变成:作者—叙述人—叙述对象—虚拟的隐含的读者—读者。叙述模式的变化也有一个过程,《红楼梦》最终完成了这一历史性变化的过程。

在作了以上的说明以后,我们下面就可以进入对《红楼梦》叙述艺术的分析研究了。在整个《红楼梦》研究中,这还是一个需要我们开拓和深入研究的领域。本文只就作者曹雪芹与叙述人的分离,石头叙述人形象的创造;《红楼梦》叙述的客观性,《红楼梦》叙述中的概述和描绘;以及《红楼梦》的叙述视角等问题作一点探讨,就正于专家和读者。

一

在话本小说中,说书人就是叙述人。小说艺术世界是说书人直接叙述出来的。说书人也是一个普通人,何以能上天入地,纵论古今,无所不知,无所不晓呢?这是由于说书人把自己假定为一个全知全能的叙述者进入叙述的领域,只是由于说书这种直接面对听众的形式,掩盖了作者说书人与叙述人的分别。在现象形态上说书人与叙述人是同一个人,这就使得这个小说叙述学上的秘密长期不为人知。当小说从"听"的艺术变成"读"的艺术后,这个秘密就显露出来了,"读"的艺术为作者与叙述者最终分离提供了可能性,《红楼梦》把这种可能性变为现实性,这也就是说作者可以虚拟一个叙述人进行叙述了。

《红楼梦》正文劈头第一句话就是:"列位看官:你道此书从何而来?说起根

由虽近荒唐,细按则深有趣味。待在下将此来历注明,方使阅者不惑。"

原来女娲氏炼石补天,单单剩了一块未用,弃在青埂峰下。因众石俱得补天,独自己无材不堪入选,遂自怨自叹,日夜悲号惭愧。一日,一僧一道来至峰下,大展幻术,将一块石变成一块鲜明莹洁的美玉,乘警幻仙子案前神瑛侍者和绛珠仙子等一干女子下世之际,夹带于中,到昌明隆盛之邦,诗礼簪缨之族,花柳繁华地,温柔富贵乡去安身乐业,享受十数年。又过了几世几劫,空空道人访道求仙,从大荒山无稽崖青埂峰下经过,看见一块大石上字迹分明,编述历历,记载着无材补天,幻形入世,历尽离合悲欢炎凉世态的一段故事。《石头记》就是石头在红尘在贾府中亲身经历的记录。石头自称蠢物,是《石头记》的作者和叙述者。曹雪芹根据空空道人从石头上抄录回来的故事"披阅十载,增删五次,纂成目录,分出章回",反而成了一个编辑者。

当然,真正的作者是曹雪芹,曹雪芹虚构一块石头作为这个故事的叙述人,造成真正的作者与叙述者的分离。所以,毫不奇怪,石头作为叙述者,在叙述自己在贾府亲身经历的故事时,常常直接出面发表议论。比如第六回,在说到千里之外,芥豆之微,有一个小小人家与贾府有些瓜葛的,设问这一家姓甚名谁,又与贾府有甚瓜葛? 这时石头直接向读者发表议论:

> 诸公若嫌琐碎粗鄙呢,则快掷下此书,另觅好书去醒目,若谓聊可破闷时,待蠢物逐细言来。(甲戌本第六回)

又如第十七、十八回"大观园试才题对额,荣国府归省庆元宵",当写到元妃省亲,上舆进园之时,园中香烟缭绕,花彩缤纷,灯光相映,细乐声喧,说不尽太平气象,富贵风流,此时石头大发感慨:

> 此时自己回想当初在大荒山中,青埂峰下,那等凄凉寂寞;若不亏癞僧、跛道人携来到此,又安能得见这般世面。本欲作一篇《灯月赋》、《省亲颂》,以志今日之事,但又恐入了别书的俗套。按此时之景,即作一赋一赞,也不能形容得尽其妙;即不作赋赞,其豪华富丽,观者诸公亦可想而知矣。所以倒省了这工夫纸墨,且说正经的为是。(庚辰本第382页)

当回叙到大观园中匾额均为贾宝玉所为,又设问:贾政世代诗书,来往诸客屏侍座陪者,悉皆才技之流,岂无一名手题撰,竟用小儿一戏之辞苟且搪塞?此时,石头直接向读者交待原因,发表议论:

> 诸公不知,待蠢物将原委说明,大家方知。当日这贾妃未入宫之时……

(庚辰本第 383 页)

此处文长不录。从叙事艺术角度看,作者与叙述人的分离是叙事艺术发展的需要和进步,为叙事艺术的发展和各种叙事技巧的运用、开拓,提供了更广阔的空间。但程本或者出于疏忽,或者出于对这种变化缺乏敏感和了解,把已经分离的作者与叙述者又合在一起了。

> 那时这个石头因娲皇未用,却也落得逍遥自在,各处去游玩,一日来到警幻仙子处,那仙子知他有些来历,因留他在赤霞宫居住,就名他为赤霞宫神瑛侍者。

石头就是神瑛侍者,下世为贾宝玉,石头在全书中也就失去了叙述人的资格了。

石头是曹雪芹创造的一个非常独特的叙述人。有的论者提出,《红楼梦》的叙述者是曹雪芹,而不是石头,因为石头在书中也是被描写的对象。"说石头是叙述人,而书中又有'通灵'这个客观描写的对象,岂不矛盾?"[①]在一般情况下,全知全能叙述者是独立于故事之外的叙述者,不能同时是故事的参预者,不能是叙述的对象,但在《红楼梦》中,因为叙述者是一个石头,是一个有了灵性的石头,作者就赋予了某种灵活性,它所叙述的既然是它自己在红尘世界贾府的经历,在这个世界中它又扮演了"通灵"这个角色,它在叙述贾府所见所闻的同时,偶尔把自身也作为叙述的对象,也是很自然的,这不仅不能否定石头是个叙述者,而且也说明,《红楼梦》这样独创性的作品,是不能用一般的小说理论限制它、认识它的。

---

① 《〈红楼梦〉的视点》,见《红楼梦学刊》1986 年第 1 期,文化艺术出版社。

还有论者认为,《红楼梦》是用全知视角叙述的,石头并非全知全能,因此,它不是叙述人,叙述人应该是曹雪芹。根据就在第十五回。这一回写铁槛寺秦钟与智能儿偷情被贾宝玉发现后,宝玉声称等一回儿睡下再细细算账。"这时,'通灵'被凤姐塞在自己枕边。所以,'通灵'说:'宝玉不知与秦钟算何账目,未见真切,未曾记得。此系疑案,不敢篡创。'如果'通灵'是《红楼梦》的第三人称叙述人,对于它就绝不会存在因'未见真切'而写不出来的问题。这句看似叙述人自居的表白,恰恰说明它并不是叙述人。'通灵'的全知全能是假,真正的全知全能者只是作者曹雪芹。"①

全知的叙述人只是艺术上的一种假定,我们说石头是叙述人,是一个全知的叙述人,并非要事事全知,更非要事事都写出来。此点脂评针对石头"不敢篡创"发了一通议论,就很懂得其中的道理,脂评说:"忽有作如此评断,似自相矛盾,却是最妙之文。若不如此隐去,则又有何妙文可写哉。这方是世人意料不到的大奇笔。若通部中万万件细微之事俱备,《石头记》真亦觉太死板矣。故特因此二三件隐事,若借石之未见真切,淡隐去,越觉得云烟渺茫之中无限上壑存焉。"②这是真正懂得曹雪芹艺术的解味之言。

这里,我们要强调指出的是:作者与叙述人分离以后,就存在着作者与叙述人的关系问题。并非作者确定了叙述人,作者就无事可做了。和作品中其他人物一样,叙述人也是作者的艺术创造。作者虚拟叙述人的目的仅仅在于,通过叙述人特有的叙述观点和视角来进行叙述,以达到某种思想和艺术上的目的。就《红楼梦》来说,曹雪芹并非像作品第一回所表白的那样真是一个编纂者,脂砚斋针对此点有一条批语很耐人寻味,他说:"若云曹雪芹被阅增删,然则开卷至此这一篇楔子又系谁撰,足见作者之笔狡猾之甚。"曹雪芹是一个实实在在的真正的作者,一切叙述都是作者曹雪芹在叙述,连叙述者石头也是作者创造出

---

① 《〈红楼梦〉的视点》,见《红楼梦学刊》1986年第1期。
② 见甲戌、庚辰、戚本。此处据庚辰本。三本文字各有异同。

来叙述出来的,在这个意义上,曹雪芹才是一个真正的叙述者。曹雪芹"用事狡猾"之处,也就在于他创造了叙述者石头并通过他来进行叙述贾府及其男男女女们故事,也就是全书开头所说的:"此开卷第一回也。作者自云:因曾经历过一番梦幻之后,故将真事隐去,而借'通灵'之说,撰此《石头记》一书也。"

二

在叙述文学中,作家对想象虚拟的叙述人,存在着多种多样的选择。男性作者可以虚拟女性的叙述人,女性作者也可以虚拟男性叙述人,成年作者可以虚拟儿童为叙述人,城市作者可以虚拟乡下人作为叙述人,中国作者可以虚拟外国人作为叙述人,如此等等。但作者与叙事人最重要的关系就是确定,作者与叙事者对所叙事的对象的思想感情与审美态度是一致的,还是相距甚远,还是正好相反,这就有可靠的叙述者与不可靠的叙述者之分。在《红楼梦》中,曹雪芹选择了石头作为叙述者,是一个可靠的叙述者,也就是与作者思想感情和审美态度一致的叙述者。第一回石头与空空道人有一段关于创作思想的对话,石头的思想其实代表了曹雪芹的思想。

石头作为可靠的叙述者,与曹雪芹的思想感情是一致的,曹雪芹也总是有意无意地把自己的思想感情与审美态度溶入石头的叙述之中;同时,石头作为一个独立的叙述者,在贾府中,与贾府众多的人物不同,它并非贾府事件的直接参与者,石头更多地处于观察的地位,在这种情形下,作者不宜越过叙述人石头直接评论人物与事件,他必须把自己巧妙地隐藏在石头背后,通过石头把贾府发生的事件和人物真实地叙述出来,就如石头所表示的"至若离合悲欢,兴衰际遇,则又追踪蹑迹,不敢稍加穿凿,徒为供人之目而反失其真传者"。也因此,《红楼梦》的叙述与历史上和同时代的小说相比具有更多的客观性。

作品这种客观性特色,表现在叙述艺术方面,就是更加重视客观的观察和描绘。前面我们已经指出,作家创造的小说世界只有通过叙述才能存在。叙述一般采取概述和描绘两种手法：概述指叙述者把发生的事件和故事概括地叙述出来，具有间接性，读者听到的是叙述者的声音；而描绘是叙述者直接描绘人物的行动和语言，把人和事如同戏剧那样呈现出来，具有直接性，读者不必经过叙述人的中介，就能直观通过描绘呈现出来场景，就如同亲临其景一般。

《红楼梦》描写一个家庭兴衰的历史，活动着成百的人物，内内外外一天至少也有几十件事，时间的跨度又很长，在这种情形下，叙述者不可能也没有必要事无巨细不加选择去详尽地描绘所有的事件和人物，因而概述是不可少的。比如刘姥姥的出场，叙述者对她的介绍就采取很简洁的概述的手法：

> 方才所说的这小小之家，乃本地人氏，姓王，祖上曾作过小小的京官，昔年与凤姐之祖王夫人之父认识。因贪王家的势利，便连了宗认作侄儿。那时只有王夫人之大兄凤姐之父与王夫人随在京中的，知有此一门连宗之族，余者皆不认识。目今其祖已故，只有一个儿子，名唤王成，因家业萧条，仍搬出城外原乡中住去了。王成新近亦因病故，只有其子，小名狗儿。狗儿亦生一子，小名板儿，嫡妻刘氏，又生一女，名唤青儿。一家四口，仍以务农为业。因狗儿白日间又作些生计，刘氏又操井臼等事，青板姊妹两人无人看管，狗儿遂将岳母刘姥姥接来一处过活。这刘姥姥乃是个积年的老寡妇，膝下又无儿女，只靠两亩薄田度日。今者女婿接来养活，岂不愿意，遂一心一计，帮趁着女儿女婿过活起来。①

以上王狗儿一家的故事，包括他的家庭的历史以及与刘姥姥、与贾府的关系，如果用描绘叙述手法，甚至可以写成一本书。但因其在小说中不占重要的地位，作者只用概述的方法叙述出来，仅二百余字。即使如此，无论对读者，还是对作者作品来说，都已经足够了。但在《红楼梦》中，最具特色的是描绘的叙述方法的运用，为了说明问题，我们也举一例。第三十二回"手足耽耽小动唇舌，不肖种种大承笞挞"，从贾政接见忠王府来人开始，一路下去，用众多人物行

① 《红楼梦》，人民文学出版社1982年初版。以下正文引文均见此本。

动和语言组成的生动形象的场景一个接着一个,令人目不暇接。这里,我们只能引一小段:

王夫人一进房来,贾政更如火上浇油一般,那板子越发下去的又狠又快。按宝玉的两个小厮忙松了手走开,宝玉早已动弹不得了。贾政还欲打时,早被王夫人抱住板子。贾政道:"罢了,罢了! 今日必定要气死我才罢!"王夫人哭道:"宝玉虽然该打,老爷也要自重。况且炎天暑日,老太太身上也不大好,打死宝玉事小,倘或老太太一时不自在了,岂不事大!"贾政冷笑道:"倒休提这话。我养了这不肖的孽障,已不孝;教训他一番,又有众人护持;不如趁今日一发勒死了,以绝将来之患!"说着,便要绳索来勒死。王夫人连忙抱住哭道:"老爷虽然应该管教儿子,也要看夫妻分上。我如今已将五十岁的人,只有这个孽障,必定苦苦以他为法,我也不敢深劝。今日越发要他死,岂不是有意绝我。既要勒死他,快拿绳子来先勒死我,再勒死他。我们娘儿们不敢含怨,到底在阴司里得个依靠。"说毕,爬在宝玉身上大哭起来。贾政听了此话,不觉长叹一声,向椅上坐了,泪如雨下。王夫人抱着宝玉,只见他面白气弱,底下穿着一条绿纱小衣皆是血渍,禁不住解下汗巾看,由臀至胫,或青或紫,或整或破,竟无一点好处,不觉失声大哭起来,"苦命的儿嚇!"因哭出"苦命儿"来,忽又想起贾珠来,便叫着贾珠哭道:"若有你活着,便死一百个我也不管了。"此时里面的人闻得王夫人出来,那李宫裁王熙凤与迎春姐妹早已出来了。王夫人哭着贾珠的名字,别人还可,惟有宫裁禁不住也放声哭了。贾政听了,那泪珠更似滚瓜一般滚了下来。

在这一小段里,叙述者的声音减低到最小程度,整个场景都是人物的语言和行动构成的。读者在场景中可以直接看到贾政和贾宝玉父子激烈的冲突,可以直接看到贾政欲置贾宝玉于死地,在王夫人灵魂里激起的震荡:要宝玉死,等于有意绝我。在封建制度下,一个妇女,没有儿子,就没有他在家庭中的地位。王夫人因又自然想起早夭的大儿子来,就叫着贾珠的名字哭。这又无意触动了李宫裁深藏在内心深处的伤痛。在这里，不是叙述者而是人物自己用语言和动作打开自己的灵魂，这是人物自己的声音。再深入一步，读者还可以看到人物戏剧性的语言和相互冲突的行动的背后隐藏着复杂的封建家庭关系，正是这种关系决定着人物在这特写情景下的语言和行动、思想和感情，在这种场合，即便没有一句叙述者的评说，读者还是能够充分感受到、体验到人物的语言、动作所饱含的情感和蕴蓄的意义，因而具有一般概述达不到的独特的艺术魅力。

总之，使叙述保持一个客观态度，是《红楼梦》叙述艺术的一个重要特点。《红楼梦》的概述具有很高的水平，但全书主要不是通过概述，而是通过人物具体行动和语言组成的场景的描绘，使接受者直接观察到和体验到人物的活动和事件的过程。当然，描绘的客观性不等于说作者根本不介入作品，作者已经退出作品了。当然不是这样。曹雪芹采取的是介入的一种新的形式，这就是作者把自己的思想感情溶入到具体的形象和场景之中，渗透到整个叙述过程和语调中去。作品中荣华易逝和青春难再的沧桑感，以及半是揭露，半是挽歌的情调，分明都是属于曹雪芹的。这样一种审美态度和叙述技巧，是过去不曾有过的，是曹雪芹对中国小说叙述艺术的新创造和新贡献。

三

现在我们来讨论《红楼梦》的叙述视角的问题。英国评论家卢泊克在《小说技巧》一书中说："小说写作技巧最复杂的问题，在于对叙事观点——即叙事者与故事的关系——的运用上。"叙事观点，也就是叙述视角，也称叙事体态、叙事焦点。

《红楼梦》的叙述者是石头，是一个全知全能的叙述者，作者选择全知的叙事视角是与它所叙述的对象相适应的。《红楼梦》描写的是一个封建家族的兴衰的历史，这个家族的内外有非常复杂的社会联系，从皇公贵族到男仆丫鬟，上下不下数百人，可以说是当时封建社会的一个缩影，因此，就它反映生活的广度和时间的跨度来说，都不可能是现实中某一个实在的人所能感知了解和经历的。因此，就全书来说，难以采用参预叙述人的限知视角。

描写大场面，描写众多人物之间的复杂的关系，运用全知视角常常能显得得心应手，艺术上有许多方便之处，但《红楼梦》采用石头的全知视角，在审美上的新创造更突出地表现在人物性格的塑造上，特别是人物的心理描写方面。全知的视角运用，不仅可以充分地描述人物的外在活动，而且由于叙述人能自由地出入人物的内心世界，深入到人物的内心活动，人物内心最隐蔽的思想感情和心理活动都能被揭示出来。我们先来看看第二十九回是怎样运用全知视角叙述贾宝玉和林黛玉的心理活动的。

> 原来那宝玉自幼生成有一种下流痴病，况从幼时和黛玉耳鬓厮磨，心情相对；及如今稍明时事，又看了那些邪书僻传，凡远亲近友之家所见的那些闺英闱秀，皆未有稍及林黛玉者，所以早存了一段心事，只不好说出来，故每每或喜或怒，变尽法子暗中试探。那林黛玉偏生也是个有些痴病的，也每用假情试探。因你也将真心真意隐瞒起来，只用假意，我也将真心真意瞒了起来，只用假意，如此两假相逢终有一真，其间琐琐碎碎，难保不有口角之争。即如此刻，宝玉的内心想的是："别人不知我的心，还有可恕，难道你就不想我的心里眼里只有你！你不能为我烦恼，反来以这话奚落堵我。可见我心里一时一刻白有你！你竟心里没我。"心里这意思，只是口里说不出来。那林黛玉心里想着："你心里自然有我，虽有'金玉相对'之说，你岂是重这邪说不重我的。我便时常提这'金玉'，你只管了然自若无闻的，方见得是待我重，而毫无此心了。如何我只一提'金玉'的事，你就着急，可知你心里时时有'金玉'，见我一提，你又怕我多心，故意着急，安心哄我。"……

《红楼梦》贾宝玉和林黛玉相互猜疑，相互试探的篇幅比较多，但它都有一个前提，就是彼此都不知道对方的真实的想法；如果彼此都知道对方真实的想法，也就没有了真真假假琐琐碎碎的赌气和口角了。既然林黛玉和贾宝玉彼此都不知道，叙述者何以知之，作者就必定设定虚拟叙述者石头是一个全知的叙述人，也就是说只有运用全知的视角，才能深入到人物贾宝玉和林黛玉的心理，从叙述艺术的角度看,作者对人物的无知和叙述人的全知之间的巧妙处理,常常是《红楼梦》这一类心理描写的魅力所在。

有一些论者把全知的审美视角看成是一种古老的、美学价值低的一种叙述方式,是缺乏根据的。在我国三十年代,曾经有过一次关于叙述人称和视角的争论。郁达夫在《日记文学》一文中说,大凡文学作品,多少带点自叙传色彩,若以第三人称写出,则时常有误成第一人称的地方。而且叙述这第三人称的主人公的心理状态过于详细时,读者会疑心这别人的心思,作者何以会晓得这样精细?于是那一种幻灭之感,就使文学的真实性消失了。鲁迅不同意郁达夫的看法,指出:这是把事实与真实混为一谈,"是要使读者信一切所写为事实,靠事实来取得真实性,所以一与事实相左,那真实性也随即灭亡。如果他先意识到这一切是创作,即是他个人的创作,便自然没有挂碍了"。所以,"一般的幻灭的悲哀,我以为不在假,而在以假为真"。鲁迅在这里把《红楼梦》与《林黛玉日记》加以分析比较,以为《红楼梦》选择第三人称的全知视角,并没有损害它的真实性,而《林黛玉日记》用第一人称,参与叙述人的限知视角,却给人虚假的感觉,"一页能够使我不舒服小半天"。

但《红楼梦》叙事艺术成就还不仅仅表现在全知视角的成功运用,更重要的还在于曹雪芹巧妙地在全知叙述人的全知视角中,溶入了参与叙述人的限知视角,对叙述方式进行了创造性的艺术处理。

我们这里说的参与叙述人是指作品中事件的参与者,他是作品中一个人物。这个人物可以是作品中的主要人物,也可以是次要人物。由于叙述者是作品中的一个人物,他与全知视角叙述人不同,他所叙述的只能是自己的所见所闻,所思所感,所以称为参与叙述人的限知视角。《红楼梦》由于在全知视角中溶入了参与叙述人的限知视角,大大提高了艺术的表现力。

第三回写林黛玉初进荣国府,此时林黛玉刚死了母亲,奉父亲之命,投奔外婆家,第一次与贾府众多的人物见面,作者以石头作为全知叙述人从全知视角展开叙述,在此基础上,又精心穿插了几组人物的限知叙述,用他们之间的相互观察来刻画人物。贾母、迎春、探春、惜春三姐妹、王夫人、王熙凤、贾宝玉,这些人物都是通过第一次来到贾府的林黛玉的眼睛和独特的心理感受来写的。而林黛玉的形象,则又通过贾府众人的眼睛和心理感受来写。其中林黛玉与王熙凤,林黛玉与贾宝玉之间的相互观察感受尤为精细,是《红楼梦》中出色的篇章。

> 一语未了,只听外面一阵脚步响,丫鬟进来笑道:"宝玉来了!"黛玉心中正疑惑着:"这个宝玉,不知是怎生个惫懒人物,懵懂顽童?"——倒不见那蠢物也罢了。心中想着,忽见丫鬟话未报完,已进来了一位年轻的公子:头上戴着束发嵌玉紫金冠,齐眉勒着二龙抢珠金抹额;……黛玉一见,便吃一大惊,心下想道,"好生奇怪,倒像在那里见过一般,何等眼熟到如此!"只见这宝玉向贾母请了安,……

这是黛玉眼中的贾宝玉,接下去写贾宝玉眼中的林黛玉:

> 贾母因笑道:"外客未见,就脱了衣裳,还不去见你妹妹!"宝玉早已看见多了一个姐妹,便料定是林姑妈之女,忙来作揖。厮见毕归坐,细看形容,与众人各别:两弯似蹙非蹙罥烟眉……宝玉看罢,因笑道,"这个妹妹我曾见过的。"……

总之,这一回,叙述人和叙述视角在黛玉与众人之间频繁地转移:写黛玉,叙述视角散见于众人;写众人,叙述视角又集中于黛玉。概括地说,就是:一人看众人,写出了众人,也写出了一个;众人看一人,写出了一人,也写出了众人。全知叙述人的全知叙述视角与参与叙述人的限知视角之间的转换,使几对参与叙述人的视线就像数对抛物体,相互交叉,两两对立,构成了一种叙述的立体网状结构,写得有声有色,精妙绝伦。

刘姥姥三进荣国府,是曹雪芹运用全知视角溶入参预叙述人的限知视角进行叙述,在艺术上很成功的一个例子。试想一个生活无继,求人告贷的农村老妪,突然走进与她的生活有着霄壤之别的富贵人家贾府,在这个陌生的世界,她看到了什么,她经历了什么,她有着什么样遭遇和感受。曹雪芹运用石头全知视角溶入刘姥姥参预叙述人的限知视角进行叙述,既把握了刘姥姥三进荣国府事件的整个过程,又同时细致地把刘姥姥独特的观察、经历、遭遇、感受直接传达出来。我们这里只举一个小小的细节为例:当刘姥姥被引入堂屋,只闻一阵香扑了脸来,竟不辨是何气味,犹如在云端里一般。满屋中之物却耀眼争光,使人头悬目眩……

> 刘姥姥只听见咯当咯当响声,大有似乎打箩柜筛面的一般,不免东瞧西望的。忽见堂屋中柱子上挂着一个匣子,底下又坠着一个秤砣般一物,不住的乱幌。刘姥姥心中又想着,"这是什么爱物儿?有甚用呢?"正呆时,只听得当的一声,又若金钟铜磬一般,不防倒吓的一展眼。

参与叙述限知视角的一个重要特点,就是在这个视角观察下的小说世界,是经过叙述者眼光过滤过的世界,因而常常能使读者获得更为强烈的情感体验和生活感受。刘姥姥三进大观园,写的就是经过刘姥姥眼光过滤过的大观园。通过刘姥姥惊奇的眼光,我们会领悟和体验到,贾府的贵族世界与刘姥姥生活的那个世界是根本不同的,有霄壤之别。就是上面这样一小段文字,我们也能得到这样的感受。这是什么爱物儿?今天我们都知道这是装在柱子上的挂钟。但在那个时代,只有富贵人家才有这样的计时工具,刘姥姥自然不知道这是什么东西。但是,作者也不是简单地告诉我们这样一个事实,而是运用刘姥姥参预叙述者的限知眼光,把咯当咯当的响声比作打箩柜筛面一般,把钟比作匣子,把钟摆比作秤砣,这样,读者就不是直接了解到,而是通过刘姥姥的比喻才猜到刘姥姥所指的"爱物儿",就是挂钟。刘姥姥把挂钟比作箩柜,匣子,秤砣,都是农家常见之物,这是刘姥姥所了解、拥有的领域,而挂钟表示出的那个世界,是刘姥姥限知视角无法了解和接近的,被钟声吓了一展眼的刘姥姥,最终也没有弄清楚这是个什么爱物儿。

第二十三回有一段文字记元妃省亲后,令夏太监传谕众姐妹和贾宝玉进大观园居住,此事别人听了犹可,唯贾宝玉喜得无可无不可。正在此时,丫鬟来说:"老爷叫宝玉。"宝玉听了,好似打了个焦雷,扫了兴,挨门进去。此处有从贾政参与叙述人的视角来写贾宝玉的一段文字:

> 贾政一举目,见宝玉站在跟前,神彩飘逸,秀色夺人;看看贾环,人物委

琐,举止荒疏;忽又想起贾珠来,再看看王夫人只有这一个亲生的儿子,素爱如珍,自己的胡须将已苍白:因这几件上,把素日嫌恶处分宝玉之心不觉减了八九。半晌说道:"娘娘吩咐说,你日日外头嬉游,渐次疏懒,如今叫禁管,同你姐妹在园里读书写字。你可好生用心学习,再如不守分安常,你可仔细!"

贾政和贾宝玉冲突是《红楼梦》的一个重要内容,贾政平日对贾宝玉采取极端的严厉态度。此一段如果说作者运用贾政参与视角写出他眼中的另一个贾宝玉,还不如说写出了另一个贾政,或者说写出了贾政的另一面。他看到贾宝玉神彩飘逸,秀色夺人,改变了平日嫌恶之心,这种内心的表露夹杂着失去前子的伤痛和人生易逝的感慨,用参与叙述的视角直接表露出来,显得真切感人。

第三十回"龄官划蔷痴及局外"动人情节是以宝玉为参与叙述人的视角展示出来的。写的是宝玉在王夫人处因金钏儿事讨了没趣,进大观园来,刚到了蔷薇花架下,只听有人哽噎之声,隔着篱笆洞儿一看,只见一个女孩儿蹲在花下,手里拿着绾头的簪子在地下抠土。此情此景在贾宝玉眼中女孩儿的模样竟大有林黛玉之态。

> 宝玉用眼随着簪子的起落,一直一画一点一勾的看了去,数一数,十八笔。自己又在手心里用指头按着他方才下笔的规矩写了,猜是什么字。写成一想,原来就是一个蔷薇花的"蔷"字。宝玉想道:"必定是他也要作诗填词。这会子见了这花,因有所感,或者偶成了两句,一时兴至恐忘,在地下画着推敲,也未可知。且看底下再写什么。"一面想,一面又看……

参与叙述人总是作品中的一个人物,是作品中某个事件的参与者。比较全知的叙述人,参与叙述人与作者、与叙述对象、与读者关系已经发生了变化。就其与作家关系来看,他从事实到形式已经明显从作者分离出来,获得了存在于作家之外的独立地位,因此前面所引的"看"和"想",都是人物去"看"和"想",而不是作家去"看"和"想"。因此,这种叙述视角的运用有一个严格限制,就是叙述者只能叙述自己的所见所闻。参与叙述者可以叙述自己的心理活动,但自己以外人物的心理活动就不是他所知道的,他只能加以推测和猜想。在这里,划蔷的意义无论对宝玉还是对读者都是不了解的,这个谜底要到了第三十六回"识分定情悟梨香院"里宝玉和读者才明白:龄官对贾蔷的痴情。而此时贾宝玉对龄官心理活动也只是一种推测:"这女孩子一定有什么话说不出来的大心事,才这样个形景。外面既是这个形景,心里不知怎么熬煎。看他的模样儿这般单薄,心里那里还搁的住熬煎。可恨我不能分些出来。"在这里,一方面,参与限知视角的运用不仅使我们通过贾宝玉的眼看到了龄官的行动,而且也是贾宝玉作为参与叙述人的性格思想感情的一种展露。只有贾宝玉才有这样的行为和想法,所以他去观察叙述对象时,同时也完成了作为叙述人自身形象的塑造。另一方面,由于参与叙述人不同于在故事之外之上的全知叙述人,叙述人与读者的距离也缩短了,读者通过参与叙述人看到的世界,是打上了叙述者个性和感情烙印的世界,更显真切动人。一般说,参与叙述视角这样的审美效果是单纯全知视角难以达到的。

应该指出,关于《红楼梦》参与叙述人限知视角的运用,前人已有所见,只是没有进行系统和自觉的研究。第五十三回"宁国府除夕祭宗祠,荣国府元宵开夜宴"一回,戚序本脂评就已经指出祭宗祠一事是作者运用宝琴参与叙述人视角来叙述的:"乃作者偏就宝琴眼中款款叙来,首叙院宇匾对,次叙抱厦匾对,后叙正堂匾对,字字古艳。槛以外槛以内是男女分界线,仪门以外仪门以内是主仆分界线,献帛献爵择其人,应昭应穆促其讳,是一篇绝大典制文字。"这是很有见地的。像宗祠以及祭宗祠一类事,贾府众人都已非常熟悉了,如用全知视角也易显得板滞,用新来乍到的薛宝琴的视角来叙述就显得新鲜别致。此点三家评本有更具体分析,介绍如下:

正文:且说宝琴是初次进贾祠观看,一面细细留神,打量这宇祠……

注:书中荒唐,无过此处,而看官每每忽之,作者枉示以隙矣。夫祭宗祠何事也?而姻戚之女同往观必无是理。则此一段大文,悉入宝琴作用,尚可疑乎?

正文:只见贾府人分了昭穆,排班立定。

注:此"只见"仍是宝琴只见。奇情恣肆。

正文：……鸦雀无闻，只听铿锵丁当，金铃玉佩微微摇曳之声，并起跪靴屉飒沓之响。

注：整齐严肃，笔有余闲，'只听'跟'只见'来也，是宝琴。①

无论戚本脂批和三家注批语，都发现了此段文字是从宝琴所"听"所"见"的视角叙述出来。这是一个重要的发现，但他们特别是三家注并非真正认识视角运用的审美意义，三家注反而责备作家，以为像祭宗祠这样大的典礼，一姻戚之女同去观看，必无是理。这不是从审美观点和小说叙事的观点，而是用单纯的事实去衡量作家的艺术创造。

总之，在《红楼梦》中，我们可以看到叙述人和叙述视角的灵活的转换和移动，这种以全知视角为主，巧妙地溶入参与叙述人的限知视角的叙述方法，有效地发挥了这两种视角艺术上的长处，它们各自的不足之处也由于这两种视角的巧妙的运用，得到了弥补，使作品更具丰富的审美色调，共同完成了对对象的叙述。这是曹雪芹在小说叙事艺术的一个重大的创造和贡献。

原载《红楼梦学刊》1995 年第 1 期

---

① 《红楼梦》(三家评本)，上海古籍出版社。

巫性美学:中国美学研究新路向

王振复

与现实偕行的马克思主义及其关于美学的理念与方法,为中国美学的发展和创新提供了广阔空间。充分依凭中国当下与未来审美文化,以及密切联系于当下与未来之中国美学资源和传统的学术实际,力求达到学术之理念与实证、逻辑与历史相统一,无疑可为"打造具有中国特色、中国风格、中国气派的哲学社会科学学术话语体系",以及为中国美学研究力求"自创一格"之学术目标的实现,打开通往学术真理之途。一种称为"中国巫性美学"的新美学,可望成为中国美学研究的新路向之一。

就此而言,对于以往一个多世纪以来的中国美学研究,重新进行有理据的总结与反思,是必要的。尽管自王国维至今的中国美学研究,已经获得巨大成就,然而有些学术现象与倾向,依然值得做进一步的讨论和省思。

其一,一些文本研究,固然不乏"美""审美"与"美学"等字眼的表述,而实际仅仅是中国艺术论甚或文论而已,一般欠缺美学的哲学或文化哲学之学术理念及其论证、分析。其未能自觉意识到,美学的哲学之魂与哲学的美学意蕴之同构性的理念,对于中国美学研究而言,是何等重要。文学艺术固然是美学研究的主要对象,但文学艺术之审美现象及其理论形态,不是美学本身。如果离弃关于审美的哲学或文化哲学理念的统驭与分析,那么,这样的"美学"究竟还能剩下什么?而如将学术视野仅限于文学艺术领域且抽去美学所必须的哲学或文化哲学之魂魄，那么，那些与非文学艺术领域如宗教、巫术、伦理、科技、自然环境与生活习俗中的美学问题，甚或哲学、文化哲学本身的美学意蕴等，究竟还能不能、要不要成为中国美学研究的题中应有之义？

其二，与此相反，是将美学等同于哲学或文化哲学。以为抓住了哲学，便抓住了关于美学的根本，而"天生"便成中国美学或中国文化美学。于是有些研究，又在脱离诸如人的感觉、感性、情绪、情感、欲望、想象、意象和信仰等诗性现象的情况下，展开不免空疏而不着美学之实际的哲学或文化哲学分析，踏入所谓"哲学即美学"的误区。

大凡为学，澄清前提且划定界限，是首要之事。这便是康德所谓学术"批判"之本义。中国美学研究的前提之一，无疑是关于一切审美现象与思想、理论形态相应的哲学或文化哲学；其学术界限，这里仅从对象而言，又是一定哲学、文化哲学理念"关怀"下以艺术审美为主的一切审美文化。

然而，由于众所周知的中国文化的特殊性，具有真正"中国"特质之中国美学研究所面临的重要课题之一，便是首先从文化人类学、文化哲学进入关于中国美学原始人文根因与根性问题的研究。这也便是如德国著名学者、国际美学协会主席海因茨·佩茨沃德所言"作为文化哲学的美学"。海因茨在《符号、文化、城市：文化批评五题》中指出，"我们应该对美学进行反思，以置之于人类文化更为宏大的语境之中"。此言极是。

从文化人类学、文化哲学角度审视，一般以为，迄今为止的人类美学，为神学美学与人学美学两大类，相应便有神性美学和人性美学。前者属神本主义，后者为人本主义。由于中国文化"淡于宗教"这一人文特质，此以梁漱溟所言，即所谓"中国文化在这方面的情形很与印度不同，就是于宗教太微淡"（《东西文化及其哲学》）。故迄今为止的中国美学研究，西方学术意义上的神学美学、神性美学，一直不甚发达是情有可原的。以西方眼光，中国学者关于中国佛教、道教与基督教等的美学研究，由于其研究对象所属各宗教门类文化要么被中国化、要么土生土长,故其神学、神性的特点不够也无法充分,使其难以成为西方那样典型的神学与神性美学。相比倒是中国的人学美学、人性美学,如火如荼、风起云涌。它们一般属于人学与人性、人格学这一大范畴。其中比如科学美学,以求真与审美之关系为研究对象而一般地排拒神性,故也可大致归于人学这一范畴和主题。但是,由于中国美学的原始人文根因、根性及其哲学之魂,本比由希伯来、古希腊文化传统所哺育、发展的西方美学的人文根柢有别,因而,中国的人学美学、人性美学,实际与西方同类美学,不可同日而语,自当也不同于埃及、印度与伊朗等。

由此不难见出,必须找到一条真正属于"中国"的美学研究之路而力求有所发现、推进。当上世纪 80 年代中叶始,笔者尝试运用文化人类学、文化哲学关于巫学的理念、方法,研习真正堪称"中华第一国学"即易学及易文化美学时,体会到,原来人类文化及其哲学与美学之思,并非仅在于神与人、神性与人性、神学与人学二维。它其实是三维的。万类既一分为二又合二而一。这合二而一,即第三维。故人类文化及其哲学、美学等,应是"一分为三"的。中国文化与其哲学、美学,应走向与源自上古原始神话、原始图腾相系且以原始巫术文化为主导又以巫、巫性为主的"第三条路"。介于神与人、神性与人性、神学与人学之际的一种学术研究思维与思想,可称为关于巫、巫性文化的第三品类即巫学。其中,巫性是其中心范畴。因此,以文化哲学的理念与方法研究的中国美学,称为"中国巫性美学"。巫性美学是一种新的"作为文化哲学的美学"。笔者浅陋,而数十年间所思所写,大凡与此有关。

所谓巫性,拙著《周易的美学智慧》曾指出:"从人之角度看,巫是神化的人,他假借神的旨意,施行巫术,以达到人的目的;从神之角度看,巫是人化的神,他为了达到人的目的,通过巫术,将自己抬高到神的高度。巫是人与神之间的一个中介和模糊状态,具有非黑非白、又黑又白的文化灰色。"巫,既是"神化的人"又是"人化的神"。巫性,确是一种两栖于人、神之际之"灰调子"而属"第三维"的文化属性。

这里，人为现实世界之本在，而神为虚拟。虚拟之神究竟如何可能又是为何、应何？不妨可将神，看做关乎人的、人所预设又对应于人的另一"主体"。故巫性作为处于神、人之际的一种"人文间性"，也是文化哲学意义的一种"主体间性"。由此可见，对于中国美学而言，倘说其原始人文根因、根性在于巫与巫性，那么，与"主体间性"相系的神性与人性，便成为一种"他者"的文化属性。而且这个巫性，又是关乎人之"命运"的一个范畴。我在《周易时间问题的现象学探问》(《学术月刊》2007 年第 11 期)中说："这里，命，可称为神性时间；运，则指人性时间。《周易》巫筮文化的时间意识，处于神、人即神性时间与人性时间之际，笔者将其称为巫性时间。"中国人、中国文化最讲"命运"，某种意义而言，中国文化是一种关乎"命运"的文化。"命运"是一种巫学范畴。

巫性这一范畴的设立，具有充分理据。这里，且不说殷之占卜与周之易筮文化源远流长，其历史、人文影响深巨；且不说《汉书·艺文志》所言"数术"即巫术六大类"天文、历谱、五行、蓍龟、杂占、形法"，几乎无不施行于中华古人生命、生活的一切领域；也不说，诸如北京周口店龙骨山"山顶洞人"遗址(距今约18000年)、河南舞阳贾湖遗址(约 8000 年)、安徽含山凌家滩遗址(约 5000 年)与河南濮阳西水坡 45 号墓遗址(约 4000 年)等关于属巫的风水方位意识、理念与迄今所知最早占卜之具的考古发现，可证中国巫术文化之悠久的文化之源。这里，仅从《论语》所录关于鬼神意识和人对之态度的片言只语，如"敬鬼神而远之，可谓知矣"、"祭如在。祭神如神在"可证，所谓对于鬼神的且"敬"且"远"，正是巫性意义之中国人的人生智慧、策略和"自由"处境。在这属巫的文化心灵中，神灵可"敬"可"远"。这其实是说，神灵对人而言，它们好像"在"，又好像不"在"。而归根结底，纯然宗教意义之绝对权威的神尤其主神，毕竟不"在场"。中国先秦文化本无像样的宗教主神。先秦时代那个神性之"天"(天帝)，终于未能达到宗教至上神格的高度，而终于被历史化为祖神的象征。在中国人心目中，神是被"祭"出来的。如果不"祭"，神就不"在"了。可见，如异族上帝、梵天那般崇高、伟大的宗教主神，并未真正能够为中国哲学、中国美学提供本原、本体意义上的思维与思想资源。这也因中国文化基因,主要并非宗教"拜神"而是巫术"降神"之故。"降神"者,固然有对于神的适度的尊敬与信仰,这里有与宗教崇拜相通之处。但巫在神灵面前只是跪倒了一条腿,而非宗教那般向神全人格地跪拜。巫,借助神灵之力,通过他自己的"作法",使神灵"降"临且召唤神灵来为人类服务。

从中国上古原始神话、原始图腾与巫术三大文化形态的简略比较可见,如弗雷泽所言"万物有灵"意识与理念,确是此三者的共同文化成因。但三者在文化机制、功能、地位及对于中国哲学、美学思维与思想的建构方面,是有区别的。如果说,原始神话是先民向世界的一种"发言"文化方式,它主要发展了先民的原始想象,那么原始图腾文化的主旨,在于先民"倒错"地寻找其虚构的"生身之父"(历史真实之"父"其实不"在场"),它于自然崇拜与祖神崇拜的原始结合中,生成、发展了团结族群之前生命意识,而原始巫术文化,则是先民的一种生活、生命活动的常态和常式。哪里有难以克服的生存和人生难题,哪里便可能有巫术的施行。偏偏先民的生产力十分低下,而其主观上,又盲目迷信自己可以通过巫术克服一切困难。于是,在衣食住行、生老病死以及战争、政治等一切领域,几乎到处是巫术这一"倒错"的"伪技艺"(马林诺夫斯基语)的"用武之地"。

尽管中国原始神话、图腾与巫术在先秦春秋战国时期均不同程度地走向了"史",但是三者在"史文化"的文化指向与地位有别。比如,关于原始神话中的伏羲和黄帝,在后代几乎被彻底地历史化了,《史记》就曾将黄帝作为真实的历史人物为其立传。又如原始图腾之主角的龙,也被历史化而给所谓"龙的传人"这一文化命题,赋予更多的历史意义。另一方面,凡此巨大的原始意象,一般也并未在后代被哲学而美学化,成为其本原与本体。相比之下,比如中国巫术文化中的"气",原先作为巫术"灵验"的根由,却发育成为中国哲学和美学的一个十分重要的本原范畴。原始巫术讲"趋吉避凶"。吉、凶在巫文化中是一对偶性范畴。这在原始文化思维中,应是后代哲学、美学一系列对偶性概念、范畴的文化先导。尽管迄今甲骨文中只有一个"吉"字而无"凶"字，但有与"吉凶"相对应的如"祸福""休咎"等属巫的对偶性范畴，这无疑为后代阴阳哲学与美学之"阴阳"的对偶性思维，提供了文化资源。从巫文化看，"吉凶"，是后世"真假""善恶"与"美丑"之文化意义的前期表达。其他再如原始巫筮之意象的四维转换，与艺术意象的四维转换，具有"异质同构"关系。

原载《探索与争鸣》2013 年第 4 期

中国古代美学范畴的质性与特点

汪涌豪

　　范畴是英文 category 的汉译,取自《尚书·洪范》箕子回答武王治国安民时所说的"洪范九畴"。"洪"者大也,"范"者法也,"畴"即类也,因其表明的是治理天下的九类根本大法,故被用来借指反映认识对象性质、范围和种类的一般思维形式。由于这种思维形式旨在揭示对象合乎规律的内在联系,而这种内在联系在具有逻辑意义的同时,还有作为存在最一般规定的本体论意义,所以经常被人用作精神性操作的基本工具,进而被确认为人的思维所特有的逻辑形式。

　　这种逻辑形式有理论上的普遍性和形态上的稳定性,它的逐一出现并不断丰富,表明了主体认识的深入和成熟;它们彼此之间的相互作用和影响,则足以显示一门学问的独立性存在,及其走向学科化乃至科学化的全部进程。从这个意义上说,作为人类思维对客观对象由最简单的规定进入到更精确的抽象定义的表征,范畴自身形态的稳定是必须的,这种稳定不仅使表象和经验获得了一个固定的称名,借助语言赋予的明确意指,使之在历史意识中得到保存,并还对表象和经验的进一步深入展开,起到了十分关键而积极的推动作用。

　　同时,这种逻辑形式又存在很大变异性,从总量考察是由少到多,由质量考察是由旧趋新。由于观念、范畴同它所表现的关系一样不是永恒的,而是历史的、暂时的产物,所以就单个范畴而言,必会随时代的迁改和人们经验的变化而变化;就范畴与范畴之间的相互联动而言,则显现为一个彼此开放的动态系统。

在这个系统作整体性、目的性和适应性的运作过程中,范畴不断依赖人的思维特性,选择自己的表达方式。有的依赖逻辑的同一律,讲究分析,重视结构,由此确立一种类似黑格尔所说的"纯概念"形式。它对对象所指谓的东西规定得明确而不可撼动,表现为稳定的观念特征。西方哲学范畴即取此一路径。有的则依托非逻辑的互渗律,讲究综合,重视功能,由此确立的范畴具有亦此亦彼的多元征象。中国古代哲学范畴即取此一路径。

有鉴于语言是思维的直接现实,范畴是思维的基本结构单位,它以逻辑压缩的形式,再现人对客观对象的认识历史,其背后受制于人特有的思维方式,所以,欲究明上述两者的不同特点,必须对其背后不同的思维方式有一基本的了解。这方面的问题,学界已有不少研究可以借鉴。如有人把西方的思维称为"概念思维",把中国传统的思维称为"象思维";前者也称"抽象思维",后者也称"意象思维"。前者是到形象背后去找本质和规律,从有形物质的"体"出发,研究不同种类的"体"的结构、形态、性质及运动规律,是所谓的"体科学";后者通过"象"的层面,达成对系统的认识,是以时间和整体为本位,其对系统构成的了解是从动态过程和整体的角度获得的,是所谓"象科学"。

但我们觉得,如果没有必要的说明和充分的展开,上述说法很容易造成误解。譬如古人有如下这样的对范畴的界定与说明:"问:诗何谓真'丽'?曰:'长乐钟声花外尽,龙池柳色雨中深','云丽帝城双凤阙,雨中春树万人家'。问:何谓真'壮'?曰:'五更鼓角声悲壮,三峡星河影动摇','残星几点雁横塞,长笛一声人倚楼'。如此类推,可得其解。"①古人一定觉得,这样形象生动的表述很适合名言内涵的传达,而且,因其形象生动,这种内涵还最大程度地保存了它原有的气足神完。但在今人看来,特别是非中国文化背景的人看来,正因为有上述"象思维"的作用,这两个范畴的明确意涵并没得到真正的开显,仍有待人作进一步的确解。

① 邓云霄《冷邸小言》。

所以，在这里，我们还要特别指出，上面所列举的"象"不仅建基于人对自然事象的直觉感知上，古人在界说名言时，也不仅是在作一种纯粹的"唯象"描述，它里面有了解与认识的因素，所以也是知性和理性的，更多悟性；它联通着对象的本质，有直凑单微的原型意味和超越特性，不能简单视为是与感性、知性相联系的表象。也所以，上述文中，才会特别提到"如此类推，可得其解"。"类推"的功夫，后期墨家称为"以说出故"，具体有"辟""侔""援"和"推"等多种形式，其要无非在调动人理性抽象的能力，求得对问题的解决。类似这种名言的诠解，既是"辟"，即"举他物而以明之也"，又有一点像"侔"，即"比辞而俱行者也"，但它显然不仅仅是单纯的"象"，并不仅止于此"象"是显而易见的。可能正是基于这样的考虑，眼下在突出古代哲学、文学范畴的诸多特征时，对"不舍象"的把握与凸显，成了一些中国学者特别强调的问题。①统而言之这两种不同的观察，或许我们可称前者是一种"刚性范畴"，后者则可称为"柔性范畴"。

在这里，我们不可能展开对西方学术理路及其所用"刚性范畴"的专门讨论，也没有太多的篇幅就传统文化的根本精神作深入的说明，而只想结合这种传统精神，来考察古代哲学范畴的多元征象及它如何影响古代文学批评，并使之带上了怎样的具体特点。

需要说明的是，尽管今人沿用《尚书》的既有词语来指称范畴，但在中国古代，它原本是另有称名的，那就是与"实"相对的"名"。先秦时"名实之辨"大兴，儒家重视"必也正名"，墨子针对性地提出"非以其名也，以其取也"②，其他各家如《庄子·逍遥游》也说"名者，实之宾也"，《公孙龙子·名实论》又说"夫名，实谓也"，大抵都对此两者作了分疏。前面，我们已经提到了后期墨家。墨辩之论"名""辞"与"说"，《经说上》说："所以谓，名也；所谓，实也；名实耦，合也。"《经上》并有"名，达、类、私"的讨论，其中"达名"作为"有实必待之名"，具有普遍性，

---

① 参见涂光社《中国古代美学范畴发生论》，人民教育出版社 1999 年版，第 20—29 页。
② 《墨子·贵义》。

就意同今天讲的范畴。荀子说:"名也者,所以期累实也;辞也者,兼异实之名以论一意也;辩说也者,不异实名以喻动静之道也。"又说:"故万物虽众,有时而欲徧举之,故谓之物。物也者,大共名也……有时而欲徧举之,故谓之鸟兽。鸟兽也者,大别名也。"①这里的"大共名",同"达名",在突出范畴须"制名以指实"的同时,更对"名"的类别以及如何达成"名"与"实"的统一作了探索。所以,自本讲开始,我们经常会用"名言"这个词来指代范畴。当然,在用这个词时,更多是从范畴的表达形式着眼的。②

同样着眼于表达形式,宋以后,论者还经常用"字"来代指范畴。盖自两汉以下,经义变互,故求字指、辨字义成为经生士子的常务。如《三国志·魏志·刘劭传》裴松之注引鱼豢《魏略》,就称其时散骑常侍苏林"博学,多通古今字指,凡诸书传文间危疑,林皆释之",《魏书·儒林传》中也有"今求令四门博士及在京儒生四十人,在秘书省专精校考,参定字义"的记载。宋代理学兴起,心性辩究成为风气,人们为张扬自己的德性体知,每常措意留心于其间,流风所及,以至有专就范畴意义上论字义的著作出现,像程端蒙《性理字训》与陈淳《北溪字义》,就可视为重要的范畴论专著。前者根据朱熹的《四书集注》,集中讨论了"心""性""恕""敬"等 30 个范畴,后者则讨论了"仁""义""理""智"等 26 个范畴。以后,清人戴震也有《孟子字义疏证》之作,他晚年与段玉裁书,称自己十七岁起"有志于闻道,谓非求之《六经》、孔孟不得,非从事于字义、制度、名物,无由以通其语言"③,将"字义"之学列于"制度""名物"之前,且较陈氏之作,归并剔除之后,所论"理""道""性""才""诚"等 8 个范畴,显得更纯粹,更凸显范畴作为思维的基本工具,它所特有的简洁而富于涵盖力的哲学根性。

接着,我们开始讨论受传统哲学与文化的影响,古代中国人是如何致力于

---

① 《荀子·正名篇》。
② 张岱年《中国古典哲学概念范畴要论·自序》谓:"'名'和'字'是从其表达形式来讲的,'概念''范畴'是从其思想内容来讲的。"中国社会科学出版社 1989 年版,第 1 页。
③ 引自张立文《中国哲学范畴发展史(天道篇)》,中国人民大学出版社 1988 年版,第 25 页。

亦此亦彼的"柔性范畴"的创设了。众所周知,中国古代文学批评范畴与传统哲学和文化的关系十分密切,大量具有核心意义的范畴,包括终极性范畴,即底下要专门论及的"元范畴",都共用或沿用自哲学概念和范畴。而就传统哲学范畴自身来看,是一个从意指到用词都既彼此开放、又相互联系的动态系统,当论者用"历史性""学派性"和"综合性"来指述其特征时,①实际已揭示了这一系统并非刚性固化的基本征象。譬如,格于"假象见义"的习惯,在古代哲学领域,客观存在的诸多事象和心象,都是范畴形成的重要基础,但由于它们通常都被赋予深广的意旨,所以其内涵常能涨破和溢出语词的形式边际,获得普遍而抽象的意义。也就是说,处在这样一个开放动态系统中的它们,意义是功能性的,可以置换的,所谓"道则兼体而无累也,以其兼体,故曰一阴一阳,又曰阴阳不测,又曰一阖一辟,又曰通乎昼夜,语其推行故曰道,语其不测故曰神,语其生生故曰易,其实一事,指事异名耳"②。它还会以活跃的姿态,吸纳相邻范畴,滋生后序范畴,由此造成范畴体系的完成。

这种并非刚性固化的基本征象影响到传统文论范畴,使之不同程度也带上了一种"模糊集合"的特征。即在规范对象时它是多方面的,在展开自身时它是多序列的,在运用过程中它又是多变量的。譬如,"兴""味""体势"等范畴,无不具有多种意义,横跨多个意义指域,既可以指向通常所说的创作论,也可以指向风格论甚或批评论。历代论者也正是在不同的意义上,依照不同的语境取用它们。这种取用在他们是为了更灵活周彻地表达立场,说服对方,从而得到人诚意的认可,进而取得经典的地位。但在后人看来,不啻是语言的重重陷阱。相较于这种语言丛林的复杂与深邃,所谓"统此一字,随所用而别,熟绎上下文,涵泳以求其立言所指,则差别毕见矣"③,这类自信的确认和夸耀,实在显得过于轻松。至若历代论者运用诗话文评的形式,三言两语,要言不烦,更加重了这种不

---

① 张岱年《略论中国哲学范畴的演变》,《求索》1984 年第 1 期。
② 张载《正蒙·乾称》。
③ 王夫之《夕堂永日绪论·外编》。

确定性的滋蔓。

不过,尽管如此,在深入认识这种由非刚性固化构成的不确定性,发现它们已经以某种特殊的方式,契入了一个民族的思维习惯,成为其讨论文学及与之相关一切问题的主导范式后,如何不避麻烦,经过认真的爬梳整理,找出其内在联系,进而分析其成因和特点,应该成为后世研究者努力去做的工作。仅在同一层面上,不断指出其如何多变多义模糊朦胧,显然没有意义。

要之,范畴是关于客观事物特性和关系的基本概念,是作为人类思维对客观事物本质联系的概括反映。它在人认识世界的实践中产生,并转而指导人的实践活动。文学批评范畴自然是人们在揭示文学特征及与之相关各方面联系过程中得到的理论成果,是文学本质属性的具体展开形态和表现形式。它诞生于文学创作—批评的实践活动中,并对这种创作—批评活动产生制约和导向作用。因此它不但构成了古代文学、美学理论批评发展的基本景观,也是当代文化融汇日趋深入的形势下,民族文论实现与世界文论与文化对接的重要津梁。

美学与文学批评范畴的地位之所以如此崇高,首先与其自身极富原型意味的特殊理论品格有关,即它具有一种普遍有效性。古代文学批评受传统哲学和文化的深刻规定,走的是一条道极中庸、不脱两边的发展道路,它既独任主观,又尊崇经典;既力求创新,又不弃成法。当西方卓越的思想家勇于领导一个时代学术文化的主潮,并期待后人以自己的名字命名那段历史,故多不愿被纳入既有"范型",甚至以拒绝被纳入为追求,以至原有的"范型",常常产生库恩《科学革命的结构》中所说的危机,中国人则很少有以个人的名字或理论标别一个时代的野心,在更多的情形下,他们宁愿共同感受着某一种文化传统的影响,慎终追远,而不以趋新骛奇、发唱惊听为念。

因此,与西方学术文化以多元假设为旨归,以各各不同的范畴创设提携起理论不同,它通常取一种因循而推衍的方式,来取用和生发原有的基始性范畴和核心范畴,加以中国的语言之变,或"自专而通",或"自别而通","而文字随之简省",

"后世有事物新兴,而必有新兴之言语……凡此之类,即以旧语称新名。语字不增,而义蕴日富","如此连缀旧字以成新语,则新语无穷,而字数仍有限,则无穷增字之弊可免。抑且即字表音,而字本有义,其先则由音生义,其后亦由义缀音。如是则音义回环,互相济助,语音之变不至于太骤,而字义之变又不至于不及。此中国文字以旧形旧字表新音新义之妙用一也"。是以"中国文字实非增创之难,乃由中国文字演进,自走新途,不尚多造新字,重在即就熟用单字,更换其排列,从新为缀比,即见新义,亦成为变"①。由此天然地造成范畴与范畴之间循环通释,意义互决,形成一个互为指涉、彼此渗透的动态体系。乍看起来,尽管缺少自创的名言,但由于这些基始范畴或核心范畴在保持自身丰厚意蕴和极强的概括力、辐射面和覆盖性同时,并不截然拒斥后起的新思想,相反,吸纳这种新思想,正构成其意蕴深厚和概括力增强的标志,所以它能直接推动并诞育出一系列新的名言。

这种新产生的范畴较之于原范畴,可能是规范幅宽的增大,更多的则体现为辨析能力的提高。当然,也包括对原范畴蕴藏着的可开发意义的进一步启掘。它们不是否定前者,而是涵盖、浓缩或超越前者,如"境"之于"象","逸"之于"神","兴象"之于"兴寄","意象"之于"兴象",等等。因此在外在形态上,它们可能构成一个相关的范畴序列,同序而相邻的范畴之间,有先生与后出的区分;在内在意义上,后出的范畴与原有基始范畴之间又存在着统属的关系,有上位与下位的不同。一个于中国文学理论批评存在认知隔膜的人,会认为他眼前经常晃动的是一套似新实旧或似旧却新的名言,而实际上,这个动态的、充满衍生能力的开放系统,可以避免人思维的重复与迷失,并让人从具体枝节的技术问题和命题纠缠中解放出来,从而客观上缩短人的思维进程,使之能以更简洁明快的方式,准确地说明创作与批评所遭遇到的问题。此即我们所说的范畴的普遍有效性,它凸显了范畴作为人的认识工具的重要作用与价值。

---

① 钱穆《中国民族之文字与文学》,《中国文学论丛》,生活·读书·新知三联书店 2002 年版,第4—8页。

这样，呈现在人们面前的古代文学批评，在很大程度上说，就是一个具有原型和范式意义的范畴的衍生、发展与集群。在古代文学批评这个大系统中的一家一派，其理论主张和观念学说，从某种意义上可以说都是对这种范畴的说明、诠解和补充。而从另一个角度看，范畴作为人认识的成果，又巩固和强化了他们已取得的经验认识，并促使其走向知识化。正是基于这一点，有论者提出，"中国美学的这种特殊旨趣就集中体现在它的一系列范畴之中"，考察这些范畴，"有助于我们了解中国古代对审美问题的思维历程"。[①]更有论者进而确认，"中国美学凭借范畴互释共通凝聚成范畴集团，而集团意识并不旨在构成封闭的阐释定域，而在于集团是开放的消散的集团，它既相互映摄，又辐射映照整个美学领域"，"美学体系仅需范畴的勾勒就足以完成"，"范畴是理论的筋骨"，并进而得出比之西方美学是理论的体系，它是范畴体系，是一种"范畴美学"的结论。[②]尽管这一判断未必周延，但多少道出了传统文学理论体系的某些特点，说明了范畴在传统文学批评中所处的重要地位。衡之以诸如"比兴""风骨""兴寄""兴象"这一序列，"平淡""妙悟""神韵"这一序列，以及"格调""性灵""肌理""沉郁""境界"这一序列的范畴，几乎分别代表了汉魏六朝至盛唐、中晚唐至宋元、明清至近代各个大的历史时段的文学风会和审美崇尚，说"一部美学史，主要就是美学范畴、美学命题的产生、发展、转化的历史"，忽视对范畴的考察与辨究，将无助于人"把握中国古典美学的体系及其特点"，无助于"把握中国美学史的主要线索及其发展规律"，[③]从而使历史和逻辑无法统一，整个研究散漫无归，并不是什么夸大之辞。

范畴崇高地位的取得，还在于其注重功能属性，有一种"从其用而知其作之有"的实践性品格。这一点与西方哲学、文学范畴相比有很大的不同。西方哲学范畴主要体现为知识论和本体论的终极观念，在其最初被提出的古希腊时

---

① 成复旺《中国美学范畴辞典·引论》，中国人民大学出版社 1999 年版，第 2—4 页。
② 程琦琳《中国美学是范畴美学》，《学术月刊》1992 年第 3 期。
③ 叶朗《中国美学史大纲》，上海人民出版社 1986 年版，第 4 页。

代,它的原意就是"指示""证明",表示存在本身及其各种属性,从思维形式上说,是一种普遍的概念和逻辑形式。其哲学家和文学家都企图把自己的学说构建成一个完满的系统,因而几乎每个人都有一套自足展开的范畴体系,特别是到了近代,差不多有多少哲学家,就有多少范畴体系。再加上这种范畴是借助声音语言产生的,虽意义深刻,有的还足以标别一个时代所达到的思维高度,但因为严格依照"非此即彼"的形式逻辑,又注重结构分析而轻视动态联系,当逸出所从属的体系之外,它常常就会变得一无足用,既不能为知识谱系不同的人所理解,当然也不可能为其所采用。至于一些唯心色彩强烈的知识论范畴,更是哲学家书斋的产物,思辨象牙塔里的清供,有多少现实的影响力,实在杳不可知。

中国古代美学范畴秉承传统哲学范畴的基本特性,有着迥异于上述西方范畴的特点。如前所说,"范畴"一词语出《尚书·洪范》,它提出治理天下的根本办法有九种,要在归类范物和齐一人的行为,有价值规范和制度法则的意义。因此,范畴的内容与选择标准均着眼于对社会与人生有用,即使涉及对宇宙万物的探讨,也一以现实人生为依归,因此它的实践性品格是极强的。

详言之,它注重过程观照,以体现修养为目的;它所认同的只是规范人行为及价值的分类方法,而轻视对观念系统本身作深入的分析,既不愿多作结构剖析,也不接受逻辑与知性的批判。并且,如果说西方范畴依从"非此即彼"的形式逻辑,它则依从"亦此亦彼"的辩证逻辑,注重关系的把握与分寸的掌控。为了明其要约、尽其微妙而取法自然,取象天地万物,目的很清楚,就是为了要给人的实践活动提供一个正确的方式,或纠正一种末流的放失,所以古代作家、批评家受此影响,也大多喜好直接从感性直觉中建立起观念体系,并确保这个体系能因自己的切指与实证,发挥出实在的引导作用或干预功能。由此凡所创设,重在入情切理,整体圆摄,既少呈示联系的环节,也好像不需要中介,甚至有的范畴完全取一种感性的形态,着意于事物具体外相的追摄与描摹,这使得它们很容易为人所理解和接受。加以如前所说,古人大多少有推展一己成说以征服他人的野心，而好以个人真切的感知，推己及人，故他们所创设的诸多名言，就很容易让人慕然相从，乃或幡然领悟。

这种"从其用而知其作之有"的实践性品格，还另有一种间接的表现，那就是多沿用前人既有的范畴之名，以行一己创作批评之实；其所选用的范畴，又多关于主体认识能力、方法以及如何使作品存在与这世界相和谐的具体规定，而较少纯粹抽象的知识判断；并且凡所规定，多从否定的方面作出，这有点像康德所说的"否定的界限概念"，人们对一个名言不能明确说明，就通过否定性的判断来把握。如不能（或不愿）详细解说什么是"韵味"、什么是"意境"，而仅仅说倘若这样那样的话，便是缺乏"韵味"、没有"意境"了。或者，仅为人列出另一个极端的方面，让人知所避忌，有以克服。唐以来，论诗者每有所谓"诗有六迷"，"诗有五不同"这样的论说，皆属此类。如元方回说："近世乃有刻削以为新，组织以为丽，怒骂以为豪，谲觚以为怪，苦涩以为清，尘腐以为熟者，是不可与言诗也。"①清人薛雪说："读书先要具眼，然后作得好诗。切不可误认老成为率俗，纤弱为工致，悠扬宛转为浅薄，忠厚恳恻为粗鄙，奇怪险僻为博雅，佶屈荒诞为高古。"②也是如此。安乐哲（Roger Ames）曾谈及"概念的两极性"问题，认为这种两极性"要求有意义的、相互联系的概念之间的对称相关性，一个概念的阐明有赖于另一个概念的阐明"③。他的这一表述，完全可移用来说明范畴的这种特性。再如，毛先舒论"诗有十似"："激戾似遒，凌兢似壮，铺缀似丽，佻巧似隽，底滞似稳，枯瘠似苍，方钝似老，拙稚似古，艰涩似奇，断碎似变。"④虽未直言"遒""壮"等范畴的意指究竟是什么，但是"激戾""佻巧"之类的反设之词，足以让人了然其意，并心生戒惕。如果说前者意在引导，后者就表现出极强的干预意识，这也使得范畴的实践性品格进一步得到了凸显。

---

① 《跋遂初尤先生尚书诗》，《桐江集》卷三。
② 《一瓢诗话》。
③ 《孔子哲学思微》，江苏人民出版社 1996 年版，第 9 页。
④ 《诗辨坻》卷四。

除上述普遍性与实践性品格外,古代美学与文学批评范畴基于鲜活的日常经验和感性体知,所具有的浓郁的伦理化、道德化倾向,也为其地位的确立提供了助力。我们说,与西方哲学被科学化、美学被哲学化不同,在中国古代,哲学被美学化、美学被伦理化的倾向则十分明显,这使得古人创设的文论范畴,常常包含明显的道德伦理意味。如前所说,古人谈艺论文,探讨文学创作及鉴赏批评问题时,很少究心形而上的结构问题。如果说,西方人可与所谈论的对象在文化时空上隔开很远的距离,他们则贴得很近。并且,较之西方,不仅视距不同,并立足点也不尽一致。他们更注意的是价值判断而非真伪的辨识,更愿意让自己的论说包含进许多的社会内容以及个人的体验,在重视主体与客体或方法与本体相融合的同时,对艺术与人生的融合,投入了更大的关注。由此创为范畴,也就对审美关系而非审美理念倍加着意,对观念与人生的连接部分有更多的强调。

其结果是,从数量上说,中国古代美学范畴,"关系范畴"远多于"实体范畴",乃至整体上,更多地体现出"关系范畴"而非"实体范畴"的基本征象。这"关系"自然不仅是审美意义上的关系,还有创作与非创作因素的多种关联,如文学与人、与道、与理、与社会、与自然的关系,等等。对上述关系的探讨,都曾调动和诞育出许多重要的范畴,有些正因与社会政治理想和伦理道德规范相浃相融,成为一个时代文学理想的最重要的代言。

譬如,"兴"这个范畴的核心意义主要指心与物的感发和契合,如宋人杨万里所说:"我初无意于做是诗,而是物是事适然触乎我,我之意亦适然感乎是物是事,触先焉,感随焉,而是诗出焉。我何与哉? 天也。斯之谓兴。"[1]它构成了文学创作的动因,也是作品意境形成的主要原因,所谓"有兴而诗之神理全具也"[2]。然而由于它在初始阶段就受到孔子"兴观群怨"说的影响,不免使得内涵

---

① 《答建康府大军库监门徐达书》,《诚斋集》卷六十七。
② 李重华《贞一斋诗说》。

中有一种必趋于性情之正的伦理意味。《论语·泰伯》所谓"兴于诗",正是指通过诵诗提高和升华人的修养,故《周礼·春官·大司马》说:"以乐语教国子,曰兴、道、讽、诵、言、语。"《国语》载申叔时语,也说"教之诗……教备而不从者,非人也,其可兴乎?"汉儒包咸释"兴",说得更明确:"起也,言修身当先学《诗》。"①汉代"比兴"范畴运用广泛,郑玄释"比兴"为比喻,而"比"与"兴"之间只有美刺之分,并无显隐之别②,也充分证明了这一点。今天有的论者正是据此断言,"象"是道家的元范畴,而"兴"则绝对属于儒家的核心范畴。

近人梁启超《先秦政治思想史》指出:"儒家舍人生哲学外无学问,舍人格主义外无人生哲学。"在由儒家提出或受儒学、经学影响而形成的文论范畴中,确乎或多或少带有与"兴"范畴相同的特点,如"文质""中和""养气""寄托""雅正"等等皆是,更不用说"美刺""风教"了。有些范畴如"清真"多被用以指情思的超逸脱俗,以及由这种超脱带来的作品的省净与清雅,词论中在在多有,诗论中也间可看到。如潘德舆就说过:"诗理,性情者也。理尚清真,词须本色。"③本不干讽谏与教化。但有的论者还是为其确立了伦理性的内容,在他们看来,既然诗理是性情,就有一个是非正邪的问题,就有关风教了,故薛雪要说:"诗贵清真,尤要有寄托。无寄托,便是假清真。"④这样,作为风格论范畴的"清真"看似比较纯粹,最终仍挣不脱伦理道德的牢笼。

即使有些范畴原由道家提出,也同样带有这种色彩,有的还很强烈。譬如"虚静""玄鉴""坐忘"等范畴,因深刻揭示了主体安处无知无欲的状态,在心理层面上达到了与道合一的高妙境界,给后人研讨创作主体如何排除干扰,凝神寂虑,实现非功利的艺术追求,提供了深刻的启示,被直接引用为文论范畴。许多论者从心理学和诠释学角度,解说这一序列的范畴如何符合人的思维规律,

---

① 《论语注疏》卷八。

② 见《周礼注》,另,《毛诗正义》卷一有"兴是譬喻之名,意有不尽,故题曰兴"之语,可为参照。

③ 《养一斋诗话》卷二。

④ 《一瓢诗话》。

以为其助人摆脱抽象观念和形式逻辑的束缚,使人得以在自然和自发的运动中开启诗性的掣闸,创造出完美的艺术。应该说,这样的解释并无不当,但这里要考究的是它们的本意。《老子》说:"道常无为而无不为,侯王若能守之,万物将自化。……不欲以静,天下将自正","是以圣人之治,虚其心"。《庄子·天道》说:"夫虚静恬淡寂寞无为者,天地之平而道德之至,故帝王圣人休焉。休则虚……虚则静。"基于这样的认识,他们谈"玄鉴""坐忘",要人摒弃一切伦理道德和功利考校,忘却外物,投入沉思。然而这种绝弃伦理道德和功利考校,"堕肢体,黜聪明,离形去知",由"坐驰""朝彻"而"见独",①本身就带有明显的道德色彩。虚无恬静是为了合乎"天德",为了给正处在结构性变动的乱世指出一条不同于别家别派的发展道路,确立一种与"形与影竞走"之人迥然不同的人生理想。说到底,其根本是建基于对当时社会现状和制度规范的批判上。所谓"屈折礼乐,呴俞仁义,以慰天下之心者,此失其常然也"②,人之所以"失其常然"者,即因不能虚静之故也。可见,老庄是敏锐地看到了文明进步适足成为限止人自由实现的异化力量,所以不惜以极端的方式反对一切刻意尚行之人,由朝廷之士而及江海之士,独对"不刻意而高,无仁义而修,无功名而治,无江海而闲,不道引而寿"的人予以高度的评价。③

以后,这种思想经哲学、佛学以及理学的吸收和发扬,内涵有所变化,但玄学继承"老聃之清静微妙,宁玄抱一"④,理学企求通过"主静"而"无欲",并最终感而融通,纯然至善,达到"万物静观皆自得"的境界,⑤都隐含强烈的道德指向。这种指向自然渗透在魏晋以来一直到宋元作家、批评家的相关论述中,也渗透到明清人对"虚静"范畴的解说中。尽管它们原本只因对超功利的精神自由的张扬,被人提升到审美理论的殿堂,实际并未与艺术形式这一文学最重要的因

---

① 《庄子·大宗师》。
② 《庄子·骈拇》。
③ 《庄子·刻意》。
④ 嵇康《卜疑》,《全三国文》卷四十七。
⑤ 程颢《秋日偶成二首》之二,《河南程氏文集》卷三。

素相接合,但人们并不计较这些,在谈艺论文中反复提及它,强调惟有人的道德情感是清静宁壹的,当其搦管命笔,才有可能神清气爽,神闲气定。从某种意义上可以说,它们之所以被人频繁使用和强调,或者说它们之所以在批评范畴体系中占据重要一席,正因为符合了中国人以伦理覆盖审美的习惯。

总之,受传统哲学和文化的制约,古代中国人具有强烈的使命感和道德认同意识,文学创作不过是增广道义、涵养德性的工具,而文道之辨,更明确了他们在任何时候,都不能漠视这道德力量的存在。而当文论范畴贯彻了这一精神,体现了这一思想,它对文学创作及批评的影响力自然就可想而知了。

最后,再简单地就范畴的构成方式,说说范畴研究的意义与价值。古代文论范畴因其理论地位突出,自然成为人们了解和研究传统文学批评绕不过去的话题。而更为深刻的原因是,作为人们对文学本质特性和创作机理的认识结晶,它是人审美体验的历史记忆,它把历史的过程性与人的相关性环节通过既有传统文化渊源,又不乏一己心智创造的特殊名言记录下来,因此,剖析它们当中一些具有特殊内蕴与普遍意义的概念和范畴,研究这些范畴之间的意义联系,以及这种联系发生的层面和方式,在很大程度上是可以用来说明一个民族审美结构的本质的。

如前所说,范畴是人类思维对客观事物基本特性和本质联系概括反映。由于它反映了人对客观事物本质联系的认识程度,凝结着人类不同历史时期不同条件和层次的认识成果,因此它的不断成熟和丰富,是人对客观世界认识水平逐渐提高,对具体事物把握能力逐渐增强的表征。文论范畴自然也是同样。就古代美学与文学批评范畴的发生发展来考察,它大抵走过一条由不脱对传统哲学、伦理学范畴的借鉴移用(有的虽直接取诸自然事象或现实人事,但即使是像"庄严则清庙明堂,沉著则万钧九鼎,高华则朗月繁星,雄大则泰山乔岳,圆畅则流水行云,变幻则凄风急雨"这样的表述①,背后仍可见到传统哲学与文化的深

---

① 邓云霄《冷邸小言》。

刻影响），到将直接印象转换为抽象规定，再在抽象规定基础上向高度具体推进的发展道路。从一定程度上可以说，那些具有根本性意义、同时能发展衍生新观念，以及能与外来哲学、文化相融合的范畴，大多都是这样移用过来的。

而就其语言形式来看，则一开始多"单体范畴"，如"文""质""气""骨""味"，等等。由于这些范畴在意义上不脱母意的牵制，因此当用于文学批评，有时难免浮泛不切。以后，随着人们对文学自身属性的认识日渐深入，对作品表现途径和方式的了解日渐全面，这些比较原朴的理解和表述，才经由意义拓殖和用语整合，为一种更规范而深刻的名言所代替。然后，"合体范畴"开始增多。其间有以并列关系结构的，即两个"单体范畴"的涵义互为映射，互相发明；也有以偏正关系或补充关系结构的，即一个"单体范畴"以自己的涵义修饰、限制或说明另一个，并使之意指更加明确，更加深刻。前者如"意象""境界""雅正"与"性灵"，后者如"神韵""理趣"与"妙悟"，等等。并且，这两类范畴的界域并非固定不可变化。

有的"单体范畴"既可在第一类构成中作为并列组合的一分子，又可在第二类构成中充当修饰词乃或中心词。如"机"这个范畴为发源较早，明清后更为人所常道，它就既可以构成第一类的"机趣""机神"等后序名言，又可以构成第二类的"死机""活机"等名言，所谓"盈天地之皆活机也"①，故诗歌准此，古人以为不宜执定法而堕"死机"。早在唐人徐寅所作《雅道机要》中，就曾提到"意有暗钝粗落，句有死机"。这里的"死机"，就是袁枚所谓"机窒"的意思。②而就第二类构成再作考察，则又可发现其组合结构中的"单体范畴"可以被别的范畴修饰和限定，也可修饰和限定别的范畴。如"圆"可以被"清"这个范畴修饰和限定，成"清圆"一词；又可修饰和限定别的范畴如上述"机"，成"圆机"一词。明人吴澄称人诗"篇无滞句，句无俚字，机圆而响清"③，这里的"机圆"，其实就是"圆机"最

---

① 吴文溥《南野堂笔记》卷一。
② 《随园诗话》卷三。
③ 《何友闻诗序》，《吴文正集》卷十五。

简洁的说明之辞。

这尚是就"合体范畴"的浅表层次作的考察，从其深层次的意义互动来看，"合体范畴"的增多，绝对是人们赏会能力和认知水平提高的标志。仅以"意象"范畴为例，"意"本指创作主体的心智情意，"象"则指物象与形象。自《周易·系辞上》讨论"圣人立象以尽意，设卦以尽情伪，系辞焉以尽其言"以来，"意"与"象"的关系就成为哲学家、文学家经常讨论的话题，魏晋时，玄学家对此发挥尤多，如荀粲提出"今称立象以尽意，此非通于意外者也；系辞焉以尽言，此非言乎系表者也。斯则象外之意，系表之言，固蕴而不出矣。"①后王弼《周易略例·明象》更提出"意以象尽，象以言著，故言者所以明象，得象而忘言，象者所以存意，得意而忘象"，对"言""意""象"三者关系作了精辟的论述。不过尽管如此，"意"与"象"之间区隔明显，仍未融成一体。

待刘勰《文心雕龙》出，在探讨文学创作的《神思》篇中，第一次将两者熔铸为一个整合的范畴，称"使玄解之宰，寻声律而定墨；独照之匠，窥意象而运斤"②。此时，这"意象"已不是"意"与"象"的简单拼合，由首句"寻声律而定墨"可知，刘勰是将创造"意象"视为创作的两大任务之一的，且这"意象"作为主客体相融合的产物，是创作主体主观意志与客观物象高度融合的结果。它纯然出于作者的艺术创造，因构成作品的意蕴美而具有重要意义，所以为此后论者频繁提及。王昌龄提出"久用精思，未契意象，力疲智竭，放安神思，心偶照镜，率然而生，曰生思"③，用以说明这种主客观合一的创造非可力致，有赖物感。明人王廷相说："言征实则寡余味也，情直致而难动物也。故言以意象，使人思而咀之，感而契之，邈则深矣，此诗之大致也。"④在承认"意象"所具有的根本性意义同时，指出了它深于比兴，有令人寻绎咀嚼、深长思之的丰厚韵味，从而把对艺

① 《三国志·荀彧传》注引。
② 王充《论衡·乱龙篇》称"夫画布为熊麋之象，名布为侯，理贵意象，示义取名也"，是首用此词，然尚指用一物象表明某种意思，与作为文学批评范畴的"意象"无涉。
③ 胡震亨《唐音癸签》卷二引。
④ 《与郭价夫学士论诗书》，《王氏家藏集》卷二十八。

术作品所反映的客体性质的了解推向了纵深,同时也把"意象"范畴的理论品级提升到高一级的层次。

本来,感物而动从来就是中国人的传统。此时,这物是否仅是客观物象,如钟嵘《诗品序》所说的"春风春鸟,秋月秋蝉,夏云暑雨,冬日祁寒"呢?显然不尽是。它固然可以指具体的客观之物,但更包含了主体"神与物游"的功夫,乃至可以达到"神用象通"而"神余象外"的境界。如果说"物感说"是建立在模仿自然基础上的,那么"意象"范畴及由此建成的"意象说"则建立在情感表现的基础上,它不仅与一般的反映论在审美方式上有所不同,而且还从本体意义上与这种方式划清了界限,因此很能用来说明传统文学、美学理论的独特品格。

其他属于并列关系的"合体范畴"如"虚实""动静""奇正""因革",等等,更充满着一种辩证的动态活性,第六讲我们将要作专门的讨论,它使范畴所涵蕴的意旨,具有发见文学创作内在规律的深刻性。本来,传统文化有喜好综合致思和辩证体道的特点,将两个"单体范畴"拼合起来,辩证地表达某种相反相须、相偶相成的对待关系,是古人透看事物本质的有效方法。这种方法在文学批评范畴的建构中也被运用得十分纯熟与有效。当古人用这样的范畴组合来表达自己对文学的诸般认识时,他们对文学的形式构成、技术手段和艺术风格的把握和拿捏,往往达到了简捷透辟、妙到颠毫的程度。

这里不妨以"奇正"为例。本是两个"单体范畴","正"既是指内容上无邪,得性情之正,又指形式上平正,无陷于淫滥,是谓"雅正"。"奇"则相反,指表意述情的超迈不群与惊世骇俗,或构思传达上的别出心裁与出人意料。清人刘熙载《艺概》引韩愈诗为例,称前者即所谓"约六经之旨而成文",后者即所谓"时有感激怨怼奇怪之辞"。基于尊崇传统推尚规范的认知习惯,古人一般尚"正"抑"奇",以宗经征圣为"正",能自驰骋为"奇";雅润端直为"正",出人意表为"奇";循体成势为"正",穿凿取新为"奇"。故当刘勰《文心雕龙·定势》提出"渊乎文者,并总群势,奇正虽反,必兼解以俱通"时,他实际上仍是伸"正"黜"奇"的,不但反对时人"必颠倒文句,上字而抑下,中辞而出外"的刻意求奇,以为系"适俗"

所致,还要人克服"密会者"意新得巧、"苟异者"失体成怪的毛病,质言之,不要"逐奇而失正",而要"执正而驭奇"。此后,诸如"好奇而卒不能奇也"①,或者"文不可以不工,而恶乎好奇"之类的议论,屡见不鲜。②当然,也有能酌用两者,以为"作文如用兵,有正有奇。正者文之志,奇者不为法缚,千变万化,坐作击刺,一起俱起者也。及止部还伍,则肃然未尝然"③,但总的来说,还是以"正"为主。

但后来随着"奇""正"结合成整一的范畴,人们的认识就有了改变。它固然未脱弃前此要求伸正黜奇、执正驭奇的意义内核,但对两者相须相待的辩证关系有了更多的体会和承认,这就使得他们的论述更契合创作的实际,从而给人更切实有效的指导。如宋人吴子良指出:"文虽奇,不可损正气。"④看去论述重点在后半句,但以"奇"为文固有的特性,很可以见出他对"奇"之于"正"须臾不可分离的认定,他的言下之意是,只要气"正",尚"奇"也没什么,甚至由"奇"执"正"也未尝不可。元人杨载《诗法家数》论七古作法,称"如兵家之阵,方以为正,又复为奇,方以为奇,忽复是正,出入变化,不可纪极",则"奇"与"正"相须相对构成的复杂变化,在他看来正是诗歌成熟的必然象征。明谢榛《四溟诗话》卷三在提出"正者奇之根"的同时,又称"奇者正之标",认为"奇正当兼,造乎大家",类似的意见,较之刘勰等人一味的执正驭奇,显然更契合创作的实际,同时也更有胜义,更能显现理智的洞达与清明。

综上所说,美学与文学批评范畴在意蕴上由浮泛到深刻,在形式上由单一到复合,实际昭示着古人对文学艺术特性及创作规律的认识已日趋全面和深刻,理论建设和学派构建的意识已日渐丰富和成熟。这种在理论探讨和批评实践过程中产生的一系列概念、范畴,已成为当时和后人继续文学艺术认识活动的出发点和依赖工具,并进而集中地反映了古代美学理论发展的历史性成果。

---

① 陈师道《后山诗话》。
② 方孝孺《上雪郑显则序》,《逊志斋集》卷十四。
③ 方以智《文章薪火》。
④ 《荆溪林下偶谈》卷二。

因此,我们完全可以说,美学与文学批评范畴的发展历史,正体现了中国古代审美认识的发展历程。一部哲学史、美学史和文学批评史,从这个意义上,也正可以说就是哲学范畴或美学、文学理论范畴发生发展的历史。人们从对个别现象的知觉与表现,进入到概念与范畴的发明与凝聚,完成的是一个复杂而丰富的认识运动过程。当后人清理这个过程时,对这些概念、范畴作针对性的总结和研究,无疑是大有必要的。诚如经典作家所说的,"从逻辑的一般概念和范畴的发展与运用的观点出发的思想史——这才是需要的东西"①。

20世纪以来,人类文明创造已由上一世纪的严格区隔、精细分析走向融汇和整合,文化的独断已不再有强势地位,但文化的民族根性并未就此变得无关紧要。相反,如前及库恩的"范式"理论,还有福柯的"话语"理论,以及他们提出的理论本身的"不可公度性"与"不可通约性",包括哈贝马斯的交往理论,都为人们在多元而广阔的言说背景下研究本民族文化的特殊性开辟了道路。

落实到范畴研究,在西方,自亚里士多德把它看作是对事物不同方面进行分析归纳而得到的基本概念以来,人们对之也有不同的解读,但无论是怎样的解读,都将之视为知识论和形而上学本体论的终极观念,因此,他们通常不追求范畴内涵的无限丰富,而多关注其逻辑的缜密与内涵的稳定,并对由诸多范畴构成一完整的体系,寄予极大地期望。在此基础上,他们将这种表示思维或存在等根本形式的概念移入文学与美学,也就是说,在他们那里,文学范畴很多时候是从诸如理念与形象、自然认识与道德意志、主观与客观、素材的静观与人格的创造性等艺术体现的结构中推导出来的,因此,始终具有哲学范畴所特有的凝定森严的特点。

中国人的范畴创造则不同,它从仰观俯察中汲取观念来源,注重在辩证思维的凝练发挥,而不是形而上学的抽象思辨,故较少接受逻辑的检验,也不接受唯理论的批判,显得既朦胧又灵变,具象与抽象同在,外延的广阔与内涵的丰富

---

① 列宁《黑格尔〈逻辑学〉一书摘要》,《列宁全集》38卷,第188页。

共存。相较于因重视结构分析而常与逻辑并行的西方哲学范畴,它更重视过程的观照,并以体验和修养为终极目的。倘能认真总结中西范畴这种异同,排去枘凿中西乃至移中就西式的简单比附,必能使古代历史悠久的哲学范畴和文论范畴的真意得到准确周详的清理,同时,也必能创造一种这机会,让中国传统的文学思想与观念、范畴得以进入世界性话语沟通乃至文明交换的流程,并在此过程中得到永远的保存和延续。

原载汪涌豪《中国文学批评范畴十五讲》,

华东师范大学出版社 2010 年版

中国美学百年反思的几个问题

张玉能

　　一般说来,五四新文化运动是从 1915 年《新青年》(创刊时为《青年》杂志)创刊算起的,因此,五四新文化运动到 2015 年就是整整一百年了。这一百年对于中国美学来说是一个转型、发展、定型的过程,是中国美学思想史上最重要的历史时期。在这个历史时期中,中国美学从传统形态转向现代形态,经过了接受、融汇、结合西方美学的历史进程,走过了通过俄苏马列主义美学建设中国化马克思主义美学的道路,到新中国成立以后 20 世纪 50—60 年代的美学大讨论及其"美学热",中国当代美学逐渐形成,"文化大革命"十年浩劫停滞,20 世纪 80 年代重新兴起"美学热",实践美学成为中国当代美学的主导流派,20 世纪 90 年代的实践美学与后实践美学的争论使得中国当代美学进入了一个多元共存的新格局,新实践美学、后实践美学、生命美学、生活美学等美学流派竞相发展,到 21 世纪相对平静,稳步前进。中国现当代美学由传统美学转型,逐步形成了五四新文化运动美学(1915—1942)、中国化马克思主义美学(1942—1976)、中国特色当代美学(1976—2015)等发展阶段和发展过程。这个发展过程基本上与五四新文化运动的一百年相同步。回顾这一百年的中国美学发展,成绩是辉煌的,但是,问题也是十分明显的。我们进行中国美学百年反思,就是要把这些问题清理出来,明确它们的现象表征,找出它们的根源,提出解决问题的有效办法,以利于中国当代美学的进一步发展。

我们认为中国现当代美学的主要问题大致说来有如下这些：1.中国美学现代转型中的"全盘西化"问题。2.中国当代美学的范式选择问题。3.中国当代美学建构中的政治化问题。4.中国美学发展中的马列主义唯一化倾向问题。5.中国当代美学的中国特色问题。6.中国传统美学思想的现代转型问题。7.中国当代美学的认识论偏向问题。8.中国当代美学的价值论缺失问题。9.马克思主义美学的不同形态及其创新方展问题。限于篇幅，这里仅谈其中的三个问题。

一、马克思主义美学的不同形态及其创新发展问题

1942 年毛泽东《在延安文艺座谈会上的讲话》（以下简称《讲话》）的发表标志着中国化马克思主义美学的确立。从五四新文化运动以来，经过 1917 年苏联十月革命，1919 年五四学生爱国运动，1921 年中国共产党成立，1934—1936 年红军长征到达陕北，建立以延安为中心的陕甘宁革命根据地，1937 年抗日战争全面爆发，直到延安整风运动和大生产运动，马克思主义美学中国化的历史进程一直在不断行进之中。十月革命以后，马克思主义学说在中国的引入、研究和宣传，才真正开始。毛泽东曾经指出："中国人找到马克思主义，是经过俄国人介绍的。在十月革命以前，中国人不但不知道列宁、斯大林，也不知道马克思、恩格斯。十月革命一声炮响，给我们送来了马克思列宁主义。十月革命帮助了全世界也帮助了中国的先进分子，用无产阶级的宇宙观作为观察国家命运的工具，重新考虑自己的问题。走俄国人的路——这就是结论。"[①]中国的先进分子在十月革命之后，经过对西方各种各样的学说、主义的比照鉴别，最终选择了接受和传播马克思主义。《新青年》杂志是一个最早宣传和传播马克思主义的主要阵地，李大钊、陈独秀等人成为了其中的先驱。由此可见，中国共产党人接受马克思主义学说，并不是直接从欧洲发达资本主义国家引进的，而是通过

---

① 《毛泽东著作选读》下册，人民出版社 1986 年版，第 677 页。

俄苏十月革命以及苏联社会主义革命和建设的实践而引进的。这样,马克思主义学说就有了两种不同的形态:马克思、恩格斯的经典马克思主义,列宁、斯大林的俄苏正统马克思主义。而这两种形态的马克思主义传入中国以后又与中国的具体实践相结合进行了马克思主义中国化的历史过程。与此同时,西方发达资本主义国家内部的工人运动和整个世界国际共产主义运动还在生长着一种不同于苏联正统马克思主义和中国化马克思主义的西方马克思主义,它肇始于卢卡奇的《历史与阶级意识》(1923),随着世界形势的变化发展而不断发展壮大。20世纪20—30年代的早期西方马克思主义的主要代表人物是卢卡奇、葛兰西、布莱希特;到了20世纪60—70年代,出现了德国的法兰克福学派(本雅明、阿多诺、马尔库塞)、法国的存在主义的马克思主义(萨特)和结构主义的马克思主义(阿尔杜塞)、英国的文化唯物主义的马克思主义(威廉斯、伊格尔顿)等等流派,可以称为盛期的西方马克思主义;20世纪80—90年代的西方马克思主义主要代表人物有美国的杰姆逊、德国的哈贝马斯、英国的伊格尔顿,可以称为晚期的西方马克思主义。因此,世界上并不存在一个一成不变的、始终如一的马克思主义,而是有着不同时间和空间的具体的马克思主义不同形态,大体上可以划分为:经典马克思主义,俄苏正统马克思主义,中国化马克思主义,西方马克思主义。这些不同形态的马克思主义也都有各自相应的马克思主义美学。所以,我们这里所说的马克思主义美学不是一个固定不变的抽象概念,而是一个在不同时间和空间中具体展开、与时俱进的几种不同形态:经典马克思主义美学(马克思、恩格斯,1844年—19世纪末),俄苏正统马克思主义美学(列宁、斯大林,20世纪20—50年代),中国化马克思主义美学(毛泽东、邓小平,1942—1976年),西方马克思主义美学(卢卡奇、葛兰西、布莱希特、本雅明、阿多诺、马尔库塞、萨特、阿尔杜塞、威廉斯、伊格尔顿、杰姆逊、哈贝马斯,1923年—21世纪初)。

中国化马克思主义美学是中国现当代美学中的一个重要组成部分。它包括瞿秋白、毛泽东、邓小平等党和国家领导人的美学思想,也包括李大钊、鲁迅、胡风、冯雪峰、周扬、蔡仪、王朝闻等马克思主义文艺家和批评家的美学思想,还包括李泽厚、蒋孔阳、刘纲纪、周来祥等实践美学家的美学思想。中国化马克思主义美学与中国现当代美学的关系，一般应该分为两大阶段，以1949年新中国成立为界。在五四新文化美学中，中国化马克思主义美学只是其中的一个部分，除了毛泽东等革命根据地中共领导人的美学思想之外，就是当时的左翼文艺家、批评家的美学思想，比如瞿秋白、鲁迅、胡风、冯雪峰、周扬、蔡仪、王朝闻、茅盾、郭沫若、何其芳等人的美学思想。这一时期的中国化马克思主义美学主要是以俄苏列宁主义美学为指导，与中国具体实践相结合而形成的，对于马克思、恩格斯的经典马克思主义美学的了解有限，主要就是马恩关于文艺的几封信，所以，主要是苏联列宁主义美学和中国具体实践相结合的产物，并且在国统区与其他各种非马克思主义美学思想进行着艰苦的斗争。新中国成立以后，中国化马克思主义美学的地位发生了根本变化，成为了中国大陆美学界的主导。经过新中国建国以后的各种文艺界的大批判运动以及50—60年代的美学大讨论，不仅以毛泽东的《讲话》为中心的中国化马克思主义美学，而且以马克思主义实践观点为指导的实践美学脱颖而出，日益成为中国当代美学的主导流派。其中虽然经过了十年浩劫的停滞，但是到了80年代改革开放新时期的"美学热"中实践美学就成为了名副其实的中国当代美学的主导流派，并且在90年代实践美学与后实践美学产生了论争。在这场争论中，中国当代美学初步形成了多元共存的格局，实践美学发展到新阶段，实践美学和新实践美学成为了中国当代美学的一个最重要的美学流派，与存在美学、生存美学、体验美学、生命美学、认知美学、生活美学等美学流派并行发展。从这样的角度来看，中国化马克思主义美学在现在的发展，是中国当代美学发展的一个非常重要的方面。

鉴于上述两个不同阶段的中国化马克思主义美学的具体状况，我们认为，中国化马克思主义美学的进一步发展应该注意"推陈出新"和"返本开新"这样两个方面。所谓"推陈出新"就是要祛除一些已经过时或者不合时宜的思想、观点、方法，形成一些与时俱进的创新的思想、观点、方法。比如，邓小平理论美学提出以"文艺为人民服务，为社会主义服务"代替"文艺为政治服务"，以"文艺属于人民"取代"文艺从属于政治",以"描写和培养社会主义新人"纠正"以阶级斗争为纲"的文艺目的,以"党根据文学艺术的特征和发展规律领导文艺"反对"衙门作风,行政命令,横加干涉"的领导,以"三不主义"(不打棍子、不扣帽子、不抓辫子)丰富"百花齐放,百家争鸣"方针,等等。所谓"返本开新"就是回到经典马克思主义美学,发掘其中以前被我们忽视或者未发现的思想、观点、方法,以更新中国化马克思主义美学和中国当代美学的思想、观点、方法。比如,经典马克思主义美学的"劳动生产了美",把美与"人化的自然"和"人的本质力量对象化"联系起来,明确指出,美是社会实践的产物,美是区别人和动物的本质标志之一,人是"按照美的规律来建造"的①;艺术本质多层次论,艺术既是一种特殊的生产方式,又是一种"实践—精神"的掌握世界的特殊方式,还是一种社会意识形态;艺术生产论,艺术是一种精神生产,资本主义生产与某些艺术部门如诗歌相敌对,艺术的非生产劳动性和生产劳动性,等等。尤其是马克思、恩格斯逝世以后发表出来的论著及其新的译文的理解和阐释,都可能达到中国化马克思主义美学的创新和深化。比如,新时期以来,以钱中文、童庆炳为代表的美学家,根据马克思、恩格斯的意识形态理论和艺术审美性质的论述,把艺术重新界定为"审美意识形态"的理论观点。新实践美学根据马克思主义的经典著作的论述,特别是关于语言的实践性和二重性的论述,参照西方语言哲学关于"以言行事"和"语言行为"(奥斯汀、塞尔)以及后现代主义关于话语实践或者话语生产(福柯)等理论观点,重新把"实践"界定为"以物质生产为中心的,包括精神生产和话语生产的,现实的、感性的、对象化活动"②。

中国化马克思主义美学的"推陈出新"和"返本开新",不仅是中国化马克思主义美学本身的丰富、发展、与时俱进所必须的,而且对于中国当代美学发展也是一种指导性的力量。

---

① 中国作家协会、中央编译局《马克思恩格斯列宁斯大林论文艺》,作家出版社 2010 年版,第 18—26 页。

② 张玉能等《新实践美学论》,人民出版社 2007 年版,第 20 页。

二、中国当代美学建构中的政治化问题

五四新文化运动以来,中国现当代美学发展的一个重要标志和特征就是中国化马克思主义美学与各种各样的非马克思主义美学流派进行激烈的政治的、学术的斗争,往往学术斗争与政治斗争不可分开,学术争论也逐渐转化为政治斗争,于是中国当代美学建构和发展中政治化倾向越来越严重。新中国成立以后,中国当代美学发展的大趋势就更加走向了政治化。

实际上,按照历史唯物主义的观点,人类从原始社会进入奴隶社会、封建社会、资本主义社会以后,整个世界文明的历史都是阶级斗争的历史,阶级斗争成为了人类政治意识形态的主要内容,因此,文艺和美学作为意识形态也就成为了阶级斗争的一部分和工具,文艺和美学就与政治结下了不解之缘,二者无法完全分开。马克思主义美学和文艺在诞生之初就是与阶级斗争的政治紧密结合在一起的。比如说,《1844年经济学哲学手稿》中所说的"劳动生产了美,但是使工人变成畸形"[①]。这个基本观点就是马克思把美学问题与劳动的异化问题结合在一起来论述的,也就是把美学问题与阶级斗争和政治问题结合在一起来谈的。后来,马克思和恩格斯给拉萨尔的信,恩格斯给明娜·考茨基、哈克奈斯的信,都是把文艺和美学问题与当时的无产阶级革命阶级斗争和政治斗争结合起来谈悲剧问题、现实主义问题、历史批评和美学批评等问题的。列宁和斯大林更是明确地从俄苏的阶级斗争和政治斗争的角度来谈论文艺和美学问题的,列宁在《党的组织和党的出版物》中提出的文学的党性原则,列宁评价"列夫·托尔斯泰是俄国革命的镜子",列宁所谓"两种民族文化"理论,列宁称一位白匪军官的小说为"一本有才气的书",斯大林提出"建设无产阶级文化","内容是无产阶级

---

① 中国作家协会、中央编译局《马克思恩格斯列宁斯大林论文艺》,第18页。

的,形式是民族的——这就是社会主义所要达到的全人类文化"①,等等论述,也都是把文艺和美学问题与阶级斗争和政治问题联系在一起的。中国化马克思主义美学在新民主主义革命阶段同样也是把文艺和美学问题与阶级斗争和政治斗争紧密联系在一起的。毛泽东在《讲话》中明确引用列宁关于文艺的党性原则指出:"在现在世界上,一切文化或文学艺术都是属于一定的阶级,属于一定的政治路线的。为艺术的艺术,超阶级的艺术,和政治并行或互相独立的艺术,实际上是不存在的。无产阶级的文学艺术是无产阶级整个革命事业的一部分,如同列宁所说,是整个革命机器中的'齿轮和螺丝钉'。因此,党的文艺工作,在党的整个革命工作中的位置,是确定了的,摆好了的;是服从党在一定革命时期内所规定的革命任务的。"②他还在文艺批评标准中明确提出"政治标准第一,艺术标准第二"的原则,他说:"任何阶级社会中的任何阶级,总是以政治标准放在第一位,以艺术标准放在第二位的。"③这些都说明,在阶级社会中文艺和美学问题与阶级斗争和政治斗争的不可割裂的关系,在阶级矛盾和阶级斗争十分尖锐和激烈的情况下文艺和美学问题的政治化也是不可避免的。因此,中国化马克思主义美学坚持文艺和美学问题与阶级斗争和政治斗争的关系,在大规模疾风暴雨式的阶级斗争和政治斗争的形势下,也是必须的和合理的。

但是,在新中国成立以后,我国进入了社会主义建设阶段,特别是 1956 年资本主义工商业社会主义改造完成以后,中国社会中大规模的疾风暴雨式的群众性阶级斗争和政治斗争基本结束了,在这种情况下,毛泽东主席鉴于国际上的阶级斗争形势风云变幻,国际共产主义运动内部的分化改组,国内出现的一些比较尖锐激烈的人民内部矛盾,仍然绷紧着阶级斗争和政治斗争的弦,在提出了"正确处理十大关系"和"正确处理人民内部矛盾"的正确方针的情况下,在文艺和美学上提出了"百花齐放,百家争鸣"正确方针的时候,却开始了全国性

---

① 中国作家协会、中央编译局《马克思恩格斯列宁斯大林论文艺》,第 190—253 页。
② 《毛泽东著作选读》下册,第 543 页。
③ 同上,第 547 页。

的"反右派斗争",紧接着在党内开展了"反右倾斗争",于1960年代提出了"以阶级斗争为纲""阶级斗争年年讲,月月讲,日日讲",一直发展到1966年的文化大革命全面爆发。在这个过程中,文艺和美学领域经历了一系列的思想战线和意识形态方面的阶级斗争和政治斗争:1951年发起了批判电影《武训传》运动;1954年展开了批判俞平伯在《红楼梦》研究中的唯心主义观点的运动,紧接着是批判胡适的资产阶级学术思想观点;1955年开展了批判胡风反革命集团和胡风资产阶级唯心主义文艺思想的运动;1957年开展了大规模反对资产阶级右派的运动;1958年开展了批判"写真实论",毛泽东亲自提出"无产阶级文学艺术应采用革命现实主义与革命浪漫主义相结合的创作方法";1959年全国高校开展科学研究和学术批判的群众运动,批判著名人文社会科学的教授学者;1960年开展批判巴人、钱谷融、蒋孔阳的人性论和人道主义运动;1964年批判电影美学家瞿白音的《创新独白》;1965年发表批判吴晗《海瑞罢官》的文章;1966年林彪和江青炮制了所谓《部队文艺工作座谈会纪要》,《纪要》提出"文艺黑线专政"论,全盘否定了建国以来党领导文艺的成就,全盘否定了"五四"以来特别是三十年代文艺工作的成就。[①]这些阶级斗争和政治斗争运动把文艺问题和美学问题一步步政治化了。

因此,经过了改革开放,新时期人们应该要求改正那种把文艺和美学问题完全政治化的错误倾向。正如胡经之先生所说:"当人们今天以美学的力量在艺术领域中冲击'政治'与庸俗社会学阴魂,确立艺术的审美特性和情感特性时,其实只是在继续现代美学未竟之事业。早在二三十年代,现代美学就已经普遍地把审美与情感作为艺术内蕴来探讨,把艺术看作审美的艺术、情感的艺术,看作发抒、宣泄自我情绪、苦闷、悲哀、志向的方式。可惜由于中国现代历史的特殊演变,这种积极探讨不得不在一个时期内停顿。"[②]由此可见,中国当代美

---

① 王亚夫、章恒忠《中国学术界大事记(1919—1985)》,上海社会科学院出版社1988年版,第135—245页。

② 胡经之《中国现代美学丛编(1919—1949)》,北京大学出版社1987年版,前言第4页。

学在新中国建立以后仍然坚持的文艺和美学的政治化倾向对于中国当代美学发展是产生了消极的负面影响的。毛泽东在中国社会主义革命和建设时期不断强化阶级斗争和政治斗争,强调"政治挂帅"的思想,对于中国当代美学发展的学术化停顿和政治化偏向是发生了指导性的催化作用的。这样沉痛的教训应该牢牢记住。在今后的文艺和美学的发展过程中,我们必须避免文艺和美学的政治化偏向,要严格区分学术问题和政治问题,不能混淆二者的界限,更不能把文艺和美学问题生拉硬扯为政治问题,还是应该坚持以"百花齐放,百家争鸣"的正确方针来解决文艺和美学问题。

三、中国美学发展中的马列主义唯一化倾向

中国现当代美学发展过程中,由于许多先进的、革命的知识分子接受了马克思列宁主义美学思想的影响,从而形成了马克思列宁主义美学与非马克思主义美学之间的论战,同时因为当时革命的、先进的知识分子处于开始接受和理解马克思列宁主义美学的阶段,而且马克思列宁主义美学也不断与时俱进,马克思列宁主义美学的文献不断被发现和重新翻译成中文文本,因而又形成了中国马克思列宁主义美学内部的某些不同观点的争论。不过,在这样两种论战和争论之中却形成了两种不大良好的倾向:一是论战者把自己的美学思想观点视为唯一正宗的马克思主义美学,二是把其他的马克思列宁主义美学流派或者非马克思列宁主义美学流派斥责为非正宗马克思列宁主义美学或者非革命的美学流派。

前一种倾向似乎可以说是中国马克思主义美学中的宗派主义或者唯我独尊的倾向。这种倾向在马克思列宁主义美学中国化的过程中始终存在着,一直延续到今天,值得中国美学学人反思和重视。

在马克思列宁主义美学中国化之初,这种中国马克思主义美学中的宗派主义或者唯我独尊的倾向表现得比较严重。曾经在中国现代美学史上发生过两

次比较大的论战和争论。第一次是太阳社、创造社与鲁迅之间关于"普罗文学"或者"革命文学"之争。从 1928 年初到 1929 年底,创造社、太阳社同仁们在提倡无产阶级革命文学的同时,将鲁迅作为革命的对象,对鲁迅进行了激烈的批判。鲁迅奋起反击,于是双方展开激烈的论争。太阳社、创造社的青年作家们"昨天刚从书本上读到了一点历史唯物主义和辩证唯物主义的初步知识,今天便自诩为已经掌握了无产阶级的世界观"①。在他们的自诩为新式武器"唯物史观"的批判下,鲁迅也加紧了对马列主义文艺著作的阅读和翻译工作。他不仅翻译了普列汉诺夫的《艺术论》,还译介了卢那卡尔斯基的《艺术论》和论文集《文艺与批评》。他在译者序中评价普列汉诺夫的艺术论时说:"蒲力汗诺夫也给马克斯主义艺术理论放下了基础。他的艺术论虽然还未能俨然成一个体系,但所遗留的含有方法和成果的著作,却不只作为后人研究的对象,也不愧称为建立马克斯主义艺术理论,社会学底美学的古典底文献的了。"②他大力赞赏普列汉诺夫以历史唯物主义为基础,研究文艺的本质属性,以及文艺生产问题的努力。鲁迅建立了唯物史观的审美观,又直接形成了他的艺术观。鲁迅接受了唯物史观的元方法论,探讨了文艺的本质属性,归纳了文艺创作方法,研究了文艺历史。他不仅在译介普列汉诺夫著作的过程中学习和领会唯物史观艺术论,而且又紧密地结合中国文艺实践,注意吸取和概括各国艺术的创作经验,因而他的文艺思想既有马克思主义的理论特质,又具有鲜明的民族性,是马克思主义美学、文艺思想中国化初期的重要代表。③鲁迅在《三闲集·序言》里谈到了自己接受"唯物史观"的缘起:"我有一件事要感谢创造社的,是他们'挤'我看了几种科学底文艺论,明白了先前的文学史家们说了一大堆,还是纠缠不清的疑问。并且因此译了一本蒲力汗诺夫的《艺术论》,以救正我——还因我而及于别

---

① 茅盾《茅盾眼中的鲁迅》,陕西人民出版社 1962 年版,第 6 页。
② 《鲁迅全集》第 4 卷,人民文学出版社 1981 年版,第 261 页。
③ 周忠厚等《马克思主义文艺学思想发展史(下)》,中国人民大学出版社 2007 年版,第 782 页。

人——的只信进化论的偏颇。"①这就充分地证明了鲁迅之译介马列主义美学和文论著作,就是为了进行论战,要搞清楚究竟什么是"革命文学""普罗文学"(无产阶级文学),同时也是要用盗来的马列主义之火来煮自己的肉,以马列主义美学和文论观点来纠正自己早期所接受的进化论思想和一些非马列主义的文艺观点。鲁迅是非常注重革命理论与中国实践相结合的,他在《上海文艺之一瞥》(1931)中批评创造社、太阳社的一些青年作家的左倾思想,就是要求把马列主义与中国实际相结合。鲁迅说:"他们对于中国社会,未曾加以细密的分析,便将在苏维埃政权之下才运用的方法,来机械的运用了。"②这就足以看出,鲁迅翻译评介苏联文艺作品以及马列主义美学和文论著作,是为了改造中国社会,把苏联的文艺经验及马列主义美学和文论与中国实际相结合,努力把马克思主义美学和文论中国化。实质上,太阳社、创造社的青年作家和理论家们并没有真正掌握马克思列宁主义美学的真髓,更没有把马克思列宁主义美学中国化,他们却自封为正宗的马克思列宁主义美学家,而对鲁迅大加挞伐,党同伐异,无疑就是一种左倾幼稚病和严重的宗派主义倾向。

第二次论战是 1930 年代鲁迅与"四条汉子"之间关于"国防文学"之争。1936 年在上海革命文学界发生了两个口号之争,周扬一派提倡"国防文学"口号,鲁迅一派主张"民族革命战争的大众文学"口号,双方进行了激烈的论争。这场论争深远影响了中国现代文学:不仅埋下了许多人事纠纷,而且论争本身也高潮迭起,反反复复。延安时期,中央曾出面以革命阵营内部争论为由,调和了矛盾;"文化大革命"初期,"四人帮"却上纲为阶级路线问题,痛批"国防文学"口号;"文革"结束之后,因彻底否定了"文革",而推翻前案,重评两个口号之争,又充分肯定"国防文学"口号。其实,在 1936 年,这两个口号的提出,都是为了在日寇扩大对华侵略和国内阶级关系变化的新形势下,适应党

---

① 《鲁迅全集》第 4 卷,第 6 页。
② 同上,第 297 页。

中央建立抗日民族统一战线的策略的需要。周扬等人以上海文学界地下党领导的名义提出"国防文学"口号,并展开了国防文学、国防戏剧、国防诗歌等一系列活动。党中央特派员冯雪峰到上海和鲁迅、胡风等商量并由胡风撰文提出"民族革命战争的大众文学"口号,受到"国防文学"派的指责,从而爆发论争。鲁迅撰文力主两个口号"并存",批评了"国防文学"派和上海左翼文艺领导人的关门主义、宗派主义错误。这场论争应该是左翼文学界在形势变化的情况下内部思想分歧的表现。这次论争为过渡到抗战文艺运动和建立广泛的文艺界抗日统一战线准备了思想条件,促进了新的团结。不过,这两个口号之争在一定程度上表现出中国马列主义美学和文艺阵营内部确实存在着唯我独尊和宗派主义倾向。在这场论战中,鲁迅对上海文艺界的宗派主义进行了有利、有力、有节的斗争,既坚持原则,又顾全大局,显示出人格魅力。但是,这种宗派主义倾向,一直延续到新中国建国以后的一些文艺界的严酷斗争之中,比如批判胡风反革命集团斗争、文艺界反右斗争,后果相当严重,我们必须记取这个悲惨教训。

在新时期建设中国特色当代美学的过程中,中国马克思主义美学内部的这种宗派主义和唯我独尊的倾向仍然有所表现。其中比较重大的论争也有两次。一次是关于审美意识形态的论战,另一次是关于实践存在论美学的争论。

关于"审美意识形态"论的论战,邢建昌、徐剑的分析还是比较客观的。他们认为:文学"审美意识形态"论是20世纪80年代我国文学理论界提出的一个重要的理论命题,这一命题在近30年的文学理论研究和教学中曾起到过举足轻重的作用。进入20世纪90年代以来,对这一命题的反思、质疑的文章呈现明显的上升趋势。论争一方面包含着由学术观点、学术思想的差异而引起的因素,但其深层潜藏着文化资本的角逐和话语权力的争夺。论争引发了文学理论不同学派归属意识的强化,在一定程度上,标志着文学理论共同体成员内部的一次分庭抗礼局面的形成。在文学"审美意识形态"的论争中基本上形成了三大派别:以钱中文先生、童庆炳先生为代表的恪守文学"审美意识形态"论的,简称为"恪守派";以董学文先生为代表的质疑文学"审美意识形态"论的一派,简称为"质疑派";还有一派立论公允,与论争若即若离,简称中间派(权宜之计,姑且名之,不作分析)。审美意识形态论争确实不是孤立的现象。思想观念的冲突、学术观点的较量、文化资本的角逐、学术权力的争夺等,奇妙地纠结在一起,从而构置了 21 世纪之初文学理论复杂迷离的景观。①

关于"实践存在论美学"的争论,葛红兵、许峰综述如下:朱立元等多位专家近年来潜心"实践存在论美学"的研究,2008 年出版了由其主编的"实践存在论美学"丛书并引起广泛关注。沈海牧、王怀义将这套列入"江苏省'十一五'重点图书出版规划"的丛书称为"中国当代美学理论建设的突破性成果",给予高度评价。与之相反的是,董学文等多位学者先后发表多篇论文对其进行激烈的批评,朱立元等随即展开反批评,双方你来我往,论战一直持续并逐步升级。在2010 年,董学文、陈诚等"反方"先后发表《"实践存在论美学"的理论实质与思想渊源——对一种反批评意见的初步回答》《对"实践存在论美学"的辨析》《对"实践存在论美学"的再辨析——兼答复一种反批评的意见》《"实践存在论美学"的哲学基础问题》《"实践存在论"的理论实质及其思想渊源——对朱立元先生反批评的初步回答》《"实践存在论美学"与哲学人本主义》《"实践存在论美学"与哲学人本主义、马克思主义美学与人本主义问题——兼论〈1844 年经济学—哲学手稿〉与马克思美学思想的分期》《美学研究不应该回到人本主义老路——对朱立元"实践存在论美学"的再批评》《马克思奠定现代存在论的理论基础了吗——质疑"实践存在论美学"并答复朱立元、刘旭光同志》等论文。"正方"朱立元、朱志荣等也不甘示弱,陆续发表了《不应制造"两个马克思"对立的新神话——重读〈1844 年经济学哲学手稿〉兼与董学文、陈诚先生商榷》《试论马克思

---

① 邢建昌、徐剑《关于文学"审美意识形态"论争的梳理和反思》,http://www.literature.org.cn/Article.aspx?id=41132.

实践唯物主义的存在论根基——兼答董学文等先生》《海德格尔凸显了马克思实践观本有的存在论维度——与董学文等先生商榷之三》《论实践存在论美学的价值》《实践存在论美学的理论与现实根基》《马克思的存在论思想不应轻易否定——对董学文等先生批评的再答复》等论文来还以颜色。①关于"实践存在论美学"的论战，持续了近三年才告一段落。

我们当然是赞成和支持"审美意识形态"论和"实践存在论美学"的，在此我们不想就思想观点发表评论。但是，我们认为，在这两次论战中，有一种不好的倾向，那就是一些学者认为只有自己的观点和理论才是真正的马克思主义的，而"审美意识形态"论和"实践存在论美学"都只是打着马克思主义旗号的观点和理论，把"审美意识形态"论说成是违背马克思主义的，而说"实践存在论美学"是海德格尔的存在论，根本不是马克思主义的。这就是一种宗派主义和唯我独尊的倾向。这样的宗派主义和唯我独尊或者政治化、唯一化倾向是不利于中国当代美学和中国特色马克思主义美学发展的，只有采取"百花齐放，百家争鸣"的方针，以完全学术的纯正态度，达到追求真理的目的，才是发展美学学术的正道。

中国马克思列宁主义美学的第二种倾向似乎可以称为唯我独左和自闭主义的倾向。这种倾向在 20 世纪 30—40 年代左翼文艺界和美学界与各种封建地主阶级、官僚资产阶级、资产阶级、小资产阶级的文艺流派和美学流派的论战中，应该说是起到了一定的作用的。比如，无产阶级文学与"民族主义文学"的论争，左翼作家与"新月派""自由人（胡秋原）""第三种人（苏汶）"的论争，左翼文学主潮与"论语派"的论争等，都必须显示出无产阶级文学、左翼作家的鲜明立场，所以在这种旗帜鲜明、激烈尖锐的文艺和美学的阶级斗争和政治斗争中，某些方面和某种程度上的唯我独左和关门主义，还不是影响全局的大问题，甚

---

① 葛红兵、许峰《是"新旧"也是"左右"——2010 年文学研究热点问题述评》，《学术月刊》2011 年第 2 期。

至可以增强一定的批判力度和气势。但是,到了新中国建国以后的美学和文艺论争中,如果仍然沿袭这种唯我独左和自闭主义倾向和作风,那就势必会产生消极的负面的影响,不利于问题的解决和真理的探求。比如,20世纪50—60年代的"美学大讨论",就显示出比较严重的唯我独左和自闭主义的倾向。在论争中,主观派(吕荧、高尔泰)、客观派(蔡仪)、主客观统一派(朱光潜)、社会实践派(李泽厚),都自称自己是马克思列宁主义者,而把论战对方斥责为非马列主义者:蔡仪称朱光潜是主观唯心主义者,称李泽厚是客观唯心主义者;李泽厚称蔡仪是机械唯物主义者,称朱光潜是表面上的唯物主义者、实质上的主观唯心主义者;朱光潜称蔡仪是机械唯物主义者,称李泽厚是直观唯物主义者;吕荧声称自己是马克思主义者,而批评蔡仪、朱光潜、李泽厚是非马克思主义者,却被蔡仪、朱光潜、李泽厚同时称为主观唯心主义者。这样的相互指责,实际上对于美学问题的探讨一点好处都没有,反而形成了一种不好的学术风气和学术态度。当然,我们并不一般地反对诸如"马克思主义""唯物主义""唯心主义"之类的定性分析,但是,这种定性分析必须是充分说理的,完全学术的,否则就应该尽量避免使用。时至今日,这种唯我独左和自闭主义的倾向,似乎并不是已经绝迹了。在一个以共产党为领导核心,以马克思主义为指导思想的社会主义国家,坚持马克思主义美学的主导地位,应该是名正言顺,但是,如果把马克思主义美学作为中国当代美学的唯一一种正确的、应该发展的美学流派,那么实际上就是把中国马克思主义美学引上了一条自我封闭的绝路。那样就只可能形成美学园地的一花独放、一家独鸣,其最终结果就只能是美学的停滞和萎缩。尽管我们深信马克思主义美学的真理性,但是,真理是动态发展,与时俱进的,而不是静止不变、固定僵化的,马克思主义美学只能开放通向真理的道路,而不应该封闭和结束真理本身。所以,为了进一步发展中国当代美学和中国特色马克思主义美学,我们还必须坚决反对唯我独左和自闭主义,敞开宽广的胸怀,展开"百花齐放,百家争鸣",繁荣和丰富中国当代美学园地。

总而言之,中国当代美学的发展,必须坚持以马克思主义美学为指导,努力

"推陈出新"和"返本开新",必须反对把马克思主义美学完全政治化,反对把马克思主义美学唯一化,既反对唯我独尊和宗派主义,又反对唯我独左和自闭主义,以中国传统美学思想为基础,以西方美学为参照系,建设中国特色当代美学,建构中国特色马克思主义美学或者中国特色社会主义美学。

原载《湖北大学学报(哲学社会科学版)》2016 年第 5 期

独与天地精神往来

——《庄子》审美观的主要特质

谢金良

在先秦典籍中,《庄子》文本中蕴涵的审美思想是无与伦比的。关于《庄子》审美观念的研究,从目前情况来看已经积累了相当多的成果。为了不重蹈覆辙,本文主要根据个人对文本思想的理解,侧重从"审美与时间"关系问题入手,来探讨《庄子》所具有的是什么样的审美观,以及决定其审美观的主要原因。因此,本文对《庄子》审美观念的研究并不追求面面俱到,而是希望能在解读文本的基础上获得新的理解。

一、《庄子·内篇》的审美观

《逍遥游》是内篇的开篇,一开始就讲述了一只巨大鲲鹏"怒而飞"、"徙于南冥"而逍遥游的故事。许多读者往往被这个故事中的优美语言和美好境界所打动,尤其是对鲲鹏的自由飞翔羡慕不已。因此,许多人都以为故事中的审美境界是庄子所追求的。其实不然,这是对庄子的误解。鲲鹏的逍遥游固然快乐美好,但还不是真正的逍遥游。何以见得? 因为鲲鹏不仅要经历漫长的进化过程——由"北冥有鱼"逐步"化而为鸟",而且要等待夏天的大风才能飞翔——"去以六月息也",可见其飞翔并不是完全自由的,那么所能逍遥游的时间必然是短暂的,而不是永恒的。难怪连蜩与学鸠都笑话鲲鹏之游是徒劳无益的——"奚以之九万里而南为?"因为在蜩与学鸠看来,它们现在还不能高空飞翔是"时则不至而控于地而已矣",即总有一天也是能高飞的。道理很简单,当鲲鹏还是"北冥"之鱼时只能在水里游,而经过很长时间的进化后就变成能飞的大鸟了;那么,在无限的时间长河中,总有一天蜩与学鸠也能自然进化成自由翱翔的东西。可见,飞与不能飞,只是时间问题而已,并不是彼此之间有什么本质的差别。所以,鲲鹏费劲南飞以为是自己的本领,以为是最为逍遥快乐,其实是多此一举。

那么,什么才是庄子所追求的审美境界呢? 在庄子看来,真正的逍遥游是绝对的自由,是独自与时间造化同游,是不游之游。所谓绝对自由,就是不凭借任何外物,不像鲲鹏要等待时机凭借"物"与"物"互动而形成的大风而游,而是无所待而与自然时间同游于无穷无尽、无始无终的宇宙世界中。因为,只有时间才能使一切潜移默化,所以只有像时间那样毫不费力地变化才是绝对自由的。所谓"不游之游",就是指不要劳费心力去"遨游"而求快乐,只要能与时间合一就能达到不游而游于无穷的境界。因为时间从来都不会为过去而停留,而是自由自在地浮游于每一个崭新的天地中,所以人无须借助外力就自然能与时间同游于最美的境界中。也许,我们还是很难理解庄子的真实想法,但是只要我们不以分别之心来对待事物,不以短暂的历史观念来定义时间,那个总是让世界方生方死的"时间"就能让我们领会到逍遥游的最高境界。所以,要理解庄子的审美观,一定要完全领会他的时间观,否则根本就体会不到他的理想境界。

庄子不以鲲鹏的飞翔为"至游至乐",就是因为他能从时间的意义上充分理解到万物平等的客观事实。所以,"齐物论"是庄子的思想核心,也是他始终坚持的唯一主导思想。请看《齐物论》中的审美思想:

大知闲闲,小知间间;大言炎炎,小言詹詹。

道恶乎隐而有真伪? 言恶乎隐而有是非? 道恶乎往而不存? 言恶乎存而不可? 道隐于小成,言隐于荣华。故有儒、墨之是非,以是其所非,而非其所是。欲是其所非而非其所是,则莫若以明。物无非彼,物无非是。自彼则不见,自知则知之。故曰:彼出于是,是亦因彼。彼是,方生之说也。虽然,方生方死,方死方生;方可方不可,方不可方可;因是因非,因非因是。是以圣人不由,而照之于天,亦因是也。是亦彼也,彼亦是也。彼亦一是非,此亦一是非。果且有彼是乎哉?果且无彼是乎哉?彼是莫得其偶,谓之道枢。枢始得其环中,以应无穷。是亦一无穷;非亦一无穷也。故曰"莫若以明"。

故为是举莛与楹,厉与西施,恢诡憰怪,道通为一。其分也,成也;其成也,毁也。凡物无成与毁,复通为一。

已而不知其然,谓之道。……是非之彰也,道之所以亏也。道之所以亏,爱之所以成。

毛嫱、丽姬,人之所美也,鱼见之深入,鸟见之高飞,麋鹿见之决骤。四者孰知天下之正色哉?

"大知"就是"大智","大言"就是"至论"。从文句来看,说明庄子赞美"大知"与"大言",而不欣赏"小知"和"小言"。但是,何为"大"呢?这是理解该文句的关键所在。结合庄子的思想,可以发现所谓的"大"就是"无",如"闲闲"就是旁若无事的情状,"炎炎"就是视若无物的火焰。可见,"大知"就是"无知之知","大言"就是"无言之言";"无知"自然就"无言"。为什么说庄子是反对智慧和言论呢?这是根植于他对"道"与"言"的理解——"道恶乎隐而有真伪?言恶乎隐而有是非?道恶乎往而不存?言恶乎存而不可?道隐于小成,言隐于荣华。"就是说,道之所以隐蔽而有真伪,长往而不存留,是因为道乃隐蔽于细小的成功,而言之所以隐蔽而有是非,存留而不可,是因为言乃隐蔽于华美的辩辞。可见,道之隐是因无成功之心,而言之隐是因有名利之心;道是因不存而难辨真伪,而言是因存留而分别是非。所以,"道"与"言"居心不同,如果以"言"论"道",就会造成以伪乱真、颠倒是非,儒家与墨家因是非争辩而伤害亲情就是典型的例证。做人如果都是这样争论是非,那还不如自知自明而不与人争辩。事实上,有什么好争辩的呢？随着时间的变化，是与非也跟着转化，是与非是相对的而不是绝对的。所以真正聪明的人是不由是非所左右的，而是以自然时间作为辨别是非的明镜。在时间这面明镜前，是就是非，非就是是，所有的事物都是有是有非的，都是一样平等的，不存在任何是与非的分别。正因为在自然时间中，是非是不分的，是没有相对性的事物，都是绝对不分彼此的，所以明于此也就明白了"道"的真谛。那么，只要懂得以无分别是非之心来应对无穷无尽的时间变化，也就能紧紧抓住"道枢"而真正地逍遥游。由此可见，庄子反对"荣华"之"言"，就在于"道"不可"言"，因为"言"容易让人陷入没有意义的是非争辩，让人以主观意志来审视事物的分别，而远离没有任何分别的"道"。如此而言，可以进一步推知庄子的审美观就是主张人必须弃除审判美丑的想法，才能臻入最高的审美境界。因为，凡有分别美丑之心，就有是非之分，也就不能与时间之道化而为一，也就感觉不到最好的境界。

如果人没有审美的标准，那么还能辨别善恶美丑吗？或者说，还能体验到美好的感觉吗？按常理，肯定不能；如果能的话，那简直是无法想象的"审美"过程和境界。但这的确又是庄子所肯定的。该如何理解呢？说难也难，说易也易，还是再看看庄子的解说：从表面现象看，举莛与楹的用途有大小之分，厉与西施的外表有美丑之别，恢、恑、憰、怪的变化有快慢之差，但从根本上说都是通归于"道"这一个绝对整体的。为什么呢？从时间的角度看，所谓的"分"，就是把一物分成数物；所谓的"成"，就是把数物合成一物。那么，也就是说此物"分解"时也是彼物"生成"时，彼物"合成"时也是此物"毁坏"时。而在时间的长河中，没有一物是只"分"不"成"的，也没有一物是只"成"不"毁"的。可见，凡是事物都没有固定不变的"成"或"毁"，既然是这样也就是"复通为一"。那么，所有事物都有"成"有"毁"的话，哪里还有什么分别呢？都是没有自性的，都是随时间而变化的，都是一样平等的。如此而言，厉的丑与西施的美只是暂时的对比而已，并不是永远不变的客观事实；而人们之所以会凭主观标准来区分厉与西施的美丑，乃是不懂得时间之"道"理而没有看到事物本质的缘故。什么是"道"

呢？"已而不知其然，谓之道"——"道"就是自然时间，变化完毕了但却不知道它是如何变化的。但是，人们却一直想问个是非究竟，于是主观上产生了分别是非的心理。正因为是与非的问题到处彰扬，所以人们也就无法认识到时间之道是浑然一体的。人们看不到"道"的整体，只能从某个角度看到局部，所以自然就会产生是非争辩，也就会变得爱憎分明。比如："毛嫱、丽姬，人之所美也，鱼见之深入，鸟见之高飞，麋鹿见之决骤"，即人们都以为是大美人的毛嫱和丽姬，是人见人爱的，而鱼、鸟、麋鹿见到她们时却都吓跑了，这四种动物究竟是哪一种更知道天下真正的美色呢？在庄子看来，人之所以以为美，是因为人有主观的审美标准；而动物不以人之美为美，说明所有主观的审美标准都是相对的，都不是真正符合客观实际的；在时间长河中，没有一成不变的审美标准，也没有真正与时间一样永恒的"正色"——美的事物。可见，理解了庄子的时间观，也就可以比较容易理解他的审美观——用没有标准的时间作为审美标准，而不能相信人为确定的审美标准。"万物一齐"，只有一个绝对的标准——就是"道""时间"。

在《人间世》篇中，庄子的审美观也有多处直接的体现：

> 而强以仁义绳墨之言术暴人之前者，是以人恶有其美也，命之曰菑人。
>
> 夫两喜必多溢美之言，两怒必多溢恶之言。
>
> 美成在久，恶成不及改，可不慎与！
>
> 是其才之美者也。戒之慎之！积伐而美者以犯之，几矣。
>
> 自吾执斧斤以随夫子，未尝见材如此其美也。（栎社树）
>
> 是不材之木也，无所可用，故能若是之寿。

《庄子》中多处提到"美"字，含义不一，必须根据具体语境才能理解。因为，在庄子看来，生活中的"美"与"丑"是相对的，自己以为美的都不是真美。比如：在生活中，人都有自己的审美标准，但是人如果硬是把自己的标准强加在别人身上，如"强以仁义绳墨之言术暴人之前者"，那么大家就会讨厌"其美"，一致把他看作是不像话的"菑人"。人如果觉得彼此的审美标准相同就会互相喜欢而多"溢美之言"，否则"两怒必多溢恶之言"。"溢美"与"溢恶"，是指过于抬高或贬低对方，都是不符合实际的。这也说明"美"与"丑"的评判与人的情感变化密切相关，没有一个固定的标准。

在庄子看来，做人如果总是强求事事都成功，那是很危险的，因为要成就"美"事要花很长时间，而且不可能都成功，只要有一"恶"事铸成大错就会后悔不已。所以，人必须活得很小心谨慎。人会去做自己不胜任的事而遭受失败，就是自以为美，把自己看得过高——"是其才之美者也"；而"积伐而美者以犯之"，即经常夸耀自己而去触犯别人，也是很危险的。

匠石的徒弟见到万人瞩目的栎社树时说："自从我跟先生拿斧头做木工以来，从来没有见过如此又大又美的树。"而匠石却不以这棵千年栎社树为美，连看都不看，因为他认为这"是不材之木也，无所可用，故能若是之寿"，即没有实际用途才得以长寿的树。从这个故事可以发现，不同人的审美标准是不同的，如对于同一棵栎社树，徒弟是以"大"为美，而对树体的广大而赞叹不已；师父是以"用"为美，而对此树的无用而无心观赏。从客观上说，匠石师徒都有偏失，徒弟只见其"大"不知其无"用"，师父虽知其无"用"而不知"无用乃是大用"。由此可见，人的审美标准都是根植于人的是非之心，是容易囿于成见的，是因人而异的。所以说，人只有摒弃主观的标准，才能认识到事物的美。

在《德充符》篇中，惠施与庄子为"人是否有情"的问题发生争辩。惠施认为"人而无情"，就不能说是人。而庄子坚决认为"人故无情"，即从本质上说人是无情的，因为"道与之貌，天与之形，恶得不谓之人?""道与之貌，天与之形，无以好恶内伤其身。"也就是说只要自然赋予人形貌，就自然成为人，而不能以主观的"好恶"情感来伤害天然的本性之身。不难发现，惠施之"人""情"与庄子之"人""情"是不一样的，惠施是从道德层面上讲的，而庄子则是从自然层面上看的。从这里也可看出，庄子不主张用人为的审美情感来评定人的是非，而是主张用自然的心态来平等地看待人。可见，庄子仍是从"齐物"的角度出发来形成审美观的。

在《大宗师》篇中,也谈到对"美"的看法,如假托意而子举"无庄之失其美"的例子,来说明人只有忘掉什么是"美",才能真正体会到"美"的境界。无庄,据说是上古的美人,后来因闻道而不加修饰,故"失其美"——人所以为的美。无庄的例子,也说明只有自然而然的美,才是客观存在的"至美";而人为追求的美,是不真实的。

在《庄子·内篇》中,还有许多地方体现了庄子的审美观。从总的来看,只是立论的角度不同而已,主要的审美观都是反对人为的审美标准,都是认为事物本来是没有美丑之分,都是强调人要弃除审美观念而与自然合一。

二、《庄子·外篇》的审美观

《庄子·外篇》重在阐发《老子》的思想,所以也体现了一系列与《老子》相同的审美观,如"素朴""无知""无欲""大美"等。在《马蹄》篇中,就是侧重阐述了"素朴"的审美观:

> 同乎无知,其德不离;同乎无欲,是谓素朴。素朴而民性得矣。……故纯朴不残,孰为牺尊!白玉不毁,孰为珪璋!道德不废,安取仁义!性情不离,安用礼乐!五色不乱,孰为文采!五声不乱,孰应六律!夫残朴以为器,工匠之罪也;毁道德以为仁义,圣人之过也。

庄子从历史时间的角度,反思了原始时代人们"同与禽兽居,族与万物并"的生活,发现那时不存在"君子"与"小人"的区别。为什么能那样呢?人人都一样"无知"(没有观念,不用智力),也就不会离开自然德性,人都一样"无欲"(没有追求,不知是非),所以能过上纯真素朴的生活。由此可见,只有过"素朴"的生活才能保住人的自然天性;而"毁道德以为仁义,圣人之过也",即推行仁义反而毁掉人的天性,是圣人的罪过。这也是道家反对儒家"仁义"学说的主要理由。从审美的角度看,庄子不以"牺尊""珪璋"之美为美,说明他更倾向于纯朴、完整的自然美。可见,追求"素朴"乃是庄子审美观的主要特质之一。而从根本上说,这种"素朴"的审美观与"自然"的时间观是统一的。

在《胠箧》篇中,多处提到"绝圣弃知""大巧若拙""甘其食,美其服,乐其俗,安其居"等,与《老子》追求"小国寡民""玄同"的旨意相同。如在说明"大巧若拙"的道理时,指出"灭文章,散五采,胶离朱之目,而天下始人含其明矣",即认为要使天下人怀藏明敏的眼光,就必须消灭文饰,拆散五采,胶住离朱的眼睛。也就是说,所有人为的东西,都是必须放弃的。对于今天来说,庄子的主张的确令人难以理解。但是,如果我们能够抛开现成的观念,而从审美与时间的角度来思考,就能发现庄子的言论是在自然时间的前提下得出的,也就能理解其中的道理。否则,单从字面上来理解,就会觉得庄子的思想是一种"倒退""偏激""复古"的观念。因为,从长远的时间看,圣人的智慧虽然改变了自然界,但也改变了人本来的素朴天性,使人类走上一条充满斗争和痛苦的道路,所以说"绝圣弃知"可以使人重新获得天性,使人类重返"无知无欲"而"素朴自然"的生活。这种恬淡自然的生活,无疑就是庄子所向往和追求的"玄同"境界,也是庄子的审美理想。

在《天地》篇中,庄子对《老子》"无为而治"的思想加以阐述和发挥,体现了崇尚自然的审美观:

> 厉之人夜半生其子,遽取火而视之,汲汲然惟恐其似己也。百年之木,破为牺尊,青黄而文之,其断在沟中。比牺尊于沟中之断,则美恶有间矣,其失于性一也。跖与曾、史,行义有间矣,然其失性均也。且夫失性有五:一曰五色乱目,使目不明;二曰五声乱耳,使耳不聪;三曰五臭薰鼻,困惾中颡;四曰五味浊口,使口厉爽;五曰趣舍滑心,使性飞扬。此五者,皆生之害也。

由于人有审美之心,所以活得很不自在。比如:丑陋的人半夜生孩子,赶快取火照看,心里十分焦急,唯恐生下的孩子像自己一样丑陋。而从根本上说,美丑是没有本质差别的,比如:同是一棵百年的大树,砍伐后有的被破开来做"牺尊"(酒器)再涂上青黄的色彩,而其余的断枝碎片则扔在沟中;"比牺尊于沟中之断",那么美恶是有差别的,但是如果从失去原有的本性来看却又都是一样的。再如:盗跖与曾参、史鱼,行为的好坏是有差别的,但从他们都失去人的本性上看却是一样的。对于人来说,失去本性可归纳为五种情况:"一曰五色乱目,使目不明;二曰五声乱耳,使耳不聪;三曰五臭薰鼻,困惾中颡;四曰五味浊口,使口厉爽;五曰趣舍滑心,使性飞扬。"此五种都是生命的祸害。从这些例子来看,庄子是以"本性""天然"作为标准来审美的,因此也非常重视生命的本性。在这一点上,庄子与老子"为腹不为目"的审美主张是一致的。而庄子之所以主张没有美丑的差别,正是从时间的角度来看待事物的变化过程,发现人失去本性的根本原因。

在《天道》篇中,庄子又进一步阐发了"无为朴素"的审美观:

> 静而圣,动而王,无为也而尊,朴素而天下莫能与之争美。
>
> 与人和者,谓之人乐;与天和者,谓之天乐。
>
> 夫帝王之德,以天地为宗,以道德为主,以无为为常。
>
> 舜曰:"美则美矣,而未大也。"尧曰:"然则何如?"舜曰:"天德而出宁,日月照而四时行,若昼夜之有经,云行而雨施矣。"……夫天地者,古之所大也,而黄帝、尧、舜之所共美也。

庄子认为,"朴素而天下莫能与之争美",即过上纯真朴素的生活就可以称美于天下,因为无所谓美与不美,也就不需要去"争";"与人和者,谓之人乐;与天和者,谓之天乐",即只有"天乐"才是真正的快乐,因为与自然冥和就无须用心,也就可以自由自在不受人约束。而"夫帝王之德,以天地为宗,以道德为主,以无为为常",说明帝王只有效法自然,才能使上下同心同德,无为而天下太平。因此,"夫天地者,古之所大也,而黄帝、尧、舜之所共美也",即古代帝王都懂得效法天地之自然,以自然为共同追求的美。从舜所说的"美则美矣,而未大也""天德而出宁,日月照而四时行,若昼夜之有经,云行而雨施矣",可以发现古之人,都是以效法天地为"大美",以无为自然为"共美"。这也是庄子的主要审美倾向。

在《天运》篇中，颜渊与师金的对话颇有精彩之处，也涉及审美问题：

> 师金曰："……故西施病心而颦其里，其里之丑人见而美之，归亦捧心而颦其里。其里之富人见之，坚闭门而不出；贫人见之，挈妻子而去之走。彼知颦美而不知颦之所以美。惜乎！而夫子其穷哉！"

西施是因"病心"才在村里"颦"（皱眉头），而"里之丑人"却"见而美之"，并效仿西施"捧心而颦其里"，结果是"其里之富人见之，坚闭门而不出；贫人见之，挈妻子而去之走"，让人越觉得丑陋而不堪入目。丑人为什么"知颦美而不知颦之所以美"呢？"颦"本来是一个自然动作，是无所谓美丑的，但丑人却因西施之美而以为"颦"的姿势就是美的，所以越效仿这个动作就越丑陋。从这个故事可以看出，美与丑是相对的，是人为的，是因人而异的。

在《刻意》篇中，认为不同人有不同的审美需求，但只有"不刻意"而"虚无无为"才能达到"平易恬淡"的最高审美境界。如：

> 若夫不刻意而高，无仁义而修，无功名而治，无江海而闲，不道引而寿，无不忘也，无不有也，澹然无极而众美从之，此天地之道，圣人之德也。故曰：夫恬淡寂寞，虚无无为，此天地之平而道德之质也。故曰：圣人休，休焉则平易矣，平易则恬淡矣。平易恬淡，则忧患不能入，邪气不能袭，故其德全而神不亏。故曰：圣人之生也天行，其死也物化；静而与阴同德，动而与阳同波；不为福先，不为祸始；感而后应，迫而后动，不得已而后起。去知与故，循天之理，故无天灾，无物累，无人非，无鬼责。其生若浮，其死若休；不思虑，不豫谋；光矣而不耀，信矣而不期；其寝不梦，其觉无忧；其神纯粹，其魂不罢。虚无恬淡，乃合天德。……故素也者，谓其无所与杂也；纯也者，谓其不亏其神也。能体纯素，谓之真人。

在庄子看来，人只要"不刻意而高"，无仁义，无功名，无江海，不道引，无不忘，无不有，就能"澹然无极而众美从之"，达到最高的审美境界，也就是"恬淡寂寞，虚无无为"的境界。因为，"平易恬淡"的生活，自然"忧患不能入，邪气不能袭""德全而神不亏"。当人的心灵达到最高境界时，一切都因任自然的变化而变化，没有生死之忧,没有祸福之变,即所谓"其死也物化;静而与阴同德,动而与阳同波;不为福先,不为祸始;感而后应,迫而后动,不得已而后起。去知与故,循天之理,故无天灾,无物累,无人非,无鬼责。其生若浮,其死若休;不思虑,不豫谋;光矣而不耀,信矣而不期;其寝不梦,其觉无忧;其神纯粹,其魂不罢。虚无恬淡,乃合天德",也就是完全融入自然,过上纯朴单一而没有私心杂念的生活。能真正"能体纯素"的人,也就是所谓的"真人"。可见,人的"刻意"是不可取的,不是合理的审美手段。《缮性》篇"古之治道者,以恬养知;知生而无以知为也,谓之以知养恬",所要阐发的"养知""养恬",与《刻意》篇的思想归趣无疑是一致的,都是强调人要"无知无为"和"恬淡自然"。可见,这也是《庄子》审美观的主要特质之一。

《秋水》篇中"以天下之美为尽在己……今尔出于崖涘,观于大海,乃知尔丑,尔将可与语大理矣",也说明了美与丑是相对的,是随时间变化而变化的。

在《至乐》篇中,庄子具体讨论了"天下有没有至乐"的审美问题:

> 天下有至乐无有哉?……夫天下之所尊者,富贵寿善也;所乐者,身安、厚味、美服、好色、音声也;所下者,贫贱夭恶也;所苦者,身不得安逸,口不得厚味,形不得美服,目不得好色,耳不得音声;若不得者,则大忧以惧。……今俗之所为与其所乐,吾又未知乐之果乐邪,果不乐邪?吾观夫俗之所乐,举群趣者,誙誙然如将不得已,而皆曰乐者,吾未之乐也,亦未之不乐也。果有乐无有哉?吾以无为诚乐矣,又俗之所大苦也。故曰:"至乐无乐,至誉无誉。"天下是非果未可定也。

在庄子看来,天下之"所尊者""所乐者""所下者""所苦者",都是要不得的,都是人若"大忧以惧"的根源。因而认为"至乐无乐,至誉无誉",即不以乐为乐、不以苦为苦、不计较任何名利的乐趣才是最大的快乐——"至乐"。可见,只有泯灭所有人为规定的"审美"观念,才能获得"至乐"。这与"恬淡无知"的审美观是一致的。

在《山木》篇中,有一段故事专门探讨"美"与"恶"的关系问题:

阳子之宋,宿于逆旅。逆旅有妾二人,其一人美,其一人恶,恶者贵而美者贱。阳子问其故,逆旅小子对曰:"其美者自美,吾不知其美也;其恶者自恶,吾不知其恶也。"阳子曰:"弟子记之!行贤而去自贤之行,安往而不爱哉?"

在庄子看来,人外貌的美与丑,与地位的贵贱是没有必然联系的。比如,在阳子的心中,因为有美丑、贵贱的观念,所以对逆旅两个老婆的外表就会作出比较,也就会觉得"其一人美,其一人恶",并对"恶者贵而美者贱"的现象表示不理解。而逆旅与阳子的心态不同,是不以主观标准来衡量事物的,所以能做到"其美者自美,吾不知其美也;其恶者自恶,吾不知其恶也",即没有是非标准,也就无所谓美丑之别,也就不知有贵贱之分。这一故事充分说明,美与丑是人为造成的,而不是客观事实。

在《田子方》篇中,提出了"至美至乐"的审美观:

老聃曰:"夫得是,至美至乐也。得至美而游乎至乐,谓之至人。"

庄子曰:"周闻之:儒者冠圜冠者,知天时;履句屦者,知地形;缓佩玦者,事至而断。"

老聃认为,能够得到像时间一样无始无终浮游的"道",就是达到"至美至乐"的境界,而人能"得至美而游乎至乐",就是所谓的"至人"。说明"与时间之道合一"的境界,才是道家追求的最高审美境界。庄子认为,人的外表服饰与人的内心世界是没有必然联系的,比如:真正的儒者是内外一致的,即"冠圜冠者,知天时;履句屦者,知地形;缓佩玦者,事至而断",但如果是穿儒家服饰而不知天时和地形的人,那么也不能算是"儒者"。可见,庄子也不注重形式美,而是主张内在与外在的统一。

在《知北游》中,主要提出了"天地有大美而不言"的审美观:

黄帝曰:"……若死生为徒,吾又何患!故万物一也,是其所美者为神奇,其所恶者为臭腐;臭腐复化为神奇,神奇复化为臭腐。"

天地有大美而不言,四时有明法而不议,万物有成理而不说。圣人者,原天地之美而达万物之理。是故至人无为,大圣不作,观于天地之谓也。今彼神明至精,与彼百化,物已死生方圆,莫知其根也,扁然而万物自古以固存。六合为巨,未离其内;秋豪为小,待之成体。天下莫不沉浮,终身不故;阴阳四时运行,各得其序。惛然若亡而存,油然不形而神,万物畜而不知。此之谓本根,可以观于天矣。

从时间的角度看,人和物的生死都是自然而然的,都是不可避免的,所以也就用不着忧患担心,也就能明白万物都是一样平等的。黄帝能够认识到"是其所美者为神奇,其所恶者为臭腐;臭腐复化为神奇,神奇复化为臭腐",也正是从时间的角度来发现人所谓的"美""恶"都是可以互相转化的,都是随时间变化而变化的。也正是在对时间的理解上,庄子懂得"天地有大美而不言,四时有明法而不议,万物有成理而不说"的道理,所以主张效法天地变化之道,随顺时间的变化,无为而自然进入最高的审美境界。可以发现,时间变化之道,就是庄子所谓的"本根"。明于此,就可以尽观天下之美而至乐了。

与《内篇》相比,《外篇》主要是阐说老子的思想主张,比较直接地论述道家的审美理想和境界。但从总的来看,《内篇》与《外篇》立论的基础都是一样的,都是"齐物论"。而在审美观上,也都是强调人要弃除审美观念,顺其自然。

三、《庄子·杂篇》的审美观

《庄子·杂篇》直接谈到"美"的内容不多,但与审美问题相关的内容还是有些的。在《庚桑楚》篇中,有一段文字提到与审美心理、审美表现相关的内容:

彻志之勃,解心之缪,去德之累,达道之塞。富、贵、显、严、名、利六者,勃志也;容、动、色、理、气、意六者,缪心也;恶、欲、喜、怒、哀、乐六者,累德也;去、就、取、与、知、能六者,塞道也。此四六者不荡胸中则正,正则静,静则明,明则虚,虚则无为而无不为也。

庄子认为,只有彻底毁灭人心中的杂念,才能解除心的束缚,去除德的负累,而达到道的境界；富、贵、显、严、名、利，都是杂念所生的；容、动、色、理、气、意，都是心灵的束缚；恶、欲、喜、怒、哀、乐，都是德的负累；去、就、取、与、知、能，都是通道的障碍。因此，只有把这些都统统祛除掉，才能心胸坦荡，心平气和，而进入无为而无不为的境界。可见，此处庄子仍是在强调人要泯灭主观情志，做到无知无欲。

在《徐无鬼》篇中，有多处谈到"美""乐"等问题：

徐无鬼曰："……凡成美，恶器也。（王先谦：凡欲成美名者，恶其滞于器也。）"

知士无思虑之变则不乐，辩士无谈说之序则不乐，察士无凌谇之事则不乐，皆囿于物者也。……钱财不积则贪者忧，权势不尤则夸者悲。势物之徒乐变，遭时有所用，不能无为也。此皆顺比于岁，不物于易者也。驰其形性，潜之万物，终身不反，悲夫！

子綦曰："……吾所与吾子游者，游于天地。吾与之邀乐于天，吾与之邀食于地；吾不与之为事，不与之为谋，不与之为怪；吾与之乘天地之诚而不以物与之相撄，吾与之一委蛇而不与之为事所宜。"

以目视目，以耳听耳，以心复心，若然者，其平也绳，其变也循。古之真人，以天待之，不以人入天。古之真人，得之也生，失之也死；得之也死，失之也生。药也，其实堇也，桔梗也……是时为帝者也，何可胜言！

徐无鬼所谓"凡成美，恶器也"，说明了一个事实：在现实生活中，凡是想成就美名的人，都会被有形的器物所滞，反而酿成错事来。这也说明以主观的审美标准去追求美，是徒劳无益的，甚至是有危险和祸害的。因为，人一旦有了审美标准，就会有物欲名利的追求。比如："知士无思虑之变则不乐，辩士无谈说之序则不乐，察士无凌谇之事则不乐"，即知士、辩士、察士虽然都很聪明，但都是囿于物而"不乐"。而对于贪心的人，更是被物所牵累，如"钱财不积则贪者忧，权势不尤则夸者悲"，而"势物之徒乐变，遭时有所用"，都不能做到无为。可见，世俗中的人，都在不停息地追名逐利，都各自囿于一物而难以改变。长此以往，人的心灵就会与形体分开,就会被重重的物欲所包围,沉没在万物之中,而终身不得反其自然本性,以致悲惨的下场。所以说,要"不囿于物",就必须放弃"审美""成美"之心,而随顺自然的变化。子綦所言"吾所与吾子游者,游于天地。吾与之邀乐于天,吾与之邀食于地;吾不与之为事,不与之为谋,不与之为怪;吾与之乘天地之诚而不以物与之相撄,吾与之一委蛇而不与之为事所宜",正是为了说明"随顺自然"的道理——与时间同游,可以"邀乐"而无须"为事"、"为谋"、"为怪",可以自由自在自乐而"不囿于物"。这也就是"古之真人"所谓的"以目视目,以耳听耳,以心复心""以天待之,不以人入天"。因此,只有真正做到无得无失,无生死之忧,无祸福之患,无美丑之分,才能成为"真人",而臻入最美好的大化境界。

在《则阳》篇中,庄子借美为喻,说明"循性而行"的道理:

> 忧乎知而所行恒无几时,其有止也若之何? 生而美者,人与之鉴,不告则不知其美于人也。若知之,若不知之,若闻之,若不闻之,其可喜也终无已,人之好之亦无已,性也。

庄子认为,做人都担心有"知"之后而不能持之以恒地"行",也就是担心言行不能一致;但是,言行是不可有停止的,该怎么办呢? 就比如说:一个人生出来就很美,即使是别人拿镜子给他照看自己,如果别人不告诉他很美,那么他也不知道自己是比别人美。"若知之,若不知之,若闻之,若不闻之,其可喜也终无已,人之好之亦无已,性也",即人的本性是不知美丑善恶的,但是一旦有了喜好之心,就会丧失自己的本性。这也说明人有"知"不如"若知若不知",是要不得的。

在《天下》篇中,庄子总结了先秦时期各家各派的思想特色,也表达了自己一生的审美志向和理想:

> 芴漠无形,变化无常,死与生与! 天地并与! 神明往与! 芒乎何之? 忽乎何适? 万物毕罗,莫足以归,古之道术有在于是者。庄周闻其风而悦之。以谬悠之说,荒唐之言,无端崖之辞,时恣纵而不傥,不以觭见之也。

以天下为沉浊,不可与庄语;以卮言为曼衍,以重言为真,以寓言为广。独
与天地精神往来,而不敖倪于万物,不谴是非,以与世俗处。

从时间的角度出发,庄子发现这个宇宙世界是独一无二而寂寞无形的,所有
的变化都是那么微妙莫测,没有一样事物是永恒不变的,死亡与出生是一样
的,天地与人是一体的,神与明交往而不知所适,来去匆匆而无影无踪,万象
万物包罗其中而又没有固定的归属,而古代的道术就蕴藏其中。于是他从中
获得真正的"智慧",得到极大的快乐,而以谬悠的辞说,荒唐的语言,无端崖
的文辞,无拘无束地恣纵于没有时空概念限制的领域,而不表现出任何固定
的偏见和倾向。"以天下为沉浊,不可与庄语;以卮言为曼衍,以重言为真,以
寓言为广",独自与天地精神往来,而不傲视和轻视万物,不分辨是非,以最佳
心态与世俗和谐相处。可见,庄子已经达到了他所追求的审美理想境界——
无为而无不为,逍遥至乐。所以说,庄子的时间观与审美观已经达到高度的
统一。

结　论

在笔者看来,要理解《庄子》审美观的思想根源,离不开对《老子》思想的深
入探讨;而要理解《庄子》审美观的主要特质,最关键的就是要理解庄子"以道观
之"、"道无终始"的时间观。《庄子》从道的角度,沿循历史的线索发现时间一直
存在"道"中,发现"道"无所不在,处处是道,样样是道,自己也是道。于是,认为
无须追求"道",让自己之"道"自然而然。主张一切都是道,都与时间同步,没有
高下贵贱之分,都是平等的,安时处顺,自然坐忘,不谴是非,独与天地精神往
来。因此,以"自然"为审美标准,以"自在"为审美原则,以"自乐"为审美手段,
以"自由"为审美理想。与《老子》有所不同的是,庄子认为人与"道"是合一的,
故追求"独道"而"得道";知道已拥有全部的时间,希望摆脱人为(文)时间或生
命时间概念的困扰;向往自由自在的幸福快乐,而不是生命体的天长地久,反而

是一种向死而生的精神超越。从某种意义上看,《庄子》总体上的审美思想可以说是对世俗审美方法、思维、观念的超越,也可以说明显是反审美的。

主要参考文献:

王先谦《庄子集解》,中华书局 1987 年版。

王先谦集解,方勇导读、整理《庄子》,上海古籍出版社 2009 年版。

郭庆藩著、王孝鱼点校《庄子集释》,中华书局 1961 年版。

曹础基《庄子浅注》,中华书局 2000 年版。

王叔岷《庄子校诠》,"中央研究院"历史语言研究所专刊之八十八,1988 年版。

王凯《逍遥游:庄子美学的现代阐释》,武汉大学出版社 2000 年版。

包兆会《庄子生存论美学研究》,南京大学出版社 2004 年版。

董小蕙《庄子思想之美学意义》,台湾学生书局 1993 年版。

西方美学与文论研究

一个值得重新探讨的定义

——关于典型环境和典型人物关系的疑义

徐俊西

长期以来,人们都把恩格斯在评价哈克纳斯的中篇小说《城市姑娘》时所说的一句话,即"据我看来,现实主义的意思是,除细节的真实外,还要真实地再现典型环境中的典型人物。"(《恩格斯致玛·哈克纳斯》。以下引文凡未注明出处的,均见此),作为评价一切文学作品的经典定义,并认为这是现实主义理论的一次革命性的变革。然而在实际上,无论是恩格斯的论述本身或是对它的理解和运用,都有进一步探讨的必要。

一、《城市姑娘》的问题在哪里

《城市姑娘》是英国 19 世纪 80 年代具有"社会主义倾向"的女作家玛尔加丽塔·哈克纳斯的第一部中篇小说。正如恩格斯所说,它描写的是一个"无产阶级姑娘被资产阶级男人所勾引"的"老而又老的故事"。恩格斯在肯定它用"简单朴素、不加修饰的手法"表现了"现实主义的真实性"的同时,认为它的主要缺点就是未能"真实地再现典型环境中的典型人物"。恩格斯把这句话的意思具体表述为:

　　……您的人物,就他们本身而言,是够典型的;但是环绕着这些人物并促使他们行动的环境,也许就不是那样典型了。在《城市姑娘》里,工人阶级是以消极群众的形象出现的,他们不能自助,甚至没有表现出(作出)任何企图自助的努力。想使这样的工人阶级摆脱其贫困而麻木的处境的一切企图都来自外面,来自上面。如果这是对 1800 年或 1810 年,即圣西门和罗伯特·欧文的时代的正确描写,那末,在 1887 年,在一个有幸参加了战斗无产阶级的大部分斗争差不多五十年之久的人看来,这就不可能是正确的了。

这就是说,《城市姑娘》的主要问题是因为它在 19 世纪 80 年代还把工人阶级作为"消极群众的形象"来描写,因而就不可能是"充分典型"和"正确的"。

我们今天应该如何看待恩格斯对《城市姑娘》的这一批评呢? 如果从作品的实际出发,我们认为这种批评是欠准确和公正的。因为第一,在现实生活中不仅是 19 世纪 80 年代的工人阶级中存在着"消极群众的形象",即使在 20 世纪 80 年代的今天,工人阶级中也仍然存在着"消极群众的形象"。作为现实生活真实反映的文艺作品,描写这些"消极群众的形象"为什么就不可能是典型的和正确的呢? 第二,耐丽作为恩格斯所曾经说过的"这一个"的独特的典型人物,她应该成为"一定的阶级和倾向的代表"(《恩格斯致斐迪南·拉萨尔》),但却并不一定非要成为 19 世纪 80 年代工人阶级积极的、革命倾向的代表。因此,把耐丽描写成"消极群众的形象",也并不等于就是把当时整个英国工人阶级都描写成了"消极的群众"。

有些同志说,恩格斯的意思并不是说文艺作品不可以描写工人阶级中的消极群众,而是因为《城市姑娘》的作者没有明确把耐丽作为工人阶级的消极群众来描写,因此就使人把她看成是一般工人阶级的代表了,而一般工人阶级在当时是进行着自觉或半自觉的革命斗争的。这种解释也是没有说服力的。看过《城市姑娘》的同志都知道,哈克纳斯笔下的耐丽不仅不是作为工人阶级的"一般"(?)代表来描写的,而且她压根儿就不能算作正式的"工人阶级"。——她只是不定期地从一家小裁缝铺的刻毒的老板娘那里领些零活拿回家去做的"外包工"和"临时工"。我们从作品中可以看到,"她的理想"就是要把自己"打扮得跟贵妇人一模一样",她最羡慕的、一意摹仿的对象就是伦敦西头的那些女东家,"靠在沙发上看看小说,拿起小勺一口一口喝着咖啡,有人侍候她穿皮鞋,脱皮鞋"。她不仅"对政治一窍不通",而且还是一个虔诚的天主教徒。所有这些,除了再在她身上贴上政治标签以外,还要怎样才算是"明确地"把她作为一个"消极群众的形象"来描写呢?

这样说是不是《城市姑娘》就没有缺点和问题了呢?也不是。我们认为这部小说在思想倾向上确实存在着明显的缺点和错误。但它的缺点和错误不在于它描写了一个不觉悟的、消极的群众形象,而在于它和过去一切批判现实主义的作品一样,对拯救人类命运的道路和方法开出了错误的、有害的"药方":把主人公耐丽的得救写成是"来自上面"的资产阶级宗教慈善团体"救世军"的援救和"来自外面"的资产阶级绅士的良心发现,从而在"战斗无产阶级"进行了"差不多五十年"之久的斗争的革命时代,散布了对于资产阶级虚伪的改良主义和人道主义的"传统幻想",而不是像恩格斯对于具有社会主义倾向的小说所要求的那样:"通过对现实关系的真实描写,来打破关于这些关系的流行的传统幻想,动摇资产阶级世界的乐观主义,不可避免地引起对于现存事物的永世长存的怀疑"(《恩格斯致敏·考茨基》)。然而这一切,和作品中的主人公是"消极形象"还是"积极形象"是并无必然联系的。在这里,我们认为关键问题仍在于怎么写,而不在于写什么。

二、关于"典型环境"和"典型人物"

撇开对《城市姑娘》的具体评价不谈,单从文艺作品中人物和环境的一般关系来看,对于如何理解"真实地再现典型环境中的典型人物"这一问题,也有许多需要进一步研究和探讨的地方。

首先,究竟什么样的环境才能算是"典型环境"?

很久以来,人们不无根据地从恩格斯给哈克纳斯的这封信中得出了这样一种认识,即只有当"环绕着这些人物并促使他们行动的环境"能够直接反映出时代的主流和社会力量的本质,才能算得上是"典型环境",否则就不算。例如在19世纪80年代,只有反映"工人阶级对他们四周的压迫环境所进行的叛逆的反抗",才能算是正确反映了这种"主流"和"本质"的典型环境,而像《城市姑娘》中所描写的伦敦东头工人群众的"不能自助"的消极落后的环境,则不能算是"典型环境"了。我们知道,这种在典型问题上的"主流论"或"本质论"的观点在我国文艺界是很有影响的,究其原因,恐怕不能不说是和恩格斯的上述观点有关。

在文艺作品中,环绕着人物并促使他们行动的具体的、各别的"小环境"和整个时代社会生活的"大环境"的关系只能是个别和一般,个性和共性的辩证统一的关系。"任何个别(不论怎样)都是一般,任何一般都是个别的(一部分,或一方面,或本质)。"(列宁:《谈谈辩证法问题》)。这就是说,任何个别的环境,"不论怎样"都是整个社会生活和时代潮流的这样或那样的反映(包括本质的反映)。所不同的,只是反映的方面和形式不同罢了。如有的反映了事物本质的主导的、积极的方面,有的则反映了非主导的、消极的方面;有的是以和事物本质相一致的"真象"的形式表现出来的,有的则是以和本质不相一致的"假象"的形式表现出来的。但不论怎样,只要真实地、正确地反映出事物的固有特征和内在联系,就能在不同程度上揭示事物的本质或本质的某些方面,就具有一定的典型性。因此我们不能认为只有表现正面力量和生活主流的文艺作品才能揭示社会生活的本质,才具有典型意义;而描写消极现象和生活支流的作品就不能揭示社会生活的本质,因而就不具有典型意义。这里的问题仍然是怎么写,而不在于写什么:文艺作品不管反映什么样的生活事件和社会环境,只要它能准确地表现出事物的个性特征和它在社会矛盾中所处的特殊地位,从而帮助人们正确地认识各种纷纭繁杂的生活现象的实际价值和发展趋势,而不致使人们把支流当成主流,假象当成真象,这样就能在一定程度上揭示出社会生活的本质真实,达到典型化的要求。

其次，关于典型人物和典型环境的关系问题。

恩格斯在批评《城市姑娘》时曾经说过："您的人物，就他们本身而言，是够典型的；但是环绕着这些人物并促使他们行动的环境，也许就不是那样典型了。"因此有些同志就据此得出结论说，充分的和不充分的现实主义的区别只有一条："一个描绘出了'典型环境中的典型人物'，另一个刻画出来的则是非典型环境中的典型人物。"并认为"在不充分的现实主义作品里，就其描写的范围而言，人物性格可能是典型的，甚至是充分典型的，但是促使或者造成人物性格活动的那个环境，则绝不可能具有典型性"（程代熙：《文艺问题论稿》）。

这里就产生了这样一个问题：在文学作品中，人物与环境的关系究竟如何？难道不是相互依存，而是可以分割的吗？是不是可以在不典型的环境描写中塑造出典型人物来呢？

也许有人会说，恩格斯肯定耐丽是"典型人物"是就作品"所描写的范围而言"，如果从整个时代和社会生活的范围来看，那就和促使她行动的环境一样，"也许就不是那样典型了"。因此恩格斯并没有否定具体作品中人物和环境的一致性。

倘若这样，那就又产生了另外一个问题：衡量文艺作品中人物的典型性和环境的典型性是否应该有两种不同的标准呢？作品中的人物如果只在自己"所描写的范围"内才是典型的，而在一定时代和社会生活中则不具有普遍性和典型性，那末这样的人物形象难道能够叫做真正的"典型人物"吗？因此我们认为在评价一部具体的文学作品时，没有理由、也没有必要去把其中的人物和环境的关系机械地分割开来，对立起来，从而陷入既要肯定其人物，又要否定其环境的矛盾境地。

三、实践的检验和应有的结论

综上所述，我们认为恩格斯这封信的主要目的是对一个作家的具体创作发表自己的意见。他的意见带有鼓励和希望的意思。他并不是在为现实主义下一个严格的科学定义。因此,我们在引用时必须注意如下两点:

第一,作为无产阶级的革命导师和唯物史观的创始人之一,恩格斯针对过去长期以来无产阶级和劳动人民被剥夺了在文化上应有的地位和权利这一极不合理的现象,要求当时一些具有社会主义倾向的作家作品努力表现工人阶级的积极形象,使他们为谋求"做人的地位"的斗争生活能在"现实主义领域内占有自己的地位",这是完全正确的和必要的。关于这一点,恩格斯在谈到文艺问题的其他论述中还多次强调过。如恩格斯早在19世纪40年代,就要求无产阶级文艺要"歌颂倔强的、叱咤风云的和革命的无产者"(恩格斯:《诗歌和散文中的德国社会主义》),并把作品中的主人公从"国王和王子"变为"穷人和受轻视的阶级",看成是"小说的性质方面发生了一个彻底的革命"(恩格斯:《大陆上的运动》)。这些对于我们今天的文艺创作来说,仍然具有指导意义。但是如果不从具体的历史条件和文艺创作的实际出发,把对于无产阶级文艺的这一合理要求变成衡量一切文艺作品的唯一标准,要求每个典型人物都要成为正面的、社会力量本质的反映,那就必然会导致一个时代、一个阶级只能有一种典型人物的简单化、公式化的倾向。应该承认,这种倾向直到今天在我国文艺界仍然是很有影响的。例如每当那些揭露社会主义阴暗面和描写"消极群众"形象的文艺作品一出现,我们就总会听到这样的责难:我们工人阶级难道是这样的吗?这不是对革命干部形象的丑化和歪曲吗?这难道能够正确揭示社会主义现实生活的本质和主流?凡此种种,都是从典型人物=阶级的代表=社会力量的本质=时代的主流这一套公式来的。这套公式不破除,人物形象的个性化、多样化就很难实现。

第二,如前所说,把典型人物和典型环境的关系割裂开来甚至对立起来以后,往往就会使人们对于"真实地再现典型环境中的典型人物"作出这样的理解,似乎文艺创作不是首先努力去发现和创造独特的、富有个性特征的典型人物,并通过对这些活生生的人物之间"现实关系的真实描写"来构成同样独特的、富有个性特征的典型环境；而是相反，首先要研究和规定代表一定阶级、时代的主流和本质的"典型环境"，然后再设计出适合于镶嵌在这个统一规格的"典型环境"镜框里的"典型人物"的肖像。很明显，这种按图索骥式的"典型化"方法除了把人们引入恩格斯所竭力反对过的作为"时代精神单纯的传声筒"的"席勒化"的歧途以外，是不会有别的什么结果的。黑格尔老人曾经指出："每个人都是一个整体，本身就是一个世界。"（《美学》第一卷）这就是说，作为"社会关系总和"的每一个人的性格特征都是由千丝万缕的人与人之间的关系造成的。只要我们对现实关系有深刻的理解，并把这种理解溶铸于个别的、血肉生动的典型人物的塑造，就必然会通过对他们和周围人物关系的真实描写构成特定的、富有时代特征和阶级特征的典型环境。因此那种认为只有把"典型人物"安排在事先规定好的"典型环境"的现成框子中才能塑造得好的说法，是不符合通过个别反映一般的典型化的艺术规律的。

总之，我们认为《恩格斯致玛·哈克纳斯》的这封信作为 1932 年从恩格斯的遗稿中发现的一份不完全的草稿，其中有些观点和论述并不具有科学定义的性质，因而如果作为定义来使用，显然有不完善之处。关于这一点，过去有些同志曾经想从译文上来求得解决。如"典型环境中的典型人物"起初被译成"典型环境中的典型性格"，最近又有同志认为"除细节的真实外，还要真实地再现典型环境中的典型人物"这句话按照英文原文应该改译成"除了细节的真实外，还要有典型环境下的典型人物的再现的真实"。由此可见，人们对于把恩格斯的这段论述作为定义，历来存在着疑义，因而我们认为现在有必要重新提出来加以研究和讨论。

原载《上海文学》1981 年第 1 期

再 论 共 同 美

邱明正

关于共同美的讨论已经开展两年多了。这种讨论有助于从具体到一般,进一步弄清美的本质,美感的性质。美的创造与发展等问题;也有助于从一般到具体,进一步弄清艺术的社会功能,共鸣现象,艺术遗产的批判、继承、革新以及中外艺术交流等问题,对于美学和社会主义文艺的发展都具有推动作用。在讨论中,对于在一定条件下不同阶级之间存在着共同的美感,看法已经渐趋一致,根本否定共同美感的主张看来不是很多了。但是对于在审美对象的客体之中是否客观存在着共同的美,客观存在着被不同时代、不同阶级的人所共同赞美的事物,以及在审美主体方面是否客观存在着某些共同的审美需要、审美观点和审美能力等等,却涉及不多,而且还有一些不同意见。本文想就这些方面谈一些看法。

一

我们知道,美是客观存在的,不管人的意识对它的审美评价如何,它总是一种客观存在,具有客观性。同时,美又是人的本质的对象化,体现了人的本质力量,具有社会性。但是,所谓美是人的本质的对象化,并不仅仅指美只有对人才存在,只有体现了人的美好素质,体现了人的本质力量才存在,还包括美客观存在于对象之中,总要依附于一定的具有美的特性的具体形象的事物——审美客体,并凭借这些客体的美的物质属性诉诸人的感官和意识,从而才使美成为人的审美对象,被人所感知。这就是说美既具有社会属性,又具有自然属性或物质属性,美是自然属性或物质属性与社会属性的统一。

马克思曾经指出:"一切对象对于人都成为人自身的对象化","这些对象对于他如何成为他的对象,这取决于对象的本性以及与它相适应的本质力量的本性……"①这里所说的"对象的本性"既包括对象的社会属性,使对象体现了人的本质力量,具有了社会内容;又包括对象的自然属性或物质属性。作为人的本质的对象化的美也是如此,只有当事物的自然属性或物质属性与社会属性统一起来,并与人的本质力量相适应,这些事物才能成为人的审美对象,体现出人的本质力量,使人在对象中看到自己。

美的自然属性或物质属性是自然生成的或经人改造过的物质材料所固有的属性,它本身并没有鲜明的社会内容,更不处处渗透着阶级意识,因而它使事物的美具有十分宽广的共同性。所以,美的自然属性或物质属性是构成美,也是构成共同美的物质基础。

许多自然物为什么能够成为不同阶级共同的审美对象?难道仅仅因为人赋予它一定的社会内容吗?显然不是!而是在于它的质地、性能与社会功利目的的统一,并且首先在于对象本身就客观具备着美的自然属性,如质地、性能以及形状、色泽、音响的和谐、丰富、运动、变幻、多样统一等美的自然素质,而这些美的自然素质并不和这一阶级或那一阶级审美理想相径庭,因此有可能引起不同阶级人们的感情激荡,引起共同美感。自然美是人化的自然,具有一定的社会内容,但在多数情况下往往表现为自然美与人类社会的关系体现了人类征服自然的愿望,使人通过想象、联想,从中看到了自己的本质力量,从而娱耳悦目,心旷神怡,而不是处处都表现为阶级与阶级关系。所以人化的自然并不能简单

---

① 马克思《1844 年经济学—哲学手稿》。

地归结为阶级化的自然。同时，某一阶级可能占有某些自然物，却并不能独占自然的美。当人们感受自然美时，既可能反映出不同阶级的美感差异性，又可能反映出某些共同性，正如车尔尼雪夫斯基所说："单是有教养者所喜爱而普通人却认为不好的风景，是没有的。"①此外，即使是不同阶级的人对自然美的审美评价存在着差异性，也只是美感的差异，它并不能改变自然美本身的客观性、因而也不能完全排斥自然美客观存在的阶级共性。

马克思指出：金银作为矿物，"它们的美学属性使它们成为满足奢侈、装饰、华丽、炫耀等需要的天然材料……它们可以说表现为从地下世界发掘出来的天然的光芒，银反射出一切光线的自然的混合，金则专门反射出最强的色彩红色。而色彩的感觉是一般美感中最大众化的形式"②。这里既肯定了金银的美的社会属性——人赋予金银的美以社会内容，成为奢侈、装饰、华丽、炫耀的自然材料；又肯定了金银的美的自然属性——天然的光芒。如果作为自然矿物的金银没有这种客观存在的美的自然属性，就不会成为人的审美对象，也就不会引起人的美感。当人们感受到金银的美的时候，既可能与富有、等级等社会观念相联系，又可能只是感受到它们的色彩的美。这就是说，人们在审美过程中可能部分地改变自然美的社会内容，却不能完全改变它的美；如果把金银作为财富、等级差异的象征，作为货币投入社会流通，不同阶级对它会有不同的审美感受，表现出美感的差异性，但是如果把它作为金属矿物，它那客观存在的天然的光芒无论是剥削者还是劳动者都可以用它来作为美化生活的物质材料。所以，金银的美是它的自然属性与社会属性的统一，人们对它们的审美感受的共同性，正是这种客观存在的共同美的反映。金银的美是如此，飞禽走兽、花草树木、山峦峭壁、行云流水以至人体美也是如此。

---

① 车尔尼雪夫斯基《美学论文选》。
② 马克思《政治经济学批判》。

二

　　美有客观性,同时又离不开审美主体的能动性和创造性。美应是客体与主体的统一或融合一致。这种统一不是像有些同志所认为的统一于主体,统一于人的主观,更不是被人的先验的主观意识所决定,而是客体作用于人的主体,统一于人的社会实践,使主体发挥能动性而与客体融合一致。因此,探讨共同美还必须从审美主体——人的本性去寻找它产生的原因。

　　美具有社会性,体现了人的本质力量和人性的丰富性。在阶级社会里,人的本质、人性因社会实践的不同而客观上存在着阶级的差异性,因此人所认识和创造的美在客观上也常常带有阶级的差异性,尤其是渗透着人的社会意识的精神产品的美,更是打上了阶级的印记。在不同阶级之间不仅存在着不同的美感,而且存在着不同的美。

　　但是,美的社会性并不能仅仅归结为阶级性,因为审美主体——人、人性、人的本质并不能仅仅归结为阶级性或阶级的素质,而人的实践也不是在任何情况下都处于阶级对立的状态。

　　社会是以共同的物质生产活动为基础而相互联系的人们的总体,而人是社会关系的总和。在这种复杂的社会关系中,虽然包括了人与人之间的阶级关系,但是也有某些并不处处都带阶级内容或阶级对立的血缘关系,亲朋关系,性爱关系,人与人之间在改造客观世界过程中所结成的合作关系等等。人的本质是人的智慧能力、思想、情感、性格、品质的总和,是人区别于动物的本质特征。人性是区别于动物性的具有思维能力,创造能力,对于客观世界能够发挥自己的主观能动性的人的社会特性,体现了人的体力和智力的全面发展。马克思曾经指出:人性除了"在每个时代历史地发生了变化的人的本性",即"异化"了的打上了阶级烙印的人的本性外,还有"人的一般本性"①,即人区别于动物性的某

　　————————

　　① 马克思《资本论》第一卷。

些共同的社会属性,如人对生存、发展的共同要求,对自由、幸福、情爱的渴望,对个性解放、摆脱无端束缚,充分发挥自己在改造客观世界中的主观能动性、创造性的要求等等。尽管不同阶级为达到这些要求所采取的手段常常各不相同,但是这些要求和愿望是共同的,手段也常有共同性。因此人性既有阶级差异性,又有共同性,而体现了人的本质力量、具有社会性的美,也客观具备着共同性。

同时,我们还要看到,在阶级社会里,即使是人的阶级素质,也不是在任何情况下都是截然对立、完全排斥、毫无共同之处的。在阶级社会里,不同阶级既有着由不同经济地位决定的不同的阶级利益,并由此形成不同的乃至对立的人性、人的本质,又存在着许多共同的要求。因为它们之间不是相互隔绝,而是相互联系、相互影响的,在一定条件下共同从事着改造自然、改造社会的斗争。不同的阶级的人不仅有着共同的感觉器官,生理机能,某些共同的创造能力,而且有着改造自然、改造社会的某些共同愿望,在一定条件下还可能出现政治的、经济的、文化的某些共同利益,以及思想感情的某些一致性、共同性。所以,即使在不同阶级的阶级性中,也在一定条件下存在着一致性、共同性。这就为共同美提供了现实的客观基础。美既有阶级性的一面,又有非阶级性的一面;既有阶级差异性、斗争性的一面,又有共同性、一致性的一面。

美是人类社会实践的产物,而人类的社会实践是能动地改造自然和改造社会的活动,包括生产斗争、阶级斗争、科学实验等等。由于不同时代、不同阶级的这种社会实践具有历史发展阶段性和阶级差异性,因此不同时代、不同阶级的人在实践中所认识和创造的美也存在着差异性。但是,人类的社会实践又有其历史的延续性和继承性,后人改造自然、改造社会的实践总是在前人的实践的基础上向前发展,后人的创造总是在直接碰到的、既定的、从过去承继下来的条件下进行,并不因自己处在较高的实践阶段而完全否定前人的实践经验和实践成果;同时,在一定条件下,人与人、阶级与阶级之间的社会实践是在某些共同的物质基础和客观环境中进行的,存在着相对的、局部的共同性,这种共同性不仅显著地、普遍地存在于生产斗争和科学实验中,而且也部分地存在于阶级斗争的实践中,因而使不同社会形态的人和同一社会形态中不同阶级的人在社会属性上、心理上具有某些共同性。因此,作为人类社会实践的产物的美和美感就在客观上具有了相对的稳定性、自身的继承性和局部的共同性,而且美和美感比较起来,由于它是一种客观存在,并不随着单个人的主观意识为转移,因此具有更大的稳定性、继承性和共同性。一个阶级所认识、肯定和创造的美,只要符合美的客观规律,就可能被别的时代、别的阶级所认识、肯定和继承。

在历史上常常出现这样一些情况:有时不同阶级由于同处于一个时代,面临着共同的社会矛盾,如民族矛盾、与共同的敌对阶级的矛盾等等,于是产生了维护民族独立、改革社会制度的共同的政治经济利益和要求;有时有些阶级虽然有着不同的政治经济利益,却同处于推动社会前进的历史地位,有可能出现要求进步、反对倒退的共同的社会要求,遵循着某些共同的斗争规律,后一阶级甚至还可以借鉴前一阶级改革社会的某些历史经验;有时有些阶级如封建阶级或资产阶级已经没落了,但是其中有的阶层、社会集团或政治派别、思想派别,由于多种社会的或个人的原因,却有可能和进步的阶级有着某些共同的社会要求……正是这些共同性使不同时代、不同阶级的人有可能追求、发现甚至创造出局部的共同的美和共同赞美的事物。

共同美表现于自然中,这是显而易见的。对于社会物质产品的美,共同性也是大量存在着。雄伟壮丽的天安门城楼,匠心独运的赵州桥,蜿蜒起伏的万里长城,建造已千百年,经历了几个不同的社会形态,可是无论对封建阶级、资产阶级还是无产阶级来说,它们都是美的。人造卫星、宇宙飞船、电气火车、现代建筑和一些具有美学价值的日常生活用品,只要用于正义事业,没有对审美主体造成危害,对于各个阶级来说,它也是美的。这些物质产品虽然产生于某一时代、某一民族,并为某一阶级的人所设计和创造,渗透着创造者的功利目的和审美观,当人们对它进行审美评价时,也会渗入不同的阶级内容,可是由于这些东西体现了人的某些共同的本质力量,体现了人类改造自然、征服自然、改造社会的智慧和创造力,并且具有美化生活、对人类有益以及形式美与适用性相统一等美的素质,因此它的美在客观上具有稳定性、继承性,具有不同程度的全人类性和永久性。

艺术美在客观上是不是也具有这种相对的稳定性、继承性和共同性呢?我认为:也有!可以说艺术作品凡是符合艺术美的规律,如运用形象思维塑造了血肉丰满、栩栩如生的艺术形象,通过个别反映了一般,真实而深刻地揭示了社会生活的某些本质方面,展示了人性、人情中的美好的东西,将进步的思想内容与尽可能完美的艺术形式统一起来,具有艺术的独创性和丰富性,就有可能具有共同美的因素,从而使不同时代,不同阶级、阶层、集团的人产生某些共同的审美感受。

从艺术的内容美来说,共同性表现在很多方面,如深刻揭露了社会黑暗势力的腐朽、残暴,对人民的疾苦表示了同情;反映了人们为社会进步所作的斗争,赞美了坚强不屈的斗争精神;喊出了洗雪国耻、反对侵略的呼声,表现了热爱祖国、热爱和平的高尚情操;讴歌了人与自然的奋战,表现了人定胜天的思想;形象地表现了特定的富有启发性的生活感受、人生哲理;真实地描绘了自然风光的美……由于它揭示了历史的真实,生活的真实,表现了人性的某些共同性,揭示了人性美、人情美、人格美,或将自然人化,体现了人的某些共有的本质力量,因此有可能突破它那所属的阶级的局限,经受得起时间和空间的变迁,使之不仅属于过去,而且属于现在和将来,不仅属于某一民族,某一地域,而且属于广大的空间,属于全人类,具有不朽的美学价值,从而引起不同时代、不同民族、不同阶级的人的共鸣。如果一概否认这种具有相对稳定性、继承性和共同性的美,势必否认过去时代产生的优秀艺术遗产和当今有价值的非无产阶级艺术仍然可以发挥其认识作用、教育作用和审美作用;否认无产阶级艺术可以被其他阶级所接受,所欣赏,这就违背了艺术发展、艺术交流、艺术创作和鉴赏的客观规律,在实践上也是极其有害的。

艺术形式的共同美更为普遍。艺术形式是艺术内容的组织方式和表现手段,它本身并不就是思想,并且是由各个阶级在长期的艺术实践中不断创造、加工、丰富、发展而逐渐积累起来的,所以艺术形式或本身并没有阶级性。它适应着人们共同的心理的乃至生理的节奏,使人产生协调、和谐的快感和美感,本身也没有鲜明强烈的社会内容,而且艺术形式美的规律如比例、平衡、对称、宾主、节奏、虚实、奇正、参差、多样统一,等等,并不是由某一阶级所创造并被这一阶级所独占,而是由各个阶级所共同发现和加以运用的。同时,艺术的形式美对于艺术的内容美还有相对的独立性。如建筑艺术、实用艺术中的造型、色泽、线条的美,美术中的色彩、构图的美,音乐中的节奏、旋律的美,文学中的语言、结构的美,戏曲中的程式美等等,对不同时代、不同阶级就有很大的共同性。有的作品并没有鲜明强烈的思想内容,却有独特的形式美,如图案、花边的美,以及有些表现自然物的玉雕、牙雕的形式美等等。在任何一个阶级的艺术创造中,其作品如果符合形式美的规律,这种形式美就可能有共同性和超时代性,就可能为其他阶级的人产生共同的美感提供客观的前提。这种形式美与内容美比较起来,还具有更大的稳定性、继承性和共同性。剥削阶级和劳动人民创造的形式美不是常常互相吸收和运用吗?

美是客观存在的,美的相对稳定性、继承性和共同性也是客观存在的。所以,随着人类社会实践的发展,美的创造能力的发展,共同美也将愈来愈丰富,愈来愈多样。

从上述可以看出,正因为在自然界和社会生活中客观存在着共同美,所以不同阶级才会对于同一事物产生共同的美感;也正因为客观存在着这种共同美和共同美的事物,所以不仅以往剥削阶级和劳动人民所创造的物质财富和精神财富的美可以部分地被今天的无产阶级所接受,而且今天无产阶级所创造的美也可以部分地被其他阶级所接受,并通过这种美的享受和熏陶,去潜移默化地感染和改造其他阶级的人们,发挥美净化人们心灵的社会功能。当然,这种共同美不是无条件的同、完全的同、绝对的同,而是在一定条件下产生的相对的同、局部的同,正如美的差异性也不是无条件的异、完全的异、绝对的异一样。

同和异是辩证的统一。我们绝不能将客观世界万事万物的美机械地截然分为两部分,一部分事物只具美的差异性,就绝对不能同,另一部分事物只具美的共同性,就绝对没有异。在阶级社会里,美有差异性,又有共同性,是有同有异,同中有异,异中有同,呈现出十分复杂的状态。我们既不能因肯定同而否定异,也不必因肯定异而否定同。

1978 年 5 月初稿

1980 年 11 月修改

原载《复旦学报(社会科学版)》1981 年第 2 期

结庐在人境，我手写我心

戴厚英

读着催稿信（他一再表明：不是催，只是问），我脸红了。两个多月的时间写不出一篇谈自己文学观的文章来，无论怎么说，都难以交待。

不是不认真，撕碎的那一堆稿纸可以作证。

实实在在，突然之间，我觉得自己没有什么文学观可谈。

按说，自己死乞白赖地挤在作家的队伍里也六、七个年头了，好也罢，坏也罢，功也罢，过也罢，也留下了那么一点印成铅字的东西。而且写过一本虽也引人注意、但却不受欢迎的《人啊，人!》，还有一篇被称作"宣言"的《人啊，人!》后记。怎么会连一个文学观也没有呢？

就是没有。

不是先想好了文学观才动笔写作的。在开始写小说之前，脑子里也装过一些"文学观"，而且有的还被我忠实地信奉了一阵子，可是，那种"观"却与我写小说毫无关系。

我要写小说！这愿望来得突然而强烈，根本来不及用什么"观"去衡量得失利害。只觉得心里有话要说，不说不快。说了以后会得到什么，也没有认真想过；或者，是想得到一点理解吧！自以为，自己想说的，别人大概也想说。但在彼此觉得陌生又互有戒备的时候，都不肯直说。总要有人抛出一块砖头。抛砖引玉者未必有得玉之野心。砖玉石子，都是供别人观赏或拣拾的。

没想到，我抛出的一块砖头引来了无数砖头。而且都是明明白白地对于我的馈赠。几年来，一波未平，一波又起。我困惑不解，诚惶诚恐，好像一个刚刚从黑暗中出来的人突然置身于刺目的聚光灯下，要扮演一个不知属于正面还是反面的角色，一举一动都特别别扭。

子曰："攻乎异端，斯害己也。"作为"异端"而被攻，又何尝不是害己呢？我多么想从"异端"走出来，找一个避风挡雨的地方啊！而且，眼前飘摇的既有大旗又有虎皮，足可以包藏我的卑微的身躯。然而耳边又常常响起另一个"子曰"："君子和而不同，小人同而不和。"我也明白，如今已不是"子曰"的时代，"不同"与"和"早已形同水火。党同伐异才是正道。可是，我还是想遵循这一条"子曰"。自己没有弄明白的道理，还是不苟同不附和为好。即便最终也作不成"君子"反成为"小人"呢！好在，我只是一介书生，无权无势，不可能像宋朝的那个杨亿，"欲以文章为宗于天下，忧天下未信己之道，于是盲天下人目，聋天下人耳"，俟"异端"之道灭，"乃发其盲，开其聋，使天下唯见己之道，莫知其他"（石介：《怪说中》）。我只是一滴水珠，渴望悄悄地流入江河，或者浸没于泥土，耗为空虚。

于是，我请朋友为我刻了两枚闲章："结庐在人境"，"我手写我心"。这是不是就算有了文学观了呢？实在也说不清。

"结庐在人境"，这是从陶渊明的诗中偷来的，但反其意而用之。陶诗的原意是要身在人境而心离人境，达到"而无车马喧"、"心远地自偏"的境界。而我，却要实实在在地生活在人境之中，在人境中讨欢乐，寻烦恼，探究人生和文学的奥秘。

我觉得，离开了人境，实在也作不出什么文学来。自己提笔写小说，还不是从真正体味到一点人境的酸甜苦辣开始的？借笔端传达自己所体味到的人生的滋味儿，这大概是文学之所以被称作"人学"的第一层含义吧？

写到这里，我想起自己小时候装了满脑袋的儿歌来，那里显示了多么丰富而深刻的人生滋味儿啊！

夜晚,妈妈带着孩子坐在院子里,观望着寥廓的星空,寻找着代表自己的星星。忽然拉起孩子的小手,摇晃着身躯唱起来:

扯个锯,拉棵槐,

槐树底下搭戏台。

人家的槐姐都来看,

俺家的槐姐咋不来?

推个车子去接她,

哭哭啼啼她就来。

俺问槐姐哭啥子?

哭她女婿不成材,

又掷骰子又抹牌。

孩子巴搭着两眼,吃惊地看着妈妈,妈妈为什么哭啦?

那边是奶奶和孙子,在讲着牛郎织女的故事。银河隔开了牛郎织女,他们都变成星星在银河两边闪烁。他们该老了。飞鸟的哀鸣划过寂静的长空,不知道为什么它到现在还无枝可依。老奶奶拉过吓坏了的孙儿,嘎着嗓子唱出一支忧伤的歌:

老鸹嘎,老鸹叫,

老鸹嘴里起白泡。

没人看,没人瞧,

老鸹死了一堆毛。

孙子似懂非懂:"奶奶不老。奶奶生病有人瞧。"

当然,这些歌谣都难登大雅之堂。但是,正因为如此,它们也就更能表现出文学创作的本来意旨来。它们的作者的创作才是完全自由的。喜怒笑骂皆由己,管它什么原理和规矩!

是这些歌谣所体现的文学观在我心里埋下了毒根吗? 我一走上创作道路,就把文学当成了倾吐感情的手段。鼓动我去创作的就是那些五味俱全的人境滋味儿。

而且,我沿着这条路越走越远,简直是不堪救药了。比如,前年春节,我还在故乡参加了一次完全自由地表现感情的创作活动。那是由我的母亲发起的为我弟弟求子的活动。

我们那里的人,对于神明一向抱着并不虔诚但却执着的信仰。人们相信,人间之上是天堂,天堂的最高统帅是玉皇大帝。天堂与人间有着各种各样的联系。灶王爷是玉皇大帝派在各家各户的常驻代表,一年一度回天堂述职汇报。大约是害怕这位爱吃甜食的黑脸大使靠不住吧,玉皇大帝还常常派出各种特使巡察民间疾苦。每年年三十晚上,玉皇大帝更安排了一次大规模的察访活动。他将南天门大开,放出无数神明,让他们去倾听人间的呼声,然后回去汇报,由他酌情处理。母亲求孙子心切,便决定利用这个难得的机会。

那天晚上时辰一到,母亲就带头唱了起来:

> 黑小(子),白小(子),
>
> 都来俺家穿红袄。
>
> 又有褥子又有被,
>
> 又有花妈领你睡。

接着,我和家里的其他人也唱了起来,形成了多声部的小合唱。不一会儿,邻居们也来帮腔,成了大合唱,声音可以直达南天门。弟弟和弟媳嗤嗤地笑,他们不好意思唱,但我相信,他们的心在唱。唱着唱着,我突然想起了社会效果,便加了两句:

> 要来只能来一个,
>
> 多了户口没法报。

母亲反对:"要两个!"好像,一切都真的由我们随心所欲。其实,我们真的相信能唱来孩子吗?开开心罢了。不过,偶然性也是难以排除的。今年暑假我回家的时候,弟媳那里就有了喜讯,果然"来了"。

如果文学对人境的表现仅仅到此为止,那么文学是"人学"的命题也就无甚深意了。

事实并非这样。文学对人境的表现要深刻得多。它不只传达那些仅仅用舌尖一舔就能辨别的滋味,而且能够揭示人们只能用心灵和理智才能体味的人生真谛:矛盾和痛苦。

文学是人类痛苦的呐喊,苦闷的象征,这应该是"文学是人学"这一命题的第二层含义。

我常常一个人犯傻,想知道一直活得痛快的人是怎么想的。在他们的心目中,人生是不是永远是一朵盛开的玫瑰,鲜艳而馨香呢? 在我看来,痛苦似乎是人生的基本色调。这是人的反思能力所带来的必然结果。

能像动物一样活着就好了。吃喝拉撒,传宗接代,别无其他。存在的意义和价值全在干活着,正如马克思所说,动物和它们的生命活动是同一的。

然而,人,除了白痴,谁又能获得动物那样的幸福呢? 人能思考,能把自己的生命活动变成自己意识和意志的对象。他们会把自己和自己这一类的生命活动反复地掂量,思考,要揣度其中的意义和价值,要追求更美更好的生活。这就引出了许多痛苦和烦恼。因为生活在一个复杂的自然和社会环境里,人们必须面对许许多多自己不能主宰和认识的力量。

人们最先也是最经常感到的,是基本生活要求得不到满足的痛苦和烦恼。吃喝拉撒,生儿育女,这是人类的基本需要。然而,自然的阻挠,社会的压抑,以及人类自身不断发展和丰富着的需要,都使得这些基本需求的满足并不容易。有饥寒的煎熬,有爱情的饥渴……而这些,正是文学创作的常见的动机和主题。从诗三百篇到当代文学,表现这种痛苦的作品,不计其数。

记得建国之初,我参加了小学的文艺宣传队,经常用唱歌去宣传革命的意义。其中有一首歌是这样的:

> 地主吃的是鱼和肉呀,
>
> 穷人吃的是窝窝头,
>
> 有时候还吃不够。

哎哟,哎哟!

有时候还吃不够。

地主穿的是绫罗缎呀,

穷人穿的是破布衫,

有时候难以遮羞。

哎哟,哎哟!

有时候难以遮羞。

地主娶妻三五个呀,

穷人的孩子没有老婆,

小孩子哪里会有!

哎哟,哎哟!

到头来落个绝后。

不知道这首歌的作者是不是地主资产阶级人性论的信徒。倘是,这"人性论"的社会效果并不坏。不用生存的矛盾和痛苦去打动人们,还能用什么呢?国际歌的第一句也是"起来,饥寒交迫的人们"。革命的基本目的便是改变人们的存在的基本条件。不这样,没有人拥护你的革命。

人类除了物质需要之外,还有精神需要。需要真善美,需要愉悦、充实、和谐,需要理解、友爱,还需要理想和信念。这些需要的满足更不容易。不但会受到客观世界的阻挠和破坏,还会遇到自己给自己制造的种种矛盾。于是,在人类生活中又有了主观和客观的冲突,灵与肉的冲突。而这,便成为文学创作的又一个基本的动机和主题。

中国古代诗人常常用形与影、心与形的矛盾来表现这种精神的痛苦和对于身心统一、神形和谐的美好追求。"既自以心为形役,奚惆怅而独悲?"陶渊明的这样的诗句,在今天仍有打动人心的力量,原因就在这里。

西方现代派文学,为我国许多正经的人们的不耻。其实认真地研究一下,那里面有不少是表现人类这一基本痛苦的。荒诞的形式下包裹着一颗痛楚的、呻吟的灵魂。卡夫卡的《变形记》就是这样的。要理解这一点,并不需要拜倒在洋人的脚下,面对面地、平等地站着就行了。洋人也是人,虽然不如我们社会中的居民文明、健康、幸福,却与我们有不少基本相通之处。比如,人家也有精神,也有心,也不以物质的满足为最终满足。不然,他们就不会怀着忧伤和憎恶,把自己被损害和扭曲的灵魂从躯壳里掏出来示众了。

此外,人类还面临着另外一种矛盾痛苦,有限与无限的矛盾,死亡与消逝的痛苦。

这是一种更为普遍和深刻的痛苦。因而也是文学创作的更为普遍和深刻的动机和主题。

《庄子》的永久的艺术魅力首先在这里。这位看来消极、颓废的书生,实际上在思考一个十分严峻的问题:有涯追无涯,结果如何?他希望自己能够无视这种痛苦,抹煞生与死的界限,正说明,他对茫茫无限有着十分热切的敬畏和追求。贵为太子的曹丕,在阐述自己从事文学活动的动机时,也说出了这样的意思:功名富贵是短暂的,而文学可以流传千古。

《山海经》里有一个"夸父追日"的故事,夸父竟然想追上日头,终于在日头的身旁渴死。人们惋惜他不自量力,自找毁灭,但也为他这种顽强的精神所感动。因为事实上,我们所有的人都是想追上日头的。与绝症斗争的人们,公园里认真地打着太极拳的奶奶爷爷们,都是自觉不自觉地怀着这种意愿,只是不可能而已。所以夸父是一个悲剧人物,而不是滑稽戏里的小丑。夸父的悲剧也是人类的悲剧。

由"夸父追日",我联想到海明威的《老人与海》。我在它们之间看出了共同的东西。这不是荒唐吧?

在我国,有人曾经讳言人类的这种悲剧。他们认为对人生无常和短促的哀叹是没落的剥削阶级所独有的。所以,一九五九年(?)诗人郭小川偶然望一下星空,发出几声叹息,就招来了一顿批。我看,批他才是真正的主观主义和唯心主义。不错,无数志士仁人可以笑对屠刀,视死如归,但这并不能否认这些人的死亡是悲剧，他们的打动人心的力量也正在这里。如果死对于人们不是一件可怕的事，又何必为英雄的死亡而痛惜呢？古往今来的优秀作品中，有多少关于死亡的动人的描写啊！毫无疑问，这些作品都是没有经过死亡的人写的。他们为什么能写得那么生动感人？就因为人同此心，心同此理。

行文至此，好像涉及文学理论中一个有趣的问题：有没有永恒的主题？这永恒的主题又是什么？我看，答案还是明白的。有永恒的主题。这就是表现人类在实现和改善自己生存条件的斗争中的喜怒哀乐，揭示在这一斗争中所遇到的种种矛盾。有人把它概括为爱与死，也未尝不可。

这也就引出了"文学是人学"的命题的第三层含义：文学创作的最高目的和意旨是为了人的完善和完美。

有人一看见作家描写灾难和痛苦就皱眉头，以为作家是一群破嘴乌鸦。"调子低沉"已成为批评中的套话。我认为，这些人的看法未免太肤浅啦。黑暗与光明，理想与现实，绝望与希望，都是一个铜钱的正反面。之所以能看到黑暗，正因为心里怀着光明。理想由现实中产生。理想与现实的落差，便是痛苦的根源。作家们用各种方法，从各个方面描写和揭示人的痛苦和烦恼，目的只有一个：希望消除这些痛苦和烦恼，从而提高和完善人和人类社会。

从古到今，由中到外，作家们的思想和艺术是千差万别的，所勾画的人类和社会蓝图也是各不相同的。但只要是真正的优秀的作家和作品，都不可能不关系着一个共同的目标——人的解放和完美。而且，也不可能不在通向这个目标的大路上铺下一块基石，成为人类的共同财富。这些基石铺成的道路，便是人道主义。

进入雷区。下笔不禁谨慎起来，墨水的流动也不那么顺畅了。然而有什么办法呢？确确实实，离开了人道主义，便不可能真正地创造文学、研究文学。就好像一个鲜活乱跳的生命突然被抽去了灵魂，一切都变得死寂、混乱、不可理解了。

有人看到了人道主义不可避免地打上了时代的、阶级的烙印，从而据此否定具有普遍意义的人道主义的存在。他们把马克思主义和历史上一切进步的人类的理想断然隔离。好像，争取人类解放和完善的斗争，从马克思主义开始，也以马克思主义为终点。他们口头上常讲辩证唯物主义和历史唯物主义,可是在这个问题上却既无辩证观点也无历史观点。他们一遍又一遍地说,资产阶级人道主义是虚假的,所谓自由、平等、博爱只是骗人的鬼话,却不肯正视这样的问题:资产阶级人道主义在历史上曾经起过非常的革命作用,是反封建的有效的思想武器。在争取包括资产阶级在内的平民和封建贵族平等的斗争中,它一点也不虚假。而它所争取到的结果又是对整个人类社会的发展有益的。其次,在资产阶级成为统治阶级以后,自由、平等、博爱确实具有了欺骗性。在金钱面前人人平等掩盖了许多不平等。但是,如果反对这种欺骗和虚伪,来它个真正的自由、平等、博爱,无产阶级要不要呢? 难道自由、平等和博爱永远只能属于一部分人? 那么,马克思主义所说的解放全人类又当作何理解呢? 而且,退一步讲,即使人道主义为资产阶级所专有,在封建主义还没有在地球上绝迹的今天,它是否还有一点现实的进步意义?

好了,言多必失。关于这个问题我在《人啊,人!》及其后记中说得不少,结果挨了不少石头,甚至还有投枪和匕首。我期待着平等的、说理的批评。

"结庐在人境"的闲章所包含的大致就是这些意思。"我手写我心"呢?

个中的意思在《人啊,人!》中其实也已经说明,那就是,我要在"文学是人学"这个总题目下作出自己的文章。

文学创作的普遍意义是通过作家和作品的独特的个性表现的。作家的心灵和眼睛无论多么宽广,都不可能将世界和人生看尽。他们只能在自己的范围内尽量向深处开掘,从而发现普遍的、永恒的意义。为此,作家首先要敢于直面自己的人生和灵魂,将自己的真实感受和见解表现出来。

这不是又在鼓吹"自我表现"吗? 然。我固执地认为,世界上不"自我表现"的作家几乎是没有的。不过表现的方法和程度不同而已。有的人穿戴整齐而美丽,有的人则是赤裸裸的。有的人坦率地承认,这只是我心灵中的世界和人生,有的则宣称:人们,我所写的正是你们所想的。宣称自己仅仅表现自己感受的作家未必不具有某种普遍意义;而宣称为全人类而写作的作家也未必真的就能代表全人类。问题全在于你表现了几分真实的东西。倘若连自己的感受都不敢相信,又怎么敢妄想表现全人类?

这几年的创作实践使我感到,要真正地"自我表现"很不容易。

有时候很难认识和把握自己。虽然时时为生活中的人、事所激动,却抓不到真正属于自己的东西。自己站在镜子面前,照出来的却不是自己。这对一个像我这样长期不知"自我"为何物的人来说,大概是并不奇怪的。

好不容易形成了一点自我的东西,又忍不住要站在别人的立场上反复端详,推测把这些东西表现出来的后果。社会效果是不能不考虑的。"自我表现"的目的并不是为自己。如果仅仅是为了自己,又何必写小说呢? 每天面壁而坐,自说自话也就足够了,又省功夫,又平安无事(当然,这也不是绝对的,遇上"文革"那样的非常岁月,自说自话也会招来横祸)。总希望自己所写的对社会、对人民有点好处。问题在于,在对社会效果作了严肃认真地考虑之后,还有着纯属个人得失利害的选择。身为凡人,我自然也希望获得荣誉和利益,至少不希望失去更多的东西。这样一来,"自我表现"就不能不打一个折扣了。

还有其他种种主客观方面的因素,促使自己自觉不自觉地把自己装扮起来。

所以,每当我看到一些人在那里担心作家们"自我表现"的时候,就禁不住暗暗一笑。这真是杞人忧天。这些人太不了解中国人和中国作家了。真诚和坦率地表现自己的时候其实还没到来呢! 要达到那种境界,真的需要一番艰苦的自我搏斗。

这些,算不算得上一种文学观呢? 我不知道。我只知道我想沿着这样的方向写下去。反正,我为自己准备了另一枚闲章:"女子无才"。对于无才之人,理应是宽容的。

八五年九月

原载《文学评论》1986 年第 1 期

论文学理论范畴概念的拓展

叶 易

一

在振兴中华的新的历史时期里,构建科学化、民族化的文学理论新体系,是我们所面临的一项艰巨任务。探讨文学理论的范畴概念,即是其中必须进行的基础工作。

文学理论的范畴概念,是文学实践经验概括的基本理论单位,是构成文学理论体系的基础,每一种文学理论体系,都是特定范畴概念的逻辑组合。因此确立能概括古今宝贵的文学经验认识,正确揭示文学规律和思维成果的范畴概念系列,是建立科学化文学理论体系的首要条件。

每一种文学理论体系,总是在特定的民族历史条件下形成的,其所包含的范畴概念,都是民族的文学观念、文学经验的结晶和升华。全面地、又是有分析地吸取这些具有民族特色的有价值成果,正是建立民族化文学理论体系的根本任务。

范畴概念是人类认识发展的理论标志,"即认识世界的过程中的一些小阶段,是帮助我们认识和掌握自然现象之网的网上的结"[①]。从文学理论发展史

---

① 列宁《哲学笔记》。

看,文学理论的范畴概念,也都是历史认识的产物。正因为它们是历史认识的产物,所以每一个具体的文学理论范畴概念,只标定当时对文学认识到的某种特性和规律,文学的奥秘不是一个历史阶段的认识所能穷尽的。因此,这些范畴概念固然有其普遍性的一面,也有历史认识上局限性的一面;而且范畴概念的数量在不断增加,它们的内涵又日渐丰富、深化,范畴概念之间的联系在逐步扩展,这些内容不是一个时期的认识所能概括的。随着文学经验认识的不断丰富和提高,文学观念的层层更新,这种历史认识局限所造成的不适应性就越来越明显。因此只有用新的文学观念、新的经验认识去改造、充实、丰富以往的范畴概念,使之与新创立的范畴概念融为一体,这样建立的文学理论体系才能体现当代最新的研究成果,才会具有时代的特色。

构建科学化、民族化、有时代特色的文学理论体系,是马克思主义文学理论发展的必然趋势。因为马克思主义文学理论是一个科学的体系,开放的体系,发展的体系,它既需要汲取古今文学的宝贵经验,选择有价值的范畴概念来丰富自己,又需借助于其他学科的思维成果,恰当地引进各学科适合于文学理论的某些范畴概念以充实自己的内容。只有这样逻辑的、历史的借助于各学科的思维成果对文学作综合性的研究,马克思主义的文学理论才能丰富、发展。

可是近几十年来由于社会历史、政治思想等多方面的原因,我们对文学理论的范畴概念并未作认真地研究和探索。

二三十年代,本是我国文学理论更新的重要时期,由于当时处于"打倒封建义化"的历史人背景下,所以对我国在历史上形成的具有民族特色、内容又极为丰富的范畴概念,没有很好地整理继承,只是着眼于西方,认为只有西方的文学理论才具有"科学性"。而借鉴西方,却注重于西方古代;在汲取其范畴概念时,又往往不作选择、不经阐述、不加溶化,例如对"净化""异化""模仿""创造"等重要概念,没有谁作过确切地解释,这样汲取过来的范畴概念,仅只是作为一种新名词来运用,降低了它们的理论价值。

四十年代初,在特定的历史环境下,毛泽东发表了《在延安文艺座谈会上的讲话》。此后《讲话》被视为我国文学理论的经典和依据。文学理论教材也以《讲话》的体例编写,凡是《讲话》中没有提到的中外古今文学理论的范畴概念,很少再有人去研究探索。

五十年代鉴于西方帝国主义的侵略,我国确立了"一边倒"(向苏联)的政治立场。苏联不断派文学理论专家来华讲学,他们的教材大量翻译发行,于是苏联的文学理论就成了我们的范本。所以对西方现、当代有价值的文学理论范畴概念,我们没有更多的了解,当然也就不会去汲取为我所用。

六十年代虽然已注意到文学理论必须民族化,但实际上并未作深层次地探讨,只是做了中外范畴概念的凑合。如以"想象"搭"神思",以"灵感"凑"妙悟",这类似长衫马褂与西裤革履合用,形成不了有机的系列;或则以中国的范畴概念为资料,去诠释外国的范畴概念,例如用"神"诠释"艺术概括",用"意"诠释"思想性",这又是一种本末倒置。

再由于在当时的历史条件下,大家的思想无法解放,新的文学观念难以形成,所以对其他学科的思维成果和范畴概念就不会去问津,也不敢离开《讲话》去构建新的文学理论体系。

还由于在"左"的路线控制下,"百家争鸣、百花齐放"的方针政策没有切实地贯彻执行,使理论家们缺乏探索精神和理论勇气去根据新的实践经验创立新的范畴概念。有的虽有勇气,但事实上也不允许有新的范畴概念的创立,邵荃麟同志提出了一个"中间人物"的概念,即被批得不能翻身即是一例。

这样,我们的文学理论只得一直沿用二三十年代引进的西方古代和五十年代从苏联汲取的一些范畴概念,以现行的各种文学理论教材所使用的范畴概念来看,显得既贫乏,又含糊;既少新经验的理论概括,又看不到自己的民族特色。所以为了建立我国科学化、民族化的文学理论新体系,对文学理论的范畴概念作全面地整理和积极地拓展,已刻不容缓。

二

拓展文学理论的范畴概念是件复杂的工作,其中有理论认识上的问题,也有实践中的困难。就其最主要的来看,要解决拓展的观念、拓展的领域、拓展的原则、拓展的方法等方面的问题。

如何对待文学理论范畴概念的拓展,是文学观念的一种表现,在守旧的文学观念下,就无拓展可谈。所以文学理论的范畴概念要求得拓展,首先取决于文学观念的更新。因为文学观念、体系、范畴、方法各是文学理论学科有机的组成部分。文学观念全面而有机的阐述,就构成体系;体系则是一系列范畴概念的逻辑组合;方法是总结文学现象、构建各个范畴概念以阐述文学观念的方式方法。

文学理论的范畴概念总是体现着对文学的观念和经验认识的。例如:儒家认为"道者气之君,气者文之帅也。道明则气昌,气昌则辞达"[①]。所以他们提出"明道""养气""辞达"等概念来阐明"心合于道,说合于心,辞合于说"的文学观念;当亚里士多德认识到现实是一个真实的世界,不是理式的"影子"时,他就批判了柏拉图的"理式"观念,提出"真实性"的概念解释文艺,阐述他新的经验认识;斐罗斯屈拉特领悟到文学创作还有比"模仿""更明智的匠人",于是在传统的"模仿"概念之外又新提出"想象"这一概念来表明他新的观点。

既然范畴概念是文学观念的理论表述单位,所以有新的文学观念,才会有新的理论范畴概念的形成和产生。正像王国维所说的:"新思想(观念)之输入,即新言语(概念)输入之意味也。"[②]说明新观念与新概念总是联系在一起的。所以我们只有在当代思维成果的高峰上建立最新的文学观念,才会有

---

① 方孝孺《与舒君书》。
② 《论新学语之输入》。

理论范畴概念的拓展和新建。文学理论史可以说明,凡是文学观念更新之时,总会带动理论范畴概念的拓展和创建。汉代为强化统治,形成"罢黜百家,独尊儒术"的局面,而学术领域占正宗地位的儒家又抱残守缺,思想日趋僵化。由于他们囿于"原道""宗经""征圣"的宗旨,文学理论上就提不出新的观念和范畴概念。到魏晋六朝,孔道暂衰,在外来思想(如佛学)的冲击下,被禁锢的学术思想又趋于活跃,于是才有刘徽、祖冲之、贾思勰等人在科学上的创见,才有范缜、裴頠、欧阳建等人哲学观的更新,才有曹丕、陆机、刘勰等人阐述新的文学观念。随着文学观念的更新,就在《文赋》《文心雕龙》《诗品》等专著中提出了"形神""气骨""风韵"等一系列新的范畴概念。又如在中国近代,由于西方社会科学和自然科学知识的不断输入,理论家们就视野开阔,思路宽广,能够"眼底骈罗世界政治之同异,脑中孕育二十世纪思想之瑰奇"①。这必然影响到文学观念的更新。因为能用新的观念阐述问题,所以达到"直开前古不到境,笔力横绝东西球"②的境地。他们在对中国传统的文论范畴概念作了不少改造和充实的同时,又大量汲取和运用了西方文论的范畴概念。再证之于西方,也是如此。公元前四、五世纪,在工商业奴隶主的"民主运动"、自然科学的成果和外来思想的激发下,希腊出现了学术自由批判的时期,这为学术理论的创新提供了社会条件。基于丰富的自然科学和社会科学知识,亚里士多德等人更新了自己的文学观念,从对文学主观的神秘思考,转为客观的科学分析。因此他用自然科学和社会理论的新观点,对希腊文艺重作总结,在《诗学》《修辞学》等著作中,不仅改造、充实了"模仿""净化"等传统概念,同时也确立了"性格""想象""艺术真实"等一系列新的范畴概念。由于他是"第一个以独立体系阐明美学概念的人",所以"他的概念竟雄霸了二千余年"③,一直成为西方文艺美学概念的依据。再如欧洲的十八世纪,是文

---

① 梁启超《赠别郑秋蕃兼谢惠画》。
② 丘逢甲《说剑堂题词为独立山人作》。
③ 车尔尼雪夫斯基《美学论文选》。

学理论发展的重要时期,在启蒙运动中,理论家们对以前的理论观念作了反思,又总结了最新的学术成就,狄德罗主编的《科学、美术与工艺百科全书》就是这方面的成果。在新的哲学思想、政治思想和科技发展的影响下,文学思想就富于启蒙性和探索性,所以当时又有一大批新的范畴概念,诸如"正剧""古典""浪漫""情感形象""怜悯的诗"等来表明他们新的经验认识。

总之,有了新的观念、新的经验认识,才会去充实拓展以往的概念或创立新的概念;在守旧、狭隘、封闭的文学观念支配下,就认识不到文学理论范畴概念拓展的意义,甚至反对确立文学理论的范畴概念。

例如,有这么一种意见:认为对文学现象和文学经验是不可能作理论概括的。因为文学是一种艺术创造,而艺术创造的奥秘是难以阐述的,如对文学创作过程的各要素作理论上的规范,就会束缚创造力、想象力的发挥。所以科学地界定范畴概念的内涵毫无意义,更不需要拓展。西方某些学派就是这样否定文学范畴概念研究的必要性和可能性的。路德维希·维特根斯坦和莫里斯·韦兹等人认为只有在逻辑和数学等领域内,概念的内涵是被规定的,而文艺本身是"开放性"的,由于新的文艺运动、新的文艺形式的不断出现,它如同游戏那样难有定义,所以范畴概念总是处于浑沌状态。结论是:文艺不是科学研究的对象,它不可能、也不应该有理论界义的标定。[①]在国内也有类似的意见,认为文学是不断流变的,对文学作理论概括会束缚创作。这实际上是他们将文学的发展变化而引起的概念演变与文艺的不可知性等同起来了。

文学理论的范畴概念,历史地看,确实是在不断地演变,但也有阶段的稳定性。虽则演变是绝对的,稳定是相对的,但正因为具有这种相对的稳定性,我们就可将一个历史阶段的认识经验、思维成果概括在理论的范畴概念之中,以此为基础才可以一个阶梯、一个阶梯地去掌握文学的特性和奥秘,使我们的认识

---

① 参看朱狄《当代西方美学》。

和理论一步步地向更高层次上发展。因此,认为由于文学的发展难下定义,不应该也不可能为文学理论的范畴概念标定科学的界义,更不应该探讨范畴概念拓展的主张,并不足取。

另外,也有这样一种观点:认为对文学研究用理论范畴概念来表述是必要的;范畴概念的更新也是必然的。但这种更新,不应向外拓展,而只是内部的"滋生"。如艾布拉姆斯等人说,文学是封闭的"自足体",它的理论范畴概念完全可由"自足体"内部"滋生",用不到靠其他学科成果的帮助;只有承认这种"自足性",才能显示它的"独特性"。[①]

这种把文学当作"自足体"进行封闭研究的观念,也不足取。因为文学事实上并不是一个"自足体",它与其他学科并没有绝缘。即以文学理论来看,它的不少概念,例如"净化""提炼""移情""主体""原型""典型"等等也是从其他学科引入的,或则引入以后再赋予文艺学的意义;至于所谓范畴概念的"滋生",也不能从生物学的意义上去理解。比如"想象"这一基本概念,以后衍化为"创造的想象""联想的想象""解释的想象"等概念,这其实是由于汲取了心理学的思维成果,人们对"想象"有了深一步了解以后,对它的性质所作的区分,这不是"自足体"内纯推理的自然滋生是很明显的。借鉴其他学科的思维成果研究文学的例子可以举出很多,比如亚里士多德从生物学汲取了"有机整体",从心理学汲取了"心理根源""心理影响",从历史学汲取了"起源""发展"等概念和分析方法应用到文学理论,就取得了卓越的成就。

从上可以说明,因为范畴概念反映着对象的某种本质属性,是人们认识客体的思维成果。只有在这些思维成果的积累下,才能形成人类丰富的文化传统。所以研究范畴概念的理论意义和实践意义历来为理论家们所重视。从苏格拉底、柏拉图起,已注意对普遍性概念的考察,至亚里士多德已在《工具论》里对范畴概念作了专题研究,提出哲学上的十大范畴,以后康德又构建知识的十

---

① 参见艾布拉姆斯《镜与灯》,托多洛夫《诗学引导》。

二范畴,这表明对范畴概念的研究很早已从需要到自觉。在文艺学上的各种体系也无不是以各种范畴概念来构建的。可以说没有范畴概念的确立,就不会有理论体系。就以反对确立范畴概念的,以维特根斯坦和韦兹为代表的分析美学派来说,他们的理论观点不正是以"数学封闭式""文学开放式""概念化的陷阱"等概念来阐述的吗? 所以研究范畴概念的必要性毋庸置疑,正像康德所说的:"思维无内容是空的,直观无概念是盲的。"研究文学理论范畴概念的种种方面,终究是构建文学理论体系的一项基础工作。

文学理论范畴概念拓展的领域,应该是很宽广的。既可以从中外文论中发掘适用于现在的范畴概念,也可以在社会科学、甚至在自然科学领域汲取某些有价值的范畴概念。

但是对这种多领域的拓展,有的同志感到担心。因为将各种学科的范畴概念集凑到文学理论中来,就会丧失文学理论的特性;而且照目前这样自然科学新名词的狂轰滥炸,会造成理论的混乱。这种担心也是有道理的。不过问题不在多领域的拓展,而在于如何拓展;也不在于能不能汲取自然科学的范畴概念,而在于怎样汲取。

文学理论研究的对象固然是文学,但当代的文学研究都会涉及许多学科。例如研究文学的本质,离不开哲学;研究文学的发展,也需要历史学;研究文学的鉴赏,要借助于心理学;……与这种多学科知识的综合研究相联系,必然会将其他学科与研究文学有关的概念术语引入文学理论,这是很自然的现象。其实在文学理论这门学科形成时已开始了这个过程。大家知道,在亚里士多德的《诗学》里,在刘勰的《文心雕龙》里,有不少概念术语也是从其他学科引入的;而且随着以后多学科相互交错、渗透的趋势不断增强,文学理论一定还会在其他学科里拓展更多新的范畴概念,这是无法阻挡的;封闭式的文学理论研究已成为过去,这种大势是很明显的。所以主观地划定文学理论的范畴概念应该向哪些领域(如社会科学)拓展,不应该向哪些领域(如自然科学)拓展,是不现实的,也是不可能做到的。

　　但是,文学理论终究是一门独立的学科,它不是其他学科各种知识的综合,"将文学与文明的历史混同,等于否定文学研究具有它特定的领域和特定的方法"①,马克思曾指出,"在研究经济范畴的发展时,正如在研究任何历史科学、社会科学时一样,应当时刻把握住:无论在现实中或是头脑中,主体……这必须把握住,因为这对于分篇直接具有决定的意义"②。所以文学理论也应该保持固有的特性和主体性。这种特性是为它的研究对象所规定的。文学理论的特性就是研究"文学"这一特定的对象,生物、化学、物理、数学等等不是它的研究对象,只有坚持这种特性,才能保证它的主体性;它的体系只能由研究一系列文学问题的范畴概念来构成,其他学科范畴概念的引入只能作为辅助。所以文学理论范畴概念的拓展领域虽不能硬性地限制,但似乎还应有主次之分。主要是从中外文论中去发掘有价值的范畴概念,或从文学实践经验中去创立新的范畴概念,其次再向其他学科汲取。而这种汲取也要慎于选择,要选取那些适合于阐明文学特殊规律的范畴概念。例如"化合""定性""定量"同是化学概念,用"化合"阐明文学的典型化的某些环节尚可,假使用"定性""定量"去分析文学创造中最主要的"情感"因素,则很难,也不妥当。因此,如果仅仅为了炫耀,在文学理论中滥用其他学科的概念术语,或者为了标新,而乱用连自己还没有透彻了解的概念术语,或者为了趋时,而虚用毫无文学意义的概念术语,这就不能为理论界所认同、接受,确实会造成文学理论的混乱。

　　所以文学理论范畴概念的正常拓展,应该有个原则。这原则是什么? 有人认为老概念不值得拓展,应该着眼于新概念的汲取。这看法值得商量。首先,怎样划分范畴概念的新和老,无依据可循;其次,范畴概念的取舍应看其内涵的价值,而内涵的价值,并不是以新、老来确定的;再次,如果说形成历史年代较早的范畴概念不值得拓展,那势必割断历史,将历史上积累起来的有价值成果统

---

① 韦勒克、沃伦《文学理论》。
② 《政治经济学批判导言》。

统抛掉;如果只着眼于近年来提出的概念的拓展,那末"主题先行""三突出""样板文艺"等概念虽新,谁复再用?

我看拓展的原则,是科学性和适用性。

所谓科学性是指范畴概念的内涵正确地概括了事物的某种特性和规律。只有科学的范畴概念总结了人们思维认识的宝贵成果,才能作为拓展的对象;不科学的概念当然没有拓展的意义。

所谓适用性,是指这些范畴概念揭示的内容和所包含的思维成果,适合于用作文学研究,有助于丰富文学理论。因为并不是所有具有科学性的范畴概念都可以拿来研究文学问题、用于文学理论的。例如"行星按椭圆轨道绕日运行""细胞是由具有生命现象的蛋白体发展而来"等虽是科学的概念,但是不适合在文学理论中应用。因为:一、它与研究文学的特性和规律相距较远;二、它与文学理论各范畴概念之间形不成有机的联系;三、这些概念没有文艺学的意义,在文学理论体系中没有相应的位置。

有了这样的拓展原则,才能保证文学理论的特性和主体性。否则将研究不同对象的范畴概念凑合在一起,表面看来是丰富和扩大了文学理论,但实际上则是取消了文学理论。

原载叶易《走向现代化的文艺学》,江苏文艺出版社 1988 年版

关于文艺心理学的若干问题

蒋国忠

文艺心理学是一门边缘学科,处于美学、文艺学和心理学的交叉地带。所以美学界把它定为"美学研究的中心与主体",文艺学界把它视为"现代文艺学最重要的组成部分",心理学界则把它列为"应用心理学的分支"。"三界"都竭力把文艺心理学置于本学科的研究领域。其实,只要有人活动的地方,就有心理学的用武之地,心理学可以渗透于人的一切行为之中。

一

文艺心理学的研究对象是什么? 学术界至今尚有争议。有些心理学家认为,文艺心理学是研究创作与欣赏的心理过程,或者说是研究创作与欣赏过程的心理"动力学"。即研究艺术家是怎样将自己感受到的生活素材转化为艺术形象的,创作过程分几个阶段以及各个阶段是如何衔接与转变的,艺术思维又是如何运动的,等等。他们把创作与欣赏的心理过程作为衡量是否是文艺心理学的唯一标准。有些美学家认为,文艺心理学的研究对象应当是艺术创造者与欣赏者的行为和经验。它既要研究创作与欣赏的"心理过程",又要研究创作与欣赏方面的心理现象,还要研究创作者与欣赏者的个性特点、创造才能以及不同类型艺术媒介的心理内涵,等等。还有些文艺学家则强调文艺心理学的研究对象与文艺学一样,是整个艺术活动的全过程,它要从心理学角度研究所有的文艺现象,既包括从汲取生活素材到完成艺术作品的全过程,揭示创作过程中各种心理要素之间的作用与关系;又包括阅读、理解、共鸣等欣赏作品的全过程,揭示艺术欣赏的心理活动规律,以及个人的艺术修养、心理类型、心理定势对欣赏过程的影响;还包括艺术作品诸方面的心理分析,如艺术结构的心理效果,艺术技巧的心理依据,等等。类似任意扩大文艺心理学研究对象的做法,或许意在提高文艺心理学的地位与作用,而实际效果却适得其反,不仅取消了文艺心理学的特征,而且使它有沦为其他学科附庸的危险。

其实,科学研究对象的确定,主要依据就是该学科面对的现象领域所具有的特殊矛盾。文艺心理学所面对的现象领域,是主体在整个艺术活动过程中的心理现象;它所要研究的特殊矛盾是艺术主体的行为心理及其活动规律。它不是研究文艺的全部现象,而只是研究文艺现象中与主体活动有关的部分;不是研究文艺的全部主体性行为,而只是研究艺术主体——包括创作主体、欣赏主体、对象主体(作品人物)的行为心理及其活动规律。所谓主体的行为心理,包括主体的相互制约、相互作用的"行为"与"心理"两个方面:"行为"是指以主体内在的心理活动为依据的任何可观察的动作或反应;"心理"是指主体外在行为或反应的内在根据。"行为"与"心理"是构成主体活动的两个有机联系着的部分。一般说来,人的行为有两类:一类是"外部行为",是由外界环境的刺激直接引起的,没有也无须通过个体的心理评价;另一类是"心理行为",是主体对来之于体内或体外的刺激作出心理评价后引起的。未经个体心理评价的"纯外部行为",原则上不属于文艺心理学的研究范围,如文艺学要研究文艺的社会功能,也可能涉及社会心理思潮,但它不必经过个体的心理评价,所以文艺心理学不必越俎代庖。又如文艺学要研究各种艺术媒介及其心理问题,但它不涉及主体的行为心理,所以也不能说是文艺心理学的"业务"。可以说,衡量文艺心理学的研究对象有两个"参照物":一是艺术主体的行为心理,二是个体的心理评价。二者缺一不成。以这两个标准来确定文艺心理学的研究对象,就可以发现,文艺心理学既不是从全部文艺现象出发、面向心理学的"心理文艺学",也不是从心理现象出发、面向文艺学的"文艺心理学",而是研究主体的艺术行为与主体自身的相互关系的一门独立学科。

"艺术行为"是构成文艺心理学研究对象的重要侧面。因为行为是心理的外在反应,测量和描述行为是研究心理活动奥秘的重要基础。苏联心理学家列昂捷夫认为,不管心理活动怎样复杂丰富,变幻怎样纷纭奇特,它的实质乃是一种"感性实践过程";所以要对人的心理活动作出科学的说明,还是离不开对于人的行为的研究。美国心理学家布恩和埃克斯特兰德在大学教科书《心理学原理和应用》一书中则强调,心理学是行为的科学,心理学的基本目的就是:测量和描述行为,预测和控制行为,理解和说明行为。他们认为,人的心理活动不能直接考察,但通过对行为的观察和研究,可以推测人的心理活动。行为是机体的外显的、可观察的运动,也是机体内在活动的一种信号,所以理解与解释这种行为信号,是认识与掌握人的心理活动的基本途径。而艺术主体的心理活动更是复杂万状,依靠直接观察几乎是不可能的,所以研究艺术行为,同样也是研究艺术主体心理活动规律的基础或出发点。

文艺心理学研究对象的另一个重要侧面,是制约与影响着艺术行为的主体的心理内容。它包括心理过程、心理状态、个性特征与心理生理机制。研究艺术行为与社会环境的关系,是文艺社会学的任务;研究艺术行为与主体自身的心理生理关系,才是文艺心理学的课题。历史文化学派的代表、苏联心理学家维戈茨基认为,人的心理机能特别复杂,因为它是由低级心理(即种系发展)和高级心理(即历史文化发展)沿着两种路线交织发展的产物。他强调,人的心理首先是一种高级的心理机能,是一种随意的心理过程,它不是人生来就固有的,而是与周围人的交往过程中产生与发展起来的,是受到人类的文化历史所制约的。人的心理内容,就主要方面来说,是有意识的和能够认知的;由意识作心理根据的主体行为也是能够认知的。但人的心理是在低级心理的基础上发展起来的,它不仅不排斥低级心理,而且由于高级心理的参与,使原来的低级心理机能也变得复杂起来。如人的情绪情感、本能欲求等等,就不纯是高级心理机能,也不纯是低级心理机能,而是两种心理机能的有机综合。而人的心理机能,无论是高级部分还是低级部分,都是有物质本体作基础的。所以研究它的生理机制,有助于从更深层次上认识与理解人的心理内容。只有循着这三个方面去作综合的探索,我们才能逐步地洞悉人的艺术行为的复杂心理底蕴。

可见,文艺心理学既要研究主体的艺术行为,又要研究这种艺术行为的心理生理机制,以及这二者之间的辩证关系。从主体的艺术行为出发,面对主体的心理世界,是文艺心理学这门独立学科既区别于文艺学,又区别于心理学的最基本的特征。所以,文艺心理学是一门研究艺术主体的行为心理及其活动规律的科学。它要研究文艺的创作主体的行为心理及其活动规律,即创作心理学;它要研究文艺的接受主体的行为心理及其活动规律,即欣赏心理学;它要研究文艺的"对象主体"的行为心理及其活动规律,即作品人物心理学。文艺心理学可以分别研究三种不同艺术主体的行为心理,也可以研究不同艺术主体之间的共通性的心理现象。

二

如果我们明确了文艺心理学的特定研究对象,那么确定文艺心理学的研究任务也就有了依据和准绳。因为对象决定任务,有什么样的研究对象就有什么样的研究任务。如前所述,一切非艺术主体的行为心理,就不属于文艺心理学的研究范围,例如分析艺术形式的心理内涵固然很重要,要阐释它也离不开心理学知识,但它仍然属于现代文艺学的研究领域,或许可以把它归属于"心理文艺学"。而文艺心理学的研究对象则是艺术主体的行为心理及其活动规律;是从心理角度探索行为的规律,从行为角度探寻心理的依据,这二者之间是相辅相成、互相促进的。

不过,艺术主体的行为心理是极端复杂的,它属于创造性的行为心理,它本身并不存在屡试不爽、永久不变的公式。所以要研究它、探索它,就显得特别地困难。康德在谈到艺术创造有别于科学创造时说:"牛顿把他从几何学的基础原理直到伟大的、深刻的科学发现所走过的每一步都不仅能给自己、而且也能给别人用完全直观的形式表示出来并使之得以传递,但无论是荷马,还是维兰德,都不能向别人说明那些充满幻想、头绪纷繁的思想是如何在他们的头脑中产生并相互联系的,因为他们自己说不清楚,因而也无法把这点传授给任何人。所以,在科学领域中,最伟大的发明家与可怜摹仿者和学徒只有程度上的区别,而造化赋予艺术天才的人则有本质上的不同。"①因此,对艺术主体的行为心理要进行完全科学的条分缕析、重复验证,几乎是不可能的。但我们能够逐渐接近、深化和扩大对它的认识。因为艺术实践的反复,必然会在人们的意识中形成相对固定的"逻辑的路",这种"逻辑的路"越清晰、越丰富,人们对艺术主体的行为心理的认识就越深刻、越准确,从而大大缩短人们认识与掌握艺术主体的行为心理的活动规律。所以,托马斯·芒罗说:"科学永远不可能解决艺术家的全部问题,而且科学也决不试图这样做。它将在以往经验的基础之上,为艺术家提供某种地图和指南针,以便指引艺术家的航程。"又说:"任何学科的主要目的都在于掌握有关的知识和理解研究的对象。美学也是如此,它的主要目的是掌握艺术以及与之有关的人类行为和经验模式的知识,并试图理解它们。"②我认为,这也是对文艺心理学所规定的、合乎实际的基本任务。不论是创作主体,还是欣赏主体或者"对象主体",都有其行为心理的活动规律。努力探求这种活动规律,并掌握它的活动模式,也就是文艺心理学这门学科所要承担的使命。大致说来,它负有三个方面的任务:

首先是研究主体从事艺术活动的心理规律,掌握它的经验模式,从而提高主体的行为效率。不论是创作主体、欣赏主体,还是"对象主体",在进行艺术活

---

① 转引自鲍列夫《美学》,第 301 页。
② 《走向科学的美学》,第 493、482 页。

动时都有某些行为心理的规律。虽然这些规律往往模糊多变,却是一种毋庸置疑的客观存在。我们的任务就是从复杂多样的艺术行为中寻找主体的心理生理依据,从而达到理解艺术行为、掌握艺术规律的目的。例如,创作的准备阶段,作家要深入生活,积累创作素材,那么怎样深入生活才能最有效地积累创作素材呢? 创作需要一定强度的情感,那么怎样强化或控制情感呢? 艺术思维是多声部的"合唱",那么这多声部是如何组成的,如何转化的呢? 诸如此类的艺术行为,都有外在的与内在的根据。这种内在的根据,就是主体的心理生理机制,虽然它是复杂纷纭的,却又有一定规律可循的。只要掌握了主体艺术行为的经验模式,就能事半功倍。

其次是探讨主体在艺术活动中的某些共通性的心理现象,掌握其特点与规律,从而破除艺术活动中的不可知论与神秘感。如心理定势、直觉灵感以及"通感""距离""移情""逆反""共鸣""内摹仿"等等,都是主体在艺术活动中经常遇到的一种带有某些特殊性的心理现象。从心理学角度探讨这些心理现象的奥秘,有助于扩大与深化对它的认识,提高主体从事艺术活动的自觉程度。

复次是研究艺术主体的个性心理特征及其形成过程,为认识与理解艺术主体的行为心理提供必要的条件。因为主体的艺术行为主要取决于外在的环境与内在的需要。文艺心理学就致力于研究艺术行为与主体自身的相互关系。任何艺术行为的发生,总是既与主体所受的外在刺激有缘,也与主体的心理生理结构有故。同样的外界刺激,心理生理结构不同的主体,其行为反应往往是各不相同、甚至南辕北辙的。先天的禀赋、气质,为个性心理的形成奠定了基础;后天的环境、教养、训练,以及个人的努力程度则对个性心理的鲜明化、独特化,发挥了决定性的作用。而特定的个性心理结构一旦形成,它就会渗透到主体的艺术活动的各个方面,使其艺术行为带有鲜明的个性色彩。所以研究艺术主体的个性心理结构,也是认识与理解艺术行为的一把钥匙。

可见,从研究艺术行为出发,探索艺术主体的心理活动、心理状态和心理结构,从而阐释行为、理解行为,洞悉其中的奥秘,发现其中的规律,以使人们提高从事艺术活动的行为效率,这就是文艺心理学所肩负的基本任务。

三

　　方法,主要决定于研究的对象与任务。文艺心理学既然面对的是一种特别复杂的心理现象,肩负的是把握艺术行为的经验模式,那么它的研究方法也自有其特殊之处。思辨的、逻辑的哲学方法果然不能放弃,它具有深刻全面、能把握事物本质之长,但又有抽象、笼统之短;科学的、实证的心理学方法果然不可或缺,它具有恒久性、普遍性的特点,却又有琐碎、片面之憾;这两种或过于"抽象"、或过于"具体"的研究方法,都不足以阐释艺术主体的那种特别复杂的精神现象。所以,经验的描述的准科学方法,我认为对文艺心理学的研究,就应该尤其受到青睐。虽然经验还只是个体对感性事实的初步抽象,它的科学性与深刻性还是有限的,但它具有实践性、效用性的品格,能现实地充当行动的"指南"。而从大量的经验中,我们就能归纳出其中的较为深刻的本质与规律,辅之以哲学的"概括"与心理学的"实证",便能深化对于经验的认识,逐步达到科学的新高度。可见各类研究方法对文艺心理学都是有用的,我们要综合运用各种具体方法,不断加深对主体艺术行为的认识。其中常用方法,主要有如下几种:

　　一是"经验分析法"。中外作家艺术家谈创作的经验材料,可以说汗牛充栋,不计其数。对于文艺心理学的研究来说,这是一项特别宝贵的财富。虽然经验还是"黑箱"或"灰箱",但是从已知的原因与致用的效果中,我们还是能发现其中的某些规律性的东西。所以搜集与研究作家艺术家的创作经验,我们就有可能获得托马斯·芒罗所说的行动的"地图"与"指南"。就如对创作动机的认识吧,可以说作家艺术家们各言其是。但是通过客观的分析与归纳,我们仍然能从中发现某些共通性的东西,发现一个彼此有机联系着、处于变动之中的创作动机系统,从而为强化与控制创作动机提供了可能与途径。

　　二是"客观观察法"。就是一种从"结果"推测"原因"的方法。研究者在未经控制的情况下,有目的有计划地观察研究对象的言谈举止与情绪反应,进而探究对象的内在心理及其活动规律。因为主体内在的精神活动是无法直接观察的,但它总要在人的各种行为反应中或显或隐地反映出来。如艺术欣赏过程中,观众的客观反应就是研究欣赏心理的重要资料。把客观观察的结果从心理学角度予以准确的解释,就能深刻地把握其规律性。

三是"自我内省法",或曰"自我观察法"。艺术主体的行为心理,虽然有些能通过"察言观色"来获知,而有些却是内在的精神过程,需要借助于自我的内省体验,才能诉之于他人。威廉·詹姆斯称这种"内省的观察法乃是我们所必须最先、首要以及永远依赖的"。这是确实的。文艺心理学涉及的是特别复杂的高级心理现象,诸如情绪情感、联想想象、直觉灵感之类,都难以进行科学的定量分析,而只能通过来自主体的内省体验的真实报告,才能对它作出某些经验性的分析与描述。不少创作经验谈,为此提供了很有价值的材料。难怪心理学家们喟叹:对于情绪情感的研究,作家艺术家所作的贡献要比心理学家大好多倍!

四是"作品分析法"。通过分析作品,特别是同一作品的不同稿本之间的比较,可以探索创作行为的经验模式,可以研究创作过程中的心理活动规律。如列夫·托尔斯泰与安东·契诃夫的许多作品,都完整地保存着一次次修改的稿本;比较这些稿本的异同,就为研究作家的行为心理提供了用武之地。同时,分析作品的某些特别现象,也能发现其中的某些规律性的东西。如鲁迅作品中写到中医,总是竭尽嘲讽之能事;每次写到猫,也总是讽刺挖苦之极。这些显然与鲁迅的父亲死于中医之手,与他小时候一只心爱的鸟被猫吃掉有紧密关系。研究这二者之间的关系,我们就能深化对这类现象的认识。

总之,文艺心理学研究对象是极其复杂的,其研究任务是极为艰巨的,所以它的研究方法也应当多样化。思辨的哲学方法,科学的实证方法,都是不可或缺的,而经验的描述的准科学方法,则尤其不能漠视与忽略。

原载《时代与思潮》1990 年第 2 期

略论古代希腊早期美学思想

秘燕生

古代希腊堪称西方美学思想的摇篮,在其多种多样的形式中几乎蕴含着以后西方美学发展史上各种观点的胚胎和萌芽。古代希腊美学思想分为两个发展阶段,从公元前六世纪末至公元前五世纪古典时代前期,属于古希腊早期美学思想时期,主要哲学家有毕达哥拉斯、赫拉克利特、德谟克利特和苏格拉底;从公元前五世纪古典时代至公元前四世纪,属于古希腊鼎盛阶段美学思想时期,主要哲学家有柏拉图、亚里士多德。

古代希腊早期哲学家的学识渊博,爱好广泛,既谙熟哲学,潜心研究自然科学,对文学艺术也怀有浓厚兴趣。特别应该指出,他们联系文学艺术实践,探讨了美的本质、美的相对性、艺术起源、艺术创作的灵感、艺术的审美教育功能、艺术典型等美学问题,对西方美学思想的产生和发展作出了重要贡献。

关于美的本质 公元前六世纪,以毕达哥拉斯为首领的毕达哥拉斯学派,提出事物的本质是由数构成的,整个宇宙由数的和谐关系造成,认识世界就在于认识支配世界的数。这是毕达哥拉斯学派研究美的本质问题的出发点。他们提出美在和谐与比例,视和谐与比例为寓于一切美的形体、美的事物、美的艺术作品的一种共性,它是审美现象的基础,也是诸种事物之所以美的根源。他们运用美是和谐的观点,广泛研究人体美、文学作品、人的心理活动、音乐、雕塑和建筑,并以研究人体美作为探求艺术美的基础。

毕达哥拉斯学派指出,艺术作品的各结构部分之间应有精确的数的比例对称,数的比例对称可使作品的各组成因素之间达到协调统一,进而造成艺术品的和谐美。具备这项条件的,方属上乘之作。

该学派运用比例与和谐的观点研究人的心理活动,提出"同声相应"原则。他们认为,人的生命在于和谐。心灵是建筑在数的比例关系基础上的和声,它是一种调试音,如同琴弦可以调节那样,心灵这种和声也可以调节,使心灵的和声随着外界和谐发生震动。当人体的内在和谐与外界和谐相感应而出现欣然契合的现象时便产生共鸣,人即能从中获得快感。[1]毕达哥拉斯派的学者们没能再从理论上进一步阐述"同声相应"原则,其关于建筑在数的比例关系基础上的心灵和声的表述,尚缺乏科学的明晰性,然而他们确实捕捉到人在艺术鉴赏过程中审美感受的主要特征。毕达哥拉斯派学者们,在两千五百多年前已经看出人类审美感受的心理机制特点,实在是难能可贵的。

毕达哥拉斯着重探讨音乐的数学基础,建立起令人瞩目的音乐理论。他指出,音乐的协调与发音体体积的一定比例密切相关;发音体的数量决定音质的差别,乐音的高低与琴弦的长短比例有关,和谐的节奏由不同的音调按照一定数量比例组成;音乐是对立因素的和谐统一,它把杂多导致统一,把不协调导致协调。毕达哥拉斯对音乐理论的研究具有积极的历史意义,其为柏拉图时期声学科学的诞生奠定了科学的数理基础。

毕达哥拉斯派学者们关于美的本质的研究,主要偏重在从物体的形式上探求一定的数量比例关系。他们认为,最美的平面图形是圆形、是合乎"黄金分割段"比例的长方形,最美的立体图形是球形,"黄金分割",是某些物种内在固有的一种形式上的尺度,是最美、最巧妙的比例。该派雕刻家波里克勒特在《论法规》一书中提出,人体美在于身体各部分之间的比例对称。这是古代希腊流行

---

① 参见吉尔伯特、库恩《美学史》第一章。

的美学观点,当时的医学家、哲学家普遍认为只有符合一定比例、对称的人体才是美形体。在古希腊人心目中,和谐的形体美胜过容貌美。毕达哥拉斯学派关于美在和谐与比例的观点,集中表达着早期希腊人的审美理想。笔者认为,毕达哥拉斯派从事物的外部特征、外在形式中寻求美的本质,的确把握住形式美的一些规律,对促进西方美学思想的发展提供了有益的思考价值。但是,该派学者们割裂"数"与物的联系,夸大抽象的数量关系,并将之绝对化,走上客观唯心主义的歧途。他们离开美的社会性,把美的本质仅仅归结为事物形式的具体规律,未免不够恰当。特别是将这一思想用于评价社会现象和精神现象时,又笼罩上一重神秘主义色彩,便显得十分荒谬。

西方古代辩证法的奠基人赫拉克利特,扬弃毕达哥拉斯学派美在和谐的审美观点,剔除其客观唯心主义、神秘主义成分,将朴素唯物论和辩证法引入美学研究领域,赋予美在和谐说以全新的解释。赫拉克利特认为美是物质世界的属性,从更广阔的空间发现事物美在和谐的特征,他既论及绘画、音乐、书法诸种艺术的和谐,也阐述自然中的和谐,指出"绘画在画面上混合着白色和黑色、黄色和红色的部分,从而造成与原物相似的形相。音乐混合不同音调的高音和低音、长音和短音,从而造成一个和谐的曲调。书法混合着元音和辅音,从而构成整个这种艺术"[1],"自然也追求对立的东西,它是从对立的东西产生的和谐"[2]。他在肯定和谐是美的事物的一种共性时,强调指出和谐来自美的事物内部对立面的斗争。他说:"相反者相成,对立造成和谐,如弓与六弦琴","互相排斥的东西结合在一起,不同的音调造成最美的和谐;一切都是斗争所产生的。"[3]赫拉克利特认为存在两种和谐,一是看得见的和谐,另一是看不见的和谐。按照当时流行的见解,前者指外在的、形式上的和谐。根据逻辑推论,后者则是指事物内部结构、事物内容上的和谐。在两者之间,赫拉克利特明确肯定"看不见的和谐

---

[1][2][3] 《古希腊罗马哲学》,第19页。

比看得见的和谐更好"①。

关于美在和谐的观点,赫拉克利特与毕达哥拉斯的分歧十分明显。毕达哥拉斯认为,和谐既是美的特征,又是美的根源,数是美的基础,尤其强调对立面的统一与协调;赫拉克利特主张物质世界是美的属性,着重和谐中的对立与斗争,指出一切都是通过斗争和必然性而产生的。黑格尔十分推崇赫拉克利特这一思想,在《哲学史讲演录》中批评柏拉图时转引并评论赫拉克利特的论点,肯定:"……差别是谐和的本质",列宁在《哲学笔记》中指出黑格尔这一评论"非常正确而且重要"。

由毕达哥拉斯首创、赫拉克利特发展的"美在和谐"说,对古希腊美学思想及整个西方美学的影响是深远的。随着人对现实的审美关系的发展,"美在和谐"说不断充实着新的涵义。柏拉图对和谐的概念加以发挥和改造,并进一步将其纳入自己的美学范畴,他指出:和谐作为美的特质不仅体现在音乐上,而且体现于图画、织锦、绣工、建筑、雕刻及各种具有制造性质的艺术上。②如果说,在古希腊早期"美在和谐"说主要地运用于分析美的事物的形式,那么到柏拉图、亚里士多德时则更着重用来说明事物的本质、内容以及分析人的内在性格和精神品质。中世纪的圣·奥古斯丁、文艺复兴时期的阿尔伯蒂和以普辛为代表的学院派画家们分别继承并发展了美在和谐的观点。十九世纪末叶以来,西方美学家、哲学家、艺术家们从不同的角度,以不同的方式发展了形式主义美学理论及形式主义流派的艺术实践,造成一股强大的形式主义美学潮流,激荡着西方现代美学和艺术。

德谟克利特另辟蹊径,到人类社会生活中寻求美。他认为美的本质在于井井有条、匀称、各部分之间和谐、有正确的数学比例。③这个观点,乍看起来与毕达哥拉斯的美在和谐与比例说极为相似,但实际上两者有着本质的差别。德谟

① 《古希腊罗马哲学》,第 23 页。
② 参见柏拉图《理想国》。
③ 转引自《马克思列宁主义美学原理》上册,生活·读书·新知三联书店 1962 年版,第 24 页。

克利特的美论具有物质世界中扎实的客观基础。他由此出发,首先对比了社会生活中两种不同的美,一是智慧美,一是形体美。关于形体美的概念是其与智慧美进行比较时提出的,笔者尚未发现有关该问题的其他资料,故暂且按照一般形体美的内涵去理解它。

德谟克利特极为推崇智慧美,认为"坚定不移的智慧是最宝贵的东西,胜于其余的一切"①。那么,什么是智慧美呢? 在德谟克利特看来,是特指人所具有的聪明才智,以及善于思想、言、行的品德。他认为智慧美高于形体美,因为"身体的美,若不与聪明才智相结合,是某种动物性的东西"②。在强调智慧美时,他还指出,"身体的有力和美"是青年的长处,而"智慧的美"则是老年人特有的财产,老年人"已经实现的好处",比青年人"未来的靠不住的好处"更可取。根据德谟克利特的意见,青年人只富于形体美,而智慧美则为老年人所独具,这显然过于绝对化了。我们说,青年人充满青春朝气,形体健美,比老年人占有独特优势,无疑是正确的;老年人的生活经验固然多于青年,智慧却并非是老年人特有的财产,它应为青年人、老年人所共有。

德谟克利特继而提出外在形体美与内在品质美的区别,他认为单纯的形体美,穿戴、装饰华丽,那仅属于外在的美。他曾评论外形十分精美的雕塑,说:"那些偶像穿戴和装饰得看起来很华丽,但是可惜它们是没有心的。"③在德谟克利特眼中,真正的美来自外在形体美与内在品质美的统一。他尤为赞赏那些"比留意身体更多地留意他们的灵魂的人"④,因为"完善的灵魂可以改善坏的身体"⑤,仅仅"身强力壮而不伴随着理性,则丝毫不能改善灵魂"⑥。从以上论述中我们可以看出,在心灵美与形体美之间,德谟克利特重视心灵美甚于形体美,强调心灵美高于形体美,认为一个人的心灵美是创造一切美的前提条件。他还

---

① 《古希腊罗马哲学》,第 117 页。
② 同上,第 111 页。
③ 同上,第 115 页。
④⑤⑥ 同上,第 114 页。

说,当某人具有"一个神圣的心灵"时,便能"永远发明某种美的东西"①。在荣誉、财富与聪明才智之间,他明确肯定聪明才智是荣誉、财富的基础和源泉,认为如果没有后者,前者则是"很不牢靠的财产"②,这就是说,智慧美、心灵美是创造一切美的基础和源泉。

德谟克利特将人在社会生活中的美分为形体美、智慧美、心灵美,这分类虽然是不周详的,然而在西方美学史上却带有开创的性质,特别是重视心灵美、智慧美的见解,突出表现其美学思想的深刻性。

著名哲学家苏格拉底从效用观点出发探求美。他说:"每一件东西对于它的目的服务得很好,就是善的和美的,服务得不好,则是恶的和丑的。"③他还在与弟子亚里斯提普斯关于美的一席对话中,形象地说明美的标准在于效用:粪筐与金盾,孰美? 如若粪筐适用、金盾不适用的话,则粪筐美而金盾丑。结论是,有用则美,无用即丑。这段有趣的对话表明了苏格拉底主要从社会科学考察美的鲜明特征。然而,考察的结果却否定了美的客观性,否定了美的客观标准。

关于艺术起源 在艺术起源问题上,古代希腊早期普遍流行的观点是艺术起源于模仿。但是,希腊思想家们或坚持唯心史观,或遵循唯物史观,各自对模仿说作出的解释却大相径庭。

毕达哥拉斯论述了音乐的起源。他认为,整个宇宙是一个神奇的百音盒。在宇宙中,星球彼此以和谐的距离间隔着,分别以预定的速度沿着自己的轨道运转。星球在运行中所激起的灵气会发出强有力的旋律,此旋律便形成音乐,毕达可拉斯称之为"天体音乐"。天体音乐最完美地休现出数的和谐,这是一种永恒的和谐。在天体音乐之外,还存在着一种人间音乐,它由音乐家模仿天体音乐的美妙旋律谱写而成,同样具有数的和谐特点,这是

---

① 《古希腊罗马哲学》,第 112 页。
② 同上,第 110 页。
③ 《西方文论选》上卷,上海译文出版社 1979 年版,第 9 页。

能够给人提供快感的艺术。音乐家的使命即通过模仿把永恒的和谐从天上传到人间。①

毕达哥拉斯能在公元前六世纪,猜测到宇宙中各星体之间都以一定距离、一定速度在运动,表现出对天体科学的高度预见性。但是,关于"天体音乐"的观点则虚无飘缈、不可捉摸,呈现着主观想象的色彩,从而为产生"人间音乐"的见解打上了客观唯心主义的印记。尽管如此,笔者认为,西方美学史上首创模仿说的历史地位应该属于毕达哥拉斯。

赫拉克利特对艺术起源不曾作过专门的论述,只是阐发美在和谐说时,涉及这一问题。他说:"自然是由联合对立物造成最初的和谐,而不是由联合同类的东西。艺术也是这样作的,显然是模仿自然。"赫拉克利特指出艺术模仿自然,强调对立面的斗争。在这一唯物主义艺术观中,洋溢着朴素辩证法思想,显然不同于毕达哥拉斯的模仿说。其中,又明确肯定自然物质第一性,艺术第二性,艺术是自然的再现,赫拉克利特成为西方美学史上再现说的最早提出者。

德谟克利特的模仿说是众所周知的。他形象地告诉人们:"在许多重要的事情上,我们是模仿禽兽,作禽兽的小学生。从蜘蛛我们学会了织布和缝补;从燕子学会了造房子;从天鹅和黄莺等歌唱的鸟学会了唱歌。"②在德谟克利特看来,蜘蛛结网、燕子筑巢、天鹅与黄莺啼鸣,是第一性的客观存在。在它们的启示下,人们萌发出织布的意念,产生了设计房子的构想,出现了歌唱。织布、盖房子、歌唱是对客观社会存在的有意识再现。我们如果从哲学、美学角度分析上述观点,无疑会肯定德谟克利特运用朴素唯物主义的观点,阐明了艺术和现实的关系;然而,如果从社会生活角度检验模仿说,其疏漏则是不言而喻的。值得我们注意的还在于,德谟克利特联系人的实践活动,论说艺术起源于模仿,具有特殊的意义,他指出了"如果儿童让自己任意地不论去作什么,而不去劳动,

---

① 参见吉尔伯特、库恩《美学史》第一章。
② 《古希腊罗马哲学》,第 100 页。

他们就学不会文学,也学不会音乐,也学不会体育"①。

对于音乐的产生,德谟克利特另持一种独特的见解,即古代乐论家斐罗迭姆在《论音乐》里引述过的一段名言:"音乐是一种相对地说较年轻的艺术,其原因是使音乐产生的并不是需要,而是奢侈。"②表达了从社会原因探讨艺术产生的思想,这与他为美所作分类的出发点是完全相吻合的。在其简洁的论述中,我们窥见德谟克利特美学观的唯物主义特征。"奢侈说"在西方美学史上是有影响的,它成为十八世纪末德国席勒和英国斯宾赛"余力说"的最初萌芽。

自幼喜爱艺术的苏格拉底,观看过大量悲剧演出,并从父学习雕刻,不仅有艺术实践体验,而且经常与艺术家探讨艺术创作规律。他同著名画家巴拉苏斯、雕刻家克莱陀讨论艺术,由浅入深、从表及里论述了模仿说。笔者把他的谈话概括为如下四个层次:(一)在创作中,艺术家首先模仿、再现事物和人物的外部形态。如画家,是运用色彩模仿眼见到的实在事物的外观形式,诸如凹的和凸的,昏暗的和明亮的,硬的和软的,粗糙的和光滑的,年幼的和年老的等等;(二)艺术家应通过模仿人的外貌,再现出人的精神品质。苏格拉底说,当一个人看到朋友走运时,作为表同情者,他会在自己的面部现出高兴的神色;当他看到朋友倒霉时,作为表同情者,他的脸上必定会流露出忧伤的神情。画家就是通过描绘人们的眼神、神色,去表现人们"精神方面的特质";(三)艺术家通过模仿人的外在神态,去细致地再现人物性格。如画家通过模仿人的"神色和姿态",可以表现出人分为两类的八种性格,即"高尚和慷慨,下贱和鄙吝,谦虚和聪慧,骄傲和愚蠢"。其中一类为美的、善的、可爱的性格;另一类是丑的、恶的、可憎的性格。绘画艺术通过画家再现两类性格引起观众的快感;(四)艺术家通过模仿人的姿态来表现人的心理,使艺术形象达到真实、生动。当雕刻家塑造

---

① 《古希腊罗马哲学》,第 114 页。
② 同上,第 104 页。

一座雕像时,就应"模仿活人身体各部分俯仰屈伸紧张松散这些姿势",来"表现心理活动","使你所雕的形象更真实,更生动"①。

苏格拉底以其艺术模仿说,阐发了现实主义美学观点,进一步完善并发展了当时流行的模仿说。其中心思想在于论述艺术家不仅要惟妙惟肖地模仿人的外貌,而且应努力表现人的内在心理活动和精神气质,并栩栩如生地、真实地再现各种各样人物复杂丰富的性格。

关于艺术典型　苏格拉底又饶有兴致地与克莱陀、巴拉苏斯探讨创造"美的形象"问题,以及"如何塑造美的形象"的方法。苏格拉底的论述较为简略,但触及到现实主义艺术的中心——艺术典型问题。

苏格拉底认为,"美的形象"来自对现实生活中美的人物的模仿,可是,在生活中却很难找到"全体各部分都很完美"的一个人。这个难题如何解决呢?他指出,艺术家必须坚持到现实生活中去寻找,对活跃在生活中的各色各样的人进行挑选,选择某些人身上存在的那最美的部分。在选择的基础上,再将那分散的"最美的部分集中起来",即可塑造出美的形象。这个美的形象是"每一部分都美"的,它符合"一个人全体各部分都很完美"的要求。苏格拉底提倡的这个方法,显然就是现实主义艺术创作中的典型化方法。他没有使用、也不可能在公元前五世纪使用"概括"、"提炼"等术语,对典型化方法的认识与论述远欠周密、完整,但是,他准确地抓住了典型化方法中"选择"与"集中"两个重要环节,通过这两个环节塑造出的"美的形象",不仅描绘出"搏斗者威胁的眼色"、"胜利者兴高采烈的面容",而且"把活人的形象吸收到作品里去","把人在各种活动中的情感也描绘出来",从而使其比活人"更真实、更生动"、"更逼真",当观众欣赏这个形象时,便可以引起快感。苏格拉底在公元前五世纪已经发现了艺术创作典型化方法的实质,实在是难能可贵的。这一卓越的文艺美学思想,使苏格拉底为西方美学史上典型理论的研究创立了良好的开端。

---

① 《西方文论选》上卷,上海译文出版社 1979 年版,第 9—10 页。

关于相对美 "赫拉克利特是辩证法的奠基人之一"①,他在距今两千五百年的遥远年代中,竟对辩论法作出了朴素而绝妙的说明:"世界是包括一切的整体,它不是由任何神或任何人所创造的,它过去、现在和将来都是按规律燃烧着,按规律熄灭着的永恒的活火。"②他在哲学史上首次以原始、素朴、正确的世界观表述了一切都存在同时又不存在,一切都在流动、不断地变化、不断地产生和消失的思想。在这一哲学观点指导下,他形象地指出,"人与猴子相比,人是美的,而人与神相比,则人是丑的";"比起人来,最美的猴子也还是丑的";"最智慧的人与神比起来,无论在智慧、美丽和其他方面都是一只猴子"③。黄金对于人来说,是十分珍贵的,而"驴子宁要草料,不要黄金"④。污泥为人所厌恶,而"猪把污泥当作乐园"⑤。赫拉克利特通过分析生活中常见的事例,说明美不是绝对的、永恒的,美是相对的,美的标准具有相对性。

苏格拉底也见出了美的相对性。他说:"同一事物同时既是美的又是丑的","盾从防御看是美的,矛则从射击的敏捷和力量看是美的。"⑥同样的道理,从进攻的角度看,盾是丑的,从防御的角度看,矛则是丑的。他的这一美学思想,显然是和效用观点密切相联系的。

灵感问题 德谟克利特在朴素唯物主义认识论基础上提出诗人在艺术创作中存在着灵感现象。他说:"没有一种心灵的火焰,没有一种疯狂式的灵感,就不能成为大诗人","诗人以热情并在神圣的灵感之下所作成的一切诗句,当然是美的","荷马赋有一种神圣的天才,曾作成了惊人的一大堆各色各样的诗。"⑦以上论述涉及三个问题:是德谟克利特肯定灵感现象是诗人、特别是有成

① 《列宁全集》第38卷,第390—391页。
② 斯大林《列宁主义问题》,1964版,第636页。
③ 《古希腊罗马哲学》,第27页。
④ 同上,第19页。
⑤ 同上,第20页。
⑥ 《西方文论选》上卷,第8—9页。
⑦ 《古希腊罗马哲学》,第107页。

就的诗人在创作中必不可少的;二是把诗人在灵感出现时情感的表现形态,概括为呈"疯狂式",富有"热情",燃烧着"心灵的火焰"。诗人在这种非常状态下写出的诗才是美的。德谟克利特没有解释灵感究竟是什么,但是从其叙述诗人所呈现的精神状态可以看出,这恰是诗人产生创作激情、获得创作冲动、进入创作过程时特有的精神现象。德谟克利特对诗人思维特点的扼要概括,正是对作家获得创作冲动时那种激动不已的思绪、浮想联翩的活跃想象、不平静的内心联想、坐卧不宁的强烈情感激荡的客观描述。没有创作激情、不产生创作冲动,作家则无法挥就感染读者、打动读者的艺术作品;三是以荷马为例,肯定从事艺术创作活动的人必须具备一定的特殊才能。德谟克利特使用了"神圣"一词,但并没有因此赋予灵感以其他唯心主义的解释,故而不可将"神圣"看作其后柏拉图所谓"神灵凭附"的同义语。

关于美的形态　从对美的诸种形态的分析,可以看到早期希腊美学思想的丰富性、多样性。早期希腊思想家们从多种艺术类别、大量社会事物、整个自然界和宇宙范围内去认识美。他们之中,无一例外地肯定艺术美的存在。除此之外,德谟克利特、苏格拉底还研究了社会美,而毕达哥拉斯、赫拉克利特则在认识到社会美的同时,又探讨了自然美问题。尽管他们对美的形态的认识是初步的,零散的,但他们的研究方向却和现代美学的分类大体相当。现代美学把美的形态分为两类三种:艺术美、现实美,现实美中又包括自然美和社会美。两相对照,的确显示了古代希腊早期思想家们卓越的研究水平。

关于音乐的审美教育功能　毕达哥拉斯派学者们涉猎到音乐的社会功能问题,他们指出,音乐能陶冶人的性格、净化人的心灵,具有审美教育作用。

毕达哥拉斯学派认为,人——作为审美的主体,体内是和谐的。审美主体的内在和谐包括两个因素:一个是体内各部分之间的比例对称构成的和谐;另一个是建筑在一定数的比例关系上的心灵和谐(又称和声),内在和谐受到外在和谐的制约及影响。作为客观审美对象的音乐曲调,由不同音调按照一定数量比例组成,具有和谐的节奏,是对立因素的和谐统一。它均衡、对称、完整,呈现出外在和谐。音乐曲调一经乐师演奏，便能唤起审美主体内在的相应情绪，引起听众心情的激荡、变化。

古代希腊人重视对青少年进行音乐教育，世家大族的子弟在参加竞走、搏斗、练身之外，大多还要去学习弹奏七弦琴。毕达哥拉斯派学者将希腊社会中流行的音乐曲调分为两种类型：一类是多利阿调式，即后来被柏拉图称作"唯一真正希腊的调式"。它具有严肃、雄壮、粗犷、高尚和朴素的特点，善于表现勇敢尚武的气质，其作用如同军号、军鼓似的能调节步伐，指挥队伍，振奋人的精神。希腊青少年中以演奏这类曲调为主，往往再配以合唱诗，用于培养青少年的尚武精神。另一类曲调是道瑞斯式，它具有柔软、悦耳的特点，表现出温文尔雅的气质。

这些学者们认为，经常借助于道瑞斯调式音乐的帮助，可以使具有粗鲁、急躁性格的人变得温柔、情绪有节奏；而那些陷入沮丧、无精打采情绪的人们，如果常常欣赏多利阿调式乐曲，就会变得活泼、富有朝气、充满活力。音乐能陶冶人的性情，慰藉人的痛苦，净化人的心灵，在音乐魅力的吸引下，人的心灵内在和谐将不断得到改善。毕达哥拉斯派学者们论述的正是艺术的审美教育作用，他们都主张将音乐作为进行审美教育的一种手段。①

毕达哥拉斯学派所提出的关于音乐的审美教育功能的思想，对后世西方美学的发展产生很大影响。古希腊著名美学家亚里士多德在《诗学》第六章定义悲剧时指出，人皆有怜悯与恐惧的感情，但这种感情不宜太强，也不可过弱。人们通过观赏悲剧可以陶冶怜悯与恐惧之情，逐渐培养成一种新的习惯，形成强度适当的情感，这就是悲剧的"净化"作用。他在《政治学》中，直接论述了音乐的社会作用，把乐调细致地区分为伦理的乐调、实践（或行动）的乐调以及狂热的乐调。这三种乐调对不同的听众分别产生教育作用、净化作用和精神享受（即娱乐）作用。亚里士多德这个"净化"说的思想源头在哪里？柏拉图于公元

---

① 参见吉尔伯特、库恩《美学史》第一章。

前五世纪在《法律篇》中曾指出音乐、舞蹈是医治人们恐惧感情的药物。研究者们便往往到《法律篇》中寻找"净化"说的萌芽。笔者认为,通过研究毕达哥拉斯学派的音乐理论,我们应该能够指出亚里士多德"净化"说的思想渊源不在柏拉图,而要上溯到早一个世纪的毕达哥拉斯。

综上所述,我们概括出古希腊早期美学思想是有以下三个特点:第一,古代希腊早期美学思想最初是自然哲学的组成部分,它和自然科学、宇宙论问题发生着密切而广泛的联系。随着希腊奴隶民主制社会生活的拓展,哲学家们不仅视野变得开扩起来,视角也发生转移,美学思想逐渐成为社会科学的组成部分。但是,这个时期的美学思想不论作为自然哲学的组成部分还是社会科学的组成部分,它自始至终都与文学艺术密切相关。第二,在古代希腊早期奴隶主民主制生动、自由的政治空气中,美学思想活跃、见解多样、观点分歧,其后西方美学史上争论的许多问题,如美的本质、艺术的起源……都可以在这里找到不同观点的雏形,显示出作为古代希腊社会意识形态之一的美学思想最初阶段的研究具有较多的起点。第三,古希腊早期美学思想具有朴素、生动、直观性,大多通过简短的格言式对话、生动有趣的例证表达出来,在轻松、清新、富于形象性的文字中蕴含着深邃的哲理。它既没有中世纪美学思想那种枯燥晦涩、冗长繁琐;也不具有德国古典美学的庞大、完整体系和思辨性;更不同于西方现代美学注意严格确切的表述,古希腊早期的美学思想,在人类社会发展初期的特定的历史阶段中,形成了鲜明的个性特征。

古代希腊早期美学思想处于西方美学史的滥觞时期,具有极大的研究价值和重要性,但是由于保留至今的资料仅是一些断简残篇,又过于零散,笔者在研究过程中深感资料匮乏。这恐怕也正是目前国内美学界对古希腊早期美学思想尚未给予充分重视和研究的重要原因。本文所作以上评述与概括,如有不当之处,恳请同志们批评指正。

原载《扬州师院学报(社会科学版)》1986年第4期

西方古典诗学略论

陆 扬

一、诗 学 与 哲 学

诗学一语按照通行的理解,它是来源于亚里士多德的《诗学》一书。诚如近年多有学者重申,亚氏所谓的"诗学"(poietike),其本义是属于今日通译"艺术"的 techne 范畴,换言之,它是示人如何"制作",而不是一门形而上的学问。如是,亚氏这本篇幅寥寥的大著,或者更应该译作《诗艺》或者《诗法》。事实上也不乏有人作如此尝试。诗歌的诞生虽然远早于哲学,可是哲学引探究世界本原为己任,一旦羽翼渐丰,便自命为高居一切技艺学问之上的"第一哲学",压根就不把诗歌放在眼里。柏拉图《理想国》中,苏格拉底就已经说诗歌和哲学的纷争由来已久。哲学家斥责诗人是"狂犬吠主",诗人反过来讽刺哲学家是"慎密思考自己窘境的穷人"。①这样来看亚里士多德的《诗学》,不管它怎样在循循诱导教授诗法,比如悲剧的结构布置、悬念设置,以及诸如此类一应故事,当它将诗歌的性质定位在模仿上面,同时以模仿直达形式即理念,它当仁不让也就是一部哲学著作。

要之,《诗学》的译名不但约定俗成,而且名至实归。因为它首先是背靠哲

---

① 柏拉图《理想国》,607b—c。

学来做诗辩的文献。柏拉图《理想国》呼吁诗歌的爱好者,哪怕他们自己不是诗人也罢,哪怕不用诗体,用散文体来叙述也罢,只要能够证明诗歌不但给人快感,而且对国家有益,他甘愿洗耳恭听,从善如流。①他不会想到到头来响应他这一呼吁的,不是别人,竟是他本人的第一高足,口称"我爱柏拉图,我更爱真理"的亚里士多德。

　　人类对诗歌的爱好,自鸿蒙既开,就相伴文明同时滋长。《尚书》记载舜继尧位,安定天下,即任命百官,令各司其职。比及诗歌,帝曰:"夔!命汝典乐,教胄子,直而温,宽而栗,刚而无虐,简而无傲。诗言志,歌咏言,声依咏,律和声。八音克谐,无相夺伦,神人以和。"②这是言虞舜以夔为乐官,教以正直温和的音乐启蒙孩童,陶冶宽阔刚毅胸怀且不使骄傲自大,目中无人。这和后来古希腊的音乐教育思想,几无二致。如柏拉图以伊奥利亚调和吕底亚调为靡靡之音,反之推崇表现节制和勇敢的多利亚调和弗里几亚调。③诗言志,歌咏言,这可谓影响最为深广的中国传统诗学原型,它能担纲学界长久流传的西方诗学以模仿为圭臬,中国诗学侧重表情言志这一判若两途的分野吗?

　　希伯来文化中,更将"音乐对人类之必须"的谱系上推到人类诞生之初。《创世记》说,"拉麦娶了两个妻,一个名叫亚大,一个名叫洗拉。亚大生雅八,雅八就是住帐篷养牲畜之人的祖师。雅大的兄弟名叫犹八,他是一切弹琴吹箫之人的祖师"。④假如我们记得雅八和犹八这一对兄弟,以及接着洗拉生产的主掌铜铁利器的土八该隐,都是亚当和夏娃的长子该隐的第六代子嗣,那么就可以发现,这些远古各类技艺的发明祖师,是多么近在咫尺地紧邻着上帝创造世界的太初时光。不仅如此,在畜牧作为生机之必须,以及铜铁作为工具之必须之间,就有音乐的地位,足见我们人类是多么与生俱来地热爱着音乐。就像《尚

---

① 柏拉图《理想国》,607d—e。
② 见《尚书·虞夏书·舜典》。
③ 柏拉图《理想国》,398e—400a。
④ 《旧约·创世记》,4:19—21。

书》所说,"八音克谐,无相夺伦,神人以和",正是音乐构成了天地人的最初和谐。而诚如歌咏言、声依咏、律和声的命题所示,与音乐形影相随的,从来就是诗。

由是而观诗学,顾名思义,它是做诗论诗的学问。亚里士多德的时代诗是文学的主要文体,散文主要是哲学、历史等学问的写作文体。即便哲学,在柏拉图之前,哲学家出言神出鬼没,常常是神龙见首不见尾,莫测高深,就像先知在预言世界。正是柏拉图设定苏格拉底这个一半虚构,一半回忆的叙事人,用极具文学色彩的对话体来写哲学,才使西方哲学开始有了一个相对完整的体统。无怪乎《理想国》诚然疾言厉色谴责荷马的柏拉图,《会饮篇》中却还在说,谁不愿意跟荷马和赫西俄德这等天才诗人来生孩子,而去跟那些凡夫俗子结婚生产呢? 此外,像恩培多克勒、卢克莱修这些用韵文写作的哲学家,当其时,他们的身份也还是诗人和哲学家兼而有之。

但是,诗与文的界限其实不好厘定,尤其是以高屋建瓴的哲学视野来审视这个分界。是不是韵文就算诗,散文就算文? 或者更进一步,不计韵律,但凡分行来写,即可冠以诗的名号? 很显然首先亚里士多德本人就表示反对。《诗学》第9章他判定诗高于历史,更具有"哲学意味",盖诗的模仿是比照可能性和必然性,在个别当中写出普遍性来。由是观之,以长诗《论自然》蜚声的恩培多克勒,因其作品不涉模仿,还算不上诗。故而,"除了格律,荷马与恩培多克勒的作品实了无相干,所以称荷马是诗人适如其分,恩培多克勒则与其管他叫诗人,不如称他为自然哲学家"[1]。恩培多克勒肯定不是个案,不说卢克莱修,巴门尼德也写过一部长诗《论自然》,虽然如今仅有残篇存世。可是我们都把柏拉图《巴门尼德篇》中这位少年苏格拉底仰之弥高的哲人看作本体论哲学的祖师,谁关心过他是或不是诗人? 再往后看,英国18世纪诗人亚历山大·蒲伯,当年是由他的长诗《批评论》一举奠定了自己的青年诗名。《批评论》明明是诗,而且诗人

---

① 亚里士多德《诗学》,1447b。

专门用了韵律最有讲究的英雄双行体,可是他偏偏将此诗冠名为"文",是为"An Essay on Criticism",这又该当何论?《批评论》模仿什么? 它是在模仿是时流行的诗学,或者更确切地说,是在模仿布瓦洛的新古典主义文学观念? 这好像有点说不过去,因为我们同样也可以说,巴门尼德和恩培多克勒,何曾又不是在模仿是时流行甚或尚未及流行开来的哲学和自然观念? 如此来看,亚里士多德以模仿的直达理念的必然性来界定诗学,可以说反倒是坚固了诗唯哲学是瞻的柏拉图传统。诚如蒲伯的《批评论》所示,你说它是诗,它就是诗;你说它是文,它也就是文。诗歌一般长于抒情和叙事,忌讳议论,但是《批评论》这类文献打破了这个忌讳。诗与文的界限,依然还是模糊的。

二、诗 学 和 古 典

那么,我们是不是可以比照近半个世纪以来很是流行过的一个风尚,即以"诗学"来命名一切想像性和创造性作品的理论探究? 如此我们可以说荷马的诗学研究,同样也可以说《红楼梦》的诗学研究? 可以在古典诗学里面研究达·芬奇、塞万提斯、弥尔顿和海顿、贝多芬,一样也可以在现代和后现代诗学当中研究尼采、弗洛伊德、索绪尔、勒·柯布西耶、海德格尔、拉康、福柯、德勒兹和德里达? 是以我们不但有诗歌和戏剧的诗学,一样也有小说诗学、绘画诗学、音乐诗学、建筑诗学、哲学诗学,以及精神分析的诗学? 20世纪"理论"一语大出风头,几乎囊括所有人文话语,在这一段大好时光里,"诗学"似乎也在同步分享"理论"的灿烂光华。可是"理论"好景不长,不过是一转眼之间,从1990年代开始我们就进入了"后理论"时代。伊格尔顿的《理论之后》开篇就说:

> 文化理论的黄金时代早已经过去。拉康、列维-斯特拉斯、阿尔都塞和福柯的开拓性著作迄今已有数十年过去。同样的是雷蒙·威廉斯、露西·伊莉加瑞、布尔迪厄、克里斯蒂娃、德里达、西苏、哈贝马斯、詹明信和赛义

德的褴褛筚路的著述。打那以后问世的文字,鲜有能比肩这些创世父母们者。①

后来呢? 后来"理论"的先辈们纷纷辞别了这个世界,罗兰·巴特出车祸,福柯死于艾滋病,阿尔都塞因为杀妻进了精神病院。我们可以套用伊格尔顿的话说,上帝可不是一个"理论"爱好者。但是上帝乐意聆听大卫的《诗篇》和所罗门的《箴言》,他肯定是一个诗歌爱好者。

诗学当年既未似"理论"这般如火如荼几乎燃遍每一个人文领域,它的前景显然也可以继续,甚至进一步看好。这当中的缘由还不全是审美替代政治,仿佛在演绎新的时尚。纵观西方诗学三千年的历史,如果说在 19 世纪浪漫主义勃兴之前,用艾伯拉姆斯"镜与灯"的譬喻来说,是模仿说雄霸两千余年之后,浪漫主义诗人开始以内心的光芒照亮世界,由此完成从模仿说到表现说的过渡,那么 20 世纪以降,毋宁说是重新出现复归亚里士多德的趋势。虽然,亚氏的《诗学》随着新译本的不断出现,中译名也新有"诗法"、"诗论"等等不一而足,但是诗学这个概念本身,早已不囿于亚里士多德的传统。20 世纪以来围绕着诗学,各路理论家和批评家孜孜不倦进行的形而上思考,意味着一种以诗学本身为讨论对象的"元诗学",也已经在悄悄诞生。

至此,本文所用的"诗学"一语,大致可以定义如下:专门意义上诗学是指诗的理论和批评,广义上它是全部文学理论的同义语。为说明这一点,我们可以来看保加利亚裔法国批评家托多罗夫的诗学定义。托多罗夫认同以诗学来泛指文学理论,但是他认为亚氏的《诗学》讨论对象并非后来叫做文学的那东西,所以它不是一本专门的文学理论著作。反之《诗学》探究的是怎样使用语言来进行模仿。故而不奇怪,在简单介绍模仿是为何物之后,《诗学》即着手来描述史诗和戏剧这两种模仿类型的不同属性。概言之,假如我们认可诗为文学之精华这一现代理解,亚氏的《诗学》由是观之就并非专门针对诗的学问而发。那么

---

① Terry Eagleton, *After Theory*, New York: Basic Books, 2003, p.1.

什么是诗学,或者说,什么是我们可以叫作诗学的那一类文学理论？托多罗夫以阐释和科学为文学研究的两翼:阐释是为作品的类属分析,科学是为作品解释的普遍法则,这样来看诗学,它的定义便可以是:

> 诗学打破了文学研究如此在阐释和科学之间建立起来的对称关系。同特定作品的阐释相反,它并不追求命名意义,而是旨在了解导致作品诞生的普遍法则。但是又判然不同于精神分析、社会学这类科学,它是在文学自身内部来探究这类法则。故此,诗学是一条既"抽象"又"内在"的文学路径。[①]

这似乎还是文学的"内部研究"和"外部研究"合二为一的老话。但是托多罗夫反对诗学走纯理论路线,要求任何一种诗学必针对特定的作品而发。就此而言,按照托多罗夫的估计,我们还处在诗学的早期阶段,前面的路还长着呢。

那么,"古典"又当何论？顾名思义,古典就是古代的经典。这说起来也并非望文生义。"古典"一词是对译英语 classic,它的拉丁语原型是形容词 classicus,出源可以追溯到公元前 6 世纪,是时罗马王政时代第六任君主塞尔维乌斯·图里乌斯(Servius Tullius)举行古罗马第一次人口普查,令公民各各登记社会身份、家庭财产及收入,由此来确定他们的纳税与兵役能力。图里乌斯将古罗马公民人分五等,classicus 即是这五个等级当中最高阶级的称谓。一般认为公元 2 世纪以著有杂记《阿提卡之夜》而蜚声的罗马作家奥鲁斯·格里乌斯(Aulus Gellius),是将 classicus 一语用来形容作家的第一人。迄至此时,classicus 一语的释义应是"经典"而不是"古典",因为它所描述的是共时态而非历时态的对象。事实上两个世纪之前,当西塞罗将该词的名词形式 classis 从图利乌斯的政治与军事语境中移出,转用来修饰哲学家的时候,所瞩目的也还不是古典,而是经典。

---

① Tzvetan Todorov, *Introduction to Poetics*, English trans. Richard Howard, Minneapolis, University of Minnesota Press, 1981, p.6.

"古典"一语开始变得名副其实起来,应是在文艺复兴时期。文艺复兴是诗和诗学的时代。从但丁到莎士比亚,诗享有如此崇高而又普及的殊荣,可以说是既无前例,也没有后继。从其发生背景上看,它得益于古代诗家作品的复兴,特别是亚里士多德的《诗学》、贺拉斯的《诗艺》,以及西塞罗和昆提里安的修辞学著作。诗学在中世纪隶属修辞学与文法,这两门脱胎于"自由七艺"的人文学科,终而酝酿成人文精神的培训,要求学生能读会写,着重训练学生翻译和深入阐释古代经典的能力。正是基于这一背景,古典文献中的人文主义从文本到课堂、从课堂到人生、从人生到社会普及开来。其最重要的核心,是培养学生做一个正直的人。这就是12世纪以来欧洲从同业行会发展出来的大学的精神。

就复兴古代的荣光而言,文艺复兴重新发现的古代作家和作品,不但数量上远较中世纪为多,而且在观念、文体、体裁、题材等等方面,也都展现出崭新的气象。这个气象首先是人文主义。人文主义者大都用拉丁文写作,事实上,以西塞罗为代表的大量罗马典籍的重新发现和流行,让14世纪以降的欧洲人看到了纯粹的、典雅的拉丁文,与之比较,中世纪的典籍,被认为是蹩脚的、不纯的拉丁文。希腊哲学文本的重新发现,则让人读到了第一手的希腊典籍的原貌,而在中世纪,学者所见每每都是神龙见首不见尾的片段。所以不奇怪,古典同诗学结盟,文艺复兴是适当其时。

三、诗学的脉络

西方文化中关于诗的认知,可以上溯到荷马。《伊利亚特》开篇即呼吁缪斯女神歌唱珀琉斯之子阿喀琉斯的愤怒,唱他怎样冲冠一怒为红颜,同阿伽门农反目,给希腊人带来无尽灾难。这应是后来柏拉图坚持诗人要写好诗,必先入迷狂,代缪斯所言的滥觞。赫西俄德《神谱》一开篇,诗人也声明他要从赫利孔山上的缪斯开始歌唱,谓缪斯善于赞美宙斯、赫拉、雅典娜、阿波罗、忒弥斯和阿芙洛蒂特等一应奥林匹斯山上神圣。诗歌代神所言、歌唱神祇,按说那是哲学家心目中的好诗。可是哲学自打来到这个世界上，即以谴责诗歌为其不二使命。这个使命甚至是一种无意识的本能。据狄奥根尼·拉尔修记载，毕达哥拉斯曾经梦见荷马被吊在一棵黑森森的树上，周围盘旋着许多毒蛇；赫西俄德更是被绑在青铜柱子上，蒙受类似炮烙那样的酷刑。诗人何以命运悲惨以至于此？缘由是诗人说谎。这一点赫西俄德本人都坦白得清楚。《神谱》中诗人交代了他神圣灵感的来源。赫西俄德说，有一天他在赫利孔山下放羊，宙斯的女儿众缪斯教给他一支光荣的歌，然后说出这样一段话来：

> 蛮荒的牧人，寡廉鲜耻只图口腹之欲的众生啊，我们知道如何将许多虚假的事情说得如同真实；可我们明白倘若自己愿意，也懂得怎样讲述真情实事。①

赫西俄德自谓他是听到缪斯们作如是说的第一人。然后缪斯送给他一根橄榄枝，将神圣的声音吹入他心扉，让他歌颂过去和未来事情。缪斯说，你只管吟唱不朽众神的快乐，不过别忘了但凡在开头和结尾，就专门唱一唱我们缪斯自己吧。赫西俄德所言不虚。即是说，诗人可以承认自己说谎。但是此种说谎是为有意识的虚构，它同表征真实是并行不悖的。是以亚里士多德坚决为诗辩护的《诗学》，也不齿于断言"荷马的本领是懂得用适宜的方式来说谎，并且将这本领传授给其他诗人"。②

西方诗学作为一门开始自成体统的学问，其真正开端源起柏拉图和亚里士多德的诗为模仿说。柏拉图的诗学思想并不连贯。《斐德若篇》中他鼓吹诗必迷狂为妙，但是《理想国》卷十等篇章中，我们更多领教的是他严词谴责，判定诗一方面因模仿而远离理念或者说形式本因，一方面因说谎而道德沦丧。亚里士多德的《诗学》作为西方历史上第一部分门别类的诗学研究系统著作，没有提及柏拉图的名字，但是通篇笼罩了柏拉图的影子。亚氏将模仿定义为人的天性，

---

① Hesiod, *The Theogony*, II, 26—28.
② 亚里士多德《诗学》，1460a, 37。

指出我们是在模仿中求知,而且在模仿中得到快乐。这虽然不过是在柏拉图第一哲学的框架中为诗辩护,但是历来被哲学视为雕虫小技的诗歌,最终能够被哲学接纳进来,当然也是破天荒的幸事。所以,即便《诗学》很大程度上是在传授写诗,或者说写史诗和悲剧的技能,它当仁不让就是西方诗学的第一经典。

亚里士多德的《诗学》成文之后历经波折,包括被搁置地窖多年,事实上很快它就佚失不见。罗马时期即少有人议及《诗学》。中世纪流传的,也仅是贺拉斯的《诗艺》。1147年阿拉伯哲学家阿威罗伊(Averroes)根据亚氏《诗学》的一个阿拉伯语节译本,出版过一部《亚里士多德〈诗学〉定解》。虽然后来证明阿威罗伊这部节译本大多是误解和曲解,但是它变成《诗学》最初回传西欧的底本。1256年阿勒马尼(Alemanni)将阿威罗伊的节译本译成拉丁语,不过是以讹传讹,当时寂寂无闻,没有发生影响。事实上,后来文艺复兴时的诗学,最初被人熟悉的是贺拉斯而不是亚里士多德。贺拉斯《诗艺》中的两个主要思想寓教于乐和诗如画,成为此一时期诗学的两个口头禅。在亚氏《诗学》1498年拉丁文本出版,1508年希腊文本出版,1539年意大利文译本出版之前,欧洲人熟悉的只是《诗学》阿威罗伊的节译注释本。阿威罗伊从道德哲学角度来阐释亚氏《诗学》,认为诗人通过模仿,可以在善恶之间作出抉择,这实际上也是贺拉斯的思想。阿威罗伊的《定解》在1523、1550和1560年数度再版,对于16世纪熟知贺拉斯《诗艺》的意大利学界,这个贺拉斯版式的《诗学》解释显然是受人欢迎的,但是它已经不是亚里士多德的本来面貌,而且它的兴趣很大一部分是在修辞学上面,如诗的模式,诗学术语和论辩程序等,这显然都受惠于罗马修辞学的形式因素。

诗学与修辞学是近邻。它们之间的分野通贯中世纪都是模糊的。民族国家兴起之后,围绕"俗语"即民族语言和拉丁语的纷争,说到底也显示了诗学摆脱修辞学、自觉和自足意识日益彰显的过程。俗语诗歌在中世纪源远流长,它同古典学术的复兴,发生冲突是情有可原的。但是冲突未必不可以协调。但丁《论俗语》这部典型的诗学著作是用拉丁文写成,然其主题是呼吁俗语写诗,而且它的文体是散文。但丁期望俗语诗歌可以比肩古典语言的荣光,一如他不朽的《神曲》。这样一种勃勃雄心也见于彼特拉克。彼特拉克曾经希望他的一切荣誉,都是来自他的史诗《阿非利加》。《阿非利加》是用拉丁文写成,但是它开启了文艺复兴以降,用民族语言来写史诗,以同古代争辉的新传统。嗣后分别用意大利语和英语写成的塔索的《疯狂的奥尔兰多》、斯宾塞的《仙后》,乃至弥尔顿的《失乐园》,无疑都得益于这个传统。但人文主义者向以写一手流利的拉丁文为自豪。而正是在古代优雅拉丁文的重新发现和中世纪"堕落"拉丁文的对照之中,一样酝酿出了波澜壮阔的文学革命。人文主义者标举具有独创性的拉丁文风格,这反过来也影响了俗语文学的创作。甚至,文艺复兴一些划时代的俗语文学作品,如薄伽丘的《十日谈》、阿里奥斯托的《疯狂的奥尔兰多》,也都是在译成拉丁文之后,才获得了国际性的声誉。可以说,拉丁语精益求精的文风和对完美典雅的追求,为各国俗语诗学树立了不朽样板,当是毋庸置疑的。

17 世纪开始,西方诗学见证了从新古典主义走向浪漫主义的光荣历程。法国诗人高乃依和布瓦洛致力于阐释"三一律"和模仿自然,但是这里的"自然"概念已经不是我们五官感觉所以感知的那个外部世界,而是一种至高的理式。诗学与修辞学的关系,也正式开始分道扬镳。修辞学从孕育出人文主义的中世纪"七艺"之一,沦落为各式各样辞格、比喻如何分类命名的艰难游戏。无怪乎此一时期的许多哲学家,如洛克、莱布尼兹、孔迪拉克、休谟和卢梭等,都不见再纠缠修辞学。与此同时,诗学与此一时期降生于世的美学开始联姻。鲍姆加敦本人 1735 年就写过一部《若干深奥诗歌的哲学反思》(*Meditationes philosophicae de nonnullis ad poema pertinentibus*)。而康德和黑格尔对于诗学的影响,据《新普林斯顿诗与诗学百科全书》言,是在于"他们提出了一种新的形而上学,其中客体是根据它们的认知表征,而为主体感知者所理喻,由此使'客观'和'主观'成为相互渗透的两个领域"。①主体和客体的相互渗透和交通,正是嗣后 19

---

① Alex Preminger and T. V. F. Brogan ed. *The New Princeton Encyclopedia of Poetry and Poetics*, Princeton: Princeton University Press, 1993, p.935.

世纪浪漫主义诗学的充分必要条件。以高张诗人的想像和情感为圭臬,诗学不复拘泥于修辞学的羁缚,遣词造句的考量又何足道哉。此一时期的一大批诗学文献,从施莱格尔的柏林讲演录、华兹华斯的《〈抒情歌谣集〉再版序言》、柯勒律治的《文学生涯》、雪莱的《诗辩》等等,我们都能在黑格尔的《美学讲演录》中见到它们的身影,或者毋宁说,我们看到诗学的幽灵在与绝对精神会饮交欢。

但这并不意味着模仿被弃之如敝屣。即便模仿风光不再,我们发现亚里士多德的语言思想,依然是指点诗学迷津的一盏明灯。亚氏《解释篇》开篇就说:

> 首先我们必须定义什么是"名词"和"动词",其次定义"否定"和"肯定",再次定义"命题"和"句子"这一类词语。

> 口说的话是内心经验的表征,书写的话是口说的话的表征。诚如人们的书写各有不同,人们说话的声音,也各不相同;但是它们直接表征的内心经验,在于各式人等却都是一样的,适如为我们的经验所反映的事物那样。①

这一以物、心、言、文秩序排定的语言表情达意程序,是不是同样适用于古往今来的一切诗学?

原载《上海师范大学学报(哲学社会科学版)》2013 年第 6 期

---

① Aristotle, *On Interpretation*, I, 16a.

布洛赫美学要义及其贡献

王才勇

德国马克思主义美学中,布洛赫是一位承前启后的人物。承前是因为他与卢卡奇一样,不仅坚持了艺术与审美的认知功能,而且也将认知指向了不尽人意的现实,进而彰显了艺术与审美的反现实意义;启后是因为他并没有简单从经典马克思主义的一些基本原则出发,去阐述和要求现实,而是紧密关注 20 世纪初当下现实发生的变化,从当下现实业已发生的递变,尤其是艺术与审美领域发生的变化,去弘扬马克思主义美学的现代意义。因此,才有对乌托邦精神的关注,对希望原则的洞察,进而才有对艺术之乌托邦功能的揭示。这些理论创新无疑使经典马克思主义美学走向了现代,开启了西方马克思主义美学关注现代艺术的传统。但是,就布洛赫美学本身来看,成就与失落并存。成就使其从经典马克思主义美学中脱颖而出,失落使其有了后继,有了对西马美学进一步发展的触动。

一、美学的现代视野——自我体验

美学问题上,布洛赫与卢卡奇这两位旗帜鲜明的马克思主义者曾就 20 世纪初欧洲出现的艺术新变,即表现主义,展开了论战。一个对之否定,一个肯定。这就使得两人在美学观点上分道扬镳。卢卡奇指责表现主义囿于个别,沉溺于非理性,无视资本主义的反人性实质;布洛赫则相反捍卫了表现主义这种新艺术的革命意义。在 1917 年与卢卡奇的论辩文章《再论表现主义》中,布洛赫说道"有些马克思主义者,如卢卡奇,给表现主义贴上了一些不着边际的标签。他们将之谴责为'表达了小市民的失落性',甚至完全套语式地称之为'帝国主义的上层建筑'。可是,'小市民'这样的标签根本套不上马克(Marc),克利(Klee),夏卡尔(Chagall)和康定斯基(Kandinsky)这样的画家"①。小市民是沉溺于个人情感,无视社会整体企求的。而布洛赫在表现主义画家那里看见的并不是单纯沉溺于个人情感的非理性,而是透过非理性展现了包容人性的理性。他说:"马克和夏卡尔的绘画蕴含的并不是非理性,而是对非理性的理性。这是对非理性的一种包容,一种体谅。他们表现了那些具有非理性倾向的人。"②这种表现是对隐秘人性的弘扬,是对非人性之现实的抗议。他说:"马克,克利,夏卡尔的画作展现的并不是非对象性,而是将对象(梦中鱼,母腹中的牛犊,林中的动物)非物化了,使其成了我们意义世界的东西。"③他们展现了物化世界所失落的意义。"那时的先锋派即便在荒野中看见的也是人性,一种隐秘或正在萌生的人性。简言之,他们标举的是隐秘的人性。他们将人的内心世界和外在世界进行了拓展,远远超越了其迄今通常的表达。"④这种对隐秘人性的弘扬,对物化世界失落之意义的追求,在布洛赫看来,不是对资本主义的妥协,而是一种反叛,一种对身边现实的抗拒。他说:"表现主义实际上含有的是反资本主义,一种客观上还不明晰,主观上却清晰无比的反资本主义。它交错含有着远古的阴影和革命曙光,阴影来自主观主义的,尚未理喻了的阴间;曙光在于未来,充盈和对人性表达的专注。这是一种反对所有传承形式的艺术,而且尤其反对身边给定的现实。他用战争来对付这个世界。当然,那不是诉诸武器的战争,而是诉诸画笔和幽默,诉诸直接呐喊的战争。画布或缪斯般画纸是其战场。"⑤表现主义这种新艺术的革命意义,在布洛赫眼里是不

---

①②③④⑤　Ernst Bloch, *Der Expressionismus, jetzt erblickt (1917)*, In, *Geist der Utopie*, Suhrkamp 1985，p.256，p.260，p.260，pp.260-251，p.258.

容置疑的。他不仅是对现实的一种抵抗，也是对美好未来的呼唤。虽然客观上并未指示出一条清晰的路，但主观上坚定不移地反对着既存现实。

与卢卡奇就表现主义展开的争辩发生在布洛赫美学思考的早期，其意义不单纯在表明了布洛赫对现代主义艺术的积极态度，更在展示了其美学思考的现代视野：关注当下艺术与审美实践，披露其内在逻辑。布洛赫美学，乃至整个哲学思考，都怀有着强烈的现代精神，都紧密切入着当下实践。一切理论建构，美学的，抑或哲学的，都鲜明地从当下问题出发，都在披露着现代人的追求。

美学上，布洛赫在其早年《装饰艺术的生产》一文中指出：表现主义开始转向"无意，无思，有机和非理性"①。于是，艺术观照中，"体验着的自我成了关键"②。现代艺术中这个关注自我的现象早在其启动伊始的印象派那里就已经开始。布洛赫说道：就印象派而言，"我们已经变得更专注于自我，更看重感受，不太注重形式的准确，'空间上'不断走向自我"③。"因此绘画本来专注的色彩本身也成了无关紧要的了。人们虽然一如既往地热爱着全然纯粹的调色，但这已不是决定性的。科柯施卡（Kokoschka）用灰色，褐色，暗紫色和一切泥土色来创作，但他依然是一位表现主义画家。"④马克，康定斯基用了许多亮色，人们还是喜欢，这是由于"激发性内蕴"（Erregungsgehalt）的缘故⑤，也就是说，这些色彩具有着激发人自我活动的潜力。"不仅单个色彩，而且整个构图都具有着'情绪价值'（Emotionswert）：爱，恨，热情，怒火等，映现整个心灵景观的氛围被再现了出来。"⑥"由此，色彩获得了它从未有过的功能，它可以脱离形式生命本来的要求，而任意按自身需求行事。重又回到单纯绘画性是印象主义画派的骄傲，这种单纯绘画性在表现主义绘画中又得到了体现……其中唯一再现的东西只是我在观照该物时感受到的东西。"⑦也就是说，再现了观者主观世界活动。那其实是在表现，表现人的感受。作为一位美学家，布洛赫清晰看到了现代艺

①②③④⑤⑥⑦ Ernst Bloch, *Die Erzeugung des Ornaments*, In, *Geist der Utopie*, Suhrkamp 1985, p.23, p.23, p.43, pp.43-44, p.44, p.44, p.44.

术从印象主义到表现主义的发展：再现性要素退隐，单纯表现性因素凸现。所谓单纯绘画性的出现就是形式要素走向自主，不再以状物为依循，而是以激发自我活动为主。作为哲学家他又进一步看到，现代艺术的这种发展就是转向自我，也就说，自我体验成了现代艺术的核心。

哲学上，布洛赫同样看到了这个时代变化并以之为切入点。就其早期思考，如《乌托邦精神》（1918年）所关注的问题来看，众所周知的是：瞬间和乌托邦问题是源起与核心。但是，不太为人知晓的是，这样的关注是他深入研究现代哲学问题的产物，是他从现代哲学中总结出的时代问题。众所周知，20世纪初的欧洲，现代哲学经由克尔凯戈尔，叔本华，尼采和胡塞尔等人的努力，已经呈现出了超越形而上学发问的趋势，开始关注切实可感的，活生生的存在，那就是关注眼前，当下和自我。在早期《论当代之思想氛围》一文中，布洛赫通过对时下盛行的柏格森，胡塞尔现象学和哈特曼（Hartmann）哲学进行考察发现，现代思维开始关注活生生围绕着我们的东西。由此，体验（Erlebnis）作为思想本身开始进入眼帘，如柏格森。原先的概念思维被抛弃，本能性认知获得重视。①那就是面对物本身的直接思维，而不是以概念为中介的思维。那是一种实在思维（das tätige Denken）。布洛赫说：现时代"自我开始苏醒，实在思维开始苏醒"②。因而，布洛赫那里，当下和自我就像在现代艺术中那样，也成了现代哲学超越形而上学之后关注的核心所在。

正是怀着这样的现代视野，布洛赫从一开始就紧紧抓住自我体验这样的问题入手，那不仅是由于现代艺术的新变将此问题凸现出来，而且就艺术的一般意义而言，自我也是一个居于核心的问题。在其早期《话说音乐理论》一文中，他清楚地指出："没有听众的回应，根本不可能有乐音出现。乐音不在规定，而在引领。一个音调会产生某些必然的效果，但根源绝不会在音调本身。"③"即便

①② Ernst Bloch, *Über die Gedankenstmosphaere dieser Zeit*, In, *Geist der Utopie*, Suhrkamp 1985, p.249, p.310.

③ Ernst Bloch, *Zur Theorie der Musik*, In, *Geist der Utopie*, Suhrkamp 1985, p.212.

一个很有灵性的音调,展示的也莫非是我们的忧愁和期待。"①在同样属于早期的《音乐哲学》一文中,他甚至主张:"音乐分析中关键的是要把握创作中特定的自我状态,一种对每个作曲家而言成为创作范型的自我状态,如莫扎特的自我状态,巴赫的,贝多芬的。"②"因此,为了把握住新出现的整个当时,必须将所有单纯历史性的关联彻底剥离。"③这样,自我成了艺术当仁不让的一个核心问题。现代艺术由于以激发自我活动,激发自我感受为目标。自我体验则成了其关键。由此,瞬间,当下等问题在布洛赫那里成了现代性精神关注的焦点,因为它们被看成了自我体验的存在场所。唯有瞬间和当下,才有自我体验存在。布洛赫从艺术,尤其是现代艺术和现代思想追求中看到了这些关键问题后,独具慧眼地看到了自我体验问题的困境,即自我何以被体验,何以被发现和把握。他对此展开了深入研讨,进而推出了其有关乌托邦精神与希望原则的思想。

二、美学的现代难题:自我与瞬间

当现代艺术和现代美学将自我感受,自我体验,进而又将瞬间体验与当下感受置于中心时,其实蕴含着何以体验瞬间,何以感知当下,何以感知自我的问题。布洛赫看清时代问题的核心在当下体验与自我感受后,独具慧眼地将问题又向纵深拓展。在他看来,人类生活中有一个基本事实:人其实是无法经验自己直接存在的。"我是我自己。可是,我并没有把握我自己。"④从把握自己,把握当下角度看,"一切都在滑失,万物即瞬间。一切都在滑入不可企及之在,都在滑向回忆和希冀"⑤。"概念本身就包含着流失,这是问题所在。"⑥概念和范畴"越高也就越泛,同时也就越远,越少涵盖现在。"⑦

---

① Ernst Bloch, *Zur Theorie der Musik*, In, *Geist der Utopie*, Suhrkamp 1985, p.212.

②③ Ernst Bloch, *Philosophie der Musik*, In, *Geist der Utopie*, Suhrkamp 1985, pp.95-96, p.96.

④ Ernst Bloch, *Tübinger Einleitung in die Philosophie*, Suhrkamp 1967, S.11.

⑤⑥⑦ Ernst Bloch, *Über die Gedankenstmosphaere dieser Zeit*, In, *Geist der Utopie*, Suhrkamp 1985, p.363, p.366, p.366.

布洛赫由现代艺术和时代精神状况出发,睿智地洞察到了问题的焦点,并独具特色地看到:人们追求的自我,瞬间等其实是不可知的。他说,流行的"抓住当下"的口号,只是"逗留当下",如单纯躺在椅子上,并没有抓住问题的实质。"通常的'抓住当下'也恰恰从一个'瞬间'跳到另一个瞬间,过一天算一天。"①那就是说,人只是从一个瞬间过到另一个瞬间,而并存在对这些瞬间的把握。所以,人"理解不了'现在—时间','这里—空间'这一课题"②。依据是:当我们要去经验或把握刚经历的瞬间时会发现,该瞬间已离我们而去。人把握或理喻的瞬间都已是过去了的,不再是真正的当下。在此意义上布洛赫甚至说:"我们不拥有感知自我和我们的器官,我们处于所经历瞬间的混沌中。瞬间的混沌最终表明了我们自己的混沌。"③我们自己无法把握真正的此时,只能经历它。而经历并不意味着抓住了当下,"那不具有存在的强大力量。'抓住当下'这一真正的契机接触仅仅存在于强烈的生命体验以及此在(无论是固有的此在,还是时间此在)的鲜明转折点上"④。此在之转折不是转向过去就是转向未来。这就是说,对当下的把握总是与过去或未来相关。"惟当某一现在恰恰是刚刚过去的东西时,现在才不仅是经历过的东西,也是体验过的东西。"⑤

瞬间只有成为过去时才可理喻,才可把握。换句话说,理喻或把握了的瞬间都已是过去了的,真正的当下是无法把握的。由此披露出瞬间的两个维度:感性的和意识的。就感性层面而言,人无时无刻不处于和经历着瞬间。这同时也意味着瞬间无时无刻不在流逝;就意识层面而言,人意识到或把握了的瞬间都已是过去了的。真正的当下,实际的瞬间是无法把握的。要把握也只能是过去或由过去来把握。因此,布洛赫在《论当代之思想氛围》一文中指出了现代思想对当下和自我的关注后立刻指明:离开了过去是无法把握当下的。比如,"离开希腊传统,

---

①②④⑤　恩斯特·布洛赫《希望的原理》第一卷,梦海译,上海译文出版社 2012 年版,第 357、360、357、349 页。

③　Ernst Bloch, *Über die Gedankenstmosphaere dieser Zeit*, In, *Geist der Utopie*, Suhrkamp 1985,pp.371-372.

离开与基督教的关联去寻找曾经是德意志的东西,是很难有结果的"①。"后来的德国已经与希腊不再有关联,如此再闭上眼睛,就不会看到意大利对德国的意义。"②"如今,只从意大利来看德国,也显得有些狭隘。"③自我与此在都是与之前的过去相连的。把握都是对此前或由此前而来的。瞬间问题上的两个维度同时也是自我问题的两个方面:属于当下的自我只能是感官上的,而自我感受,即被意识到或把握到的自我只能是已经过去了的。因此,当人要去抓住当下时,思想便被无尽地开启,因为这意味着去把握已过去了的瞬间,那不是直接的感性活动,而是一种知性活动。所谓关注自我,抓住当下,就是意识层面去把握那些已过去的瞬间。那是对思想活动的开启,不仅向过去,同时也向未来开启,因为"刚刚经历过的东西的当时内容是觉察不到的"④。但是,当人要去觉察它时,要从过去或未来去觉察或把握它时,就会滋生出欲求,因为把握中不可避免地会注入取舍。于是,"尚未存在的东西也会渐渐生成,而且,可实现的东西以自身之中的质料为前提。在人之中蕴藏着这种开放性,梦想,其中还寓居着各种计划。"⑤也就说,当我们要去把握现时,瞬间时,孕育着对未来的指向,因为所把握住的东西实际已是过去了的。指称上虽然是现时,实际指向的却是未来,这个未来不仅是相对于已经过去了的瞬间而言,也是就还未出现过或有待出现的东西而言。由于对瞬间的把握其实是对已经过去事件的把握,其间必然有取舍和价值维度,所以,这种瞬间又包含着未来。在此意义上,布洛赫将之又与企求和希望相连。他说:"有企求的人想要的只有一件事:消除和解读流失以及混沌与痛苦。"⑥虽然瞬间,自我,不可把握,但"希望使得我们不会崩溃,因为人类心灵指向着一切,包括还未出现的那个世界"⑦。在布洛赫眼里,希望的源起在现在,它从出于对现在的把握。把握的东西虽然已成了过去,不再是严格意义上的现在。但是,从此把握中却恰恰滋生出了对未来的希望。所以他说:"'生命的现在'推动一切,

---

①②③⑥⑦　Ernst Bloch, *Über die Gedankenstmosphaere dieser Zeit*, In, *Geist der Utopie*, Suhrkamp 1985, p.304, p.304, p.304, p.366, p.443.

④⑤　恩斯特·布洛赫《希望的原理》第一卷,梦海译,第 349、350 页。

并从中一切受到推动。"①"我们前行,我们希望,只是途中混沌。"②由此,布洛赫通过对生命瞬间混沌的揭示,披露了当下关注中蕴含的未来指向:使尚未出现的东西成为现实。他说:"希望的本质内容不是希望,相反,恰恰通过使希望开花结果,这种内容才成为无距离的此在,现在时。"③"希望既不是消极的,也不是关闭在某种虚无之中。"④而是对新事物的呼唤。"一个贫乏的时代,即什么也不发生的时代,几乎丧失对新东西的感觉。这种时代生活在习俗惯例之中,对它而言,即将到来的东西并非任何新的东西,而仅仅是昨天的东西的精确重复而已。"⑤今天的时代是一个变革的时代,"这样的变革时代为我们特别体验可能性的相关概念,为打碎业已形成的东西,提供了必要的场所。只有在开放的事物当中,这个冲动着的'现在'才有活动场所,惟其如此,它才能实现自身,才能日益显现自身的内容"⑥。

从瞬间的混沌,当下的不可知,到希望,到未来,布洛赫从现代艺术和思想的追求中剖析出了其间蕴含的真谛:对现实的修正以及美好未来的追求。就美学来说,布洛赫的剖析也为现代美学难题的破解提供了一个不失为积极的方案:对自我与瞬间问题之积极意义的披露。无疑,现代艺术将自我感受与瞬间体验问题推向了前沿。但是,自我与瞬间本来所包含的两个维度却往往被遮蔽:感官的和意识的。感官的自我与瞬间按照布洛赫的理解只是在经历,还没有被抓住或把握。艺术与审美自然离不开其感性媒介,但是仅留于单纯的感性经历无疑不再是艺术了,其间必须有精神性因素或意识性内容注入,也就是说,自我感受和瞬间体验必然要向意识层面提升。唯有如此提升了的自我和瞬间才不是单纯经历的,而是进入意识和被把握住的。这样的进入就使现代艺术追求的自我与瞬间具有了积极意义:对现时的筛选和对更美好未来的憧憬。意识层面或被把握住的自我感受和瞬间体验在布洛赫的洞察中其实已经是过去了的,这就有着意识的筛选,因而也就包含着对现时某种取舍。"舍"蕴含着对现时的某种不满,

---

①③④⑤⑥　恩斯特·布洛赫《希望的原理》第一卷,梦海译,第 356、383、1、350、350—351 页。

②　Ernst Bloch, *Über die Gedankenstmosphaere dieser Zeit*, In, *Geist der Utopie*, Suhrkamp 1985, p.430.

"取"蕴含着对未来的某种憧憬或希冀。由自我追求中引发出对现时的不满以及对未来的希望。这是布洛赫美学,乃至其整个哲学中最独具特色的地方。正是基于这个发现,他进而就艺术的自我表达阐发了艺术的预先推想功能。

三、艺术的自我表达及其预先推想功能

艺术的自我表达是布洛赫美学思考的出发点与核心。在早期专门考察艺术问题的《装饰艺术的生产》一文中,布洛赫从古代艺术谈到现代艺术,旨在凸现艺术的自我表达这个基点。在古埃及装饰艺术中,他看到了对表达力的清晰追求。那里,"材料,形式和结构方面的规则都不见了,所见的只是最深层的对象"①。那就是对人自身的表达。在布洛赫眼里,古埃及装饰艺术"对表达力的追求恰好表明,具有强行衍生效力的装饰艺术是了解人的最合适手段,而人是整个艺术史的具体对象所在"②。到了古希腊雕塑艺术中,由于单纯形式美方面的缘故,进而材质性因素被看重,艺术的自我表达受到了某种遏制。布洛赫说道:"古希腊雕塑将生气与凝练统一了起来,而为此付出的代价是,在两方面都程度不到位。"③一般对古希腊艺术的理解是将内在与外在统一起来的古典美。而布洛赫则从现代艺术看重的自我表达出发,看到了这种统一的另一面:即表达自我的不到位。他说:"古希腊雕塑展现的风格追求有三方面特质:其一,对美的追求;其次,对材质构造的展现;其三,通过自成一体的形式效果来遏制单纯的自我表达,这种形式效果不是体现于单纯的几何造型,就是体现于作品静穆,单一,向内的纯形式。"④基于现代艺术立场,布洛赫毫无遮掩地将自我表达看成是艺术中更本质性的东西。具体观点上,他接受了当时德语艺术理论界颇为盛行的艺术意志(Kunstwollen)的思想(李格尔和沃林格),主张用精神体现,艺术意志看待艺术。他说:"艺术意志确实不太容易看清。"⑤,但并不是无法看清。"面对

---

①②③④⑤　Ernst Bloch, *Die Erzeugung des Ornaments*, In, *Geist der Utopie*, Suhrkamp 1985, p.34, p.34, p.26, pp.26-27, p.35.

古代装饰艺术,人不可避免地会感觉到,遭际着原始雕塑中本质性的东西了。"①那就是自我表达。在他看来,"凡伟大的艺术形式,不管其外形如何,都集聚着一系列时间积淀,没有这样的历史积淀,艺术性上会显空洞,至少对象性上会模糊不清"②。时间是人作为此在的标志性维度,由于人具有着不可避免的时间性,因而艺术中的自我表达也深陷时间性中。"虽然叔本华说过,艺术到处都可以达到其目的,但是,艺术能达到的最高目标永远不会是最高的,他只是不断接近其最高目标而已。"③

与古希腊艺术不同的现代艺术则全然走向了自我表达,比如现代绘画在布洛赫眼里就使我们在观赏时遭际了自己。④"这样的图像对我们来说虽陌生,但依然相识。它们像大地之镜(Erdspiegel)映现出我们的未来,像被裹住的我们内心最深处构造的饰物……像永恒企求者的当下自我(Selbstgegenwart)。"⑤现代绘画将作为永恒企求者的当下自我展现了出来。企求是内蕴于对当下自我的把握中的。只要出现对当下自我的理喻,其间必然有对当下自我的取舍,进而也就必然有对未来的企盼。这样的艺术表面在展现当下自我,其实在展现永恒期盼着的人,宛如人走到自己的对面来看清自己。布洛赫说道:现代绘画"与要最终看清人本来面目的渴求完全相同。因此,对这样富有魔力的图像作品而言,唯一的梦幻之路就是会有走到自我对面的体验,而唯一具有的对象关联就是复现了所有世界人像的隐秘面目,并如此这般将最抽象的构造与指向我们内心的渴求连在了一起,那是一种指向全然自我显现的渴求"⑥。这个自我显现过程在布洛赫眼里有四个阶段。他借艺术意志的四个要素对此四阶段进行了表述。

他说:"艺术意志有四个要素,其中,就追求深度而言第四个是最重要的。其一,人要描绘自己。由此就要走出自己。这样,人至少要在与我们脱离开

---

①②③④⑤⑥　Ernst Bloch, *Die Erzeugung des Ornaments*, In, *Geist der Utopie*, Suhrkamp 1985, p.35, p.36, p.36, p.50, p.52, p.52.

的形式中去追求我们从未拥有过的东西,那里我们就会邂逅一切不可体验的东西。此其二,形式意志。"①但是,离开了身躯的自己无力表达,于是必须寻找载体。而这样的载体又必须具有生气,因此,又必须赋予单纯形式(被追求的形式)以生气。但是,材料本身是最没有生气的,这就必须加工。②"艺术中,形式与材料有着最密切和最麻烦的关联,那材料拥有着超验的特质,是无生气的代码。"③艺术意志的第三个要素便是,使无生气的材料形式成为有生气的形式。④古希腊艺术做到了这点。但是,自我并不会停留在原点,自我会向前衍生。生气只是将某一点的自我表现了出来。于是,又要回到有机的整体。因此,走向有机构成物是艺术意志的第四个要素,所谓"有机的抽象"(organisch Abstrakte)⑤。

这四个要素中,前三个是基本,第四个是现代艺术或古埃及艺术中出现的情形。艺术创作在于自我表达,这就使人走出自己,在非属自己的对象形式中进行表达。这就进一步意味着对材料进行加工,将其加工成形式,成为人的自我表达,即显出生气。这是所有艺术都会经历的三个阶段。但是,布洛赫将第四个阶段看得最高,那是因为它将时间维度引入自我,顾及到了自我的衍生。自我并不是定于一点的,他无时无刻不在衍生。这就使得艺术中的自我表达不能定于一点,而要进入整体。由于这个整体是在不断衍生与生成的,因而是有机整体。这种指向有机整体的自我表达"是一种在全新层面的移情,这将非对象性构图下降为单纯辅助表达的手段"⑥。也就是说,现代绘画中的图像只是辅助表达的手段,而表达才是目的所在。"这是抽象中蕴含的有机,他使得自我遭际着自我已变成的样子。"⑦现代绘画的抽象图像包容了自我的整个衍生和生成,因而使人遭际着不断生成的自我。卢卡奇所关注的总体性原则在布洛赫这里依然得到了延续,但那已不是客体的总体性,而是主体的,是由不断生成之主

---

①②③④⑤⑥⑦ Ernst Bloch, *Die Erzeugung des Ornaments*, In, *Geist der Utopie*, Suhrkamp 1985, p.37, pp.37-38, p.38, p.39, p.40, p.41, p.41.

体生发出的总体性。布洛赫尤其看重主体的不断生成。他在解释布莱希特戏剧的成就时说道：人们在谈论布莱希特戏剧最富有启发性的创新时，"总绕不开生动(Lebendigkeit)这一特性，那不仅仅是某个场景的生动，而首先是那些所注入要素的生动，即应具体有所变通之生活准则的生动"①。那是不断触发衍生与生成的要素。

由此，布洛赫在现代艺术所追求的自我表达中看到了不断生成之自我的表达。这个生成来自于过去，又指向了未来。这就使得他进一步看到了艺术，尤其现代艺术的预先推想(Antizipation)功能。艺术所专注的自我表达中由于蕴含着对当下自我的取舍，因而内蕴着指向未来或尚未存在物的功能。也就是说，艺术所表达的自我已经是由意识把握了的，虽已是过去，但其中蕴含着对未来的希冀，对未来的预先推想。在此基础上，布洛赫构建出了他整个有关乌托邦精神与希望原则的思想。艺术在对人的自我表达和自我追求中，内蕴着其对更美好未来的希望。因此，布洛赫眼里的艺术具有着乌托邦功能，那不是脱离实际的，抽象的乌托邦，而是从出于实际的，具体的乌托邦，是一种可以转变为现实的乌托邦。艺术中的自我表达，展现的就是这种具体的乌托邦。他是对更美好未来的预先推想或超前显现。布洛赫由现代艺术的自我表达出发，揭示出了其间蕴含的乌托邦精神，使表面看不同于此前的现代艺术获得了积极和正面意义：对现实的不满和对更美好未来的企盼。艺术所要表达的自我中内蕴着取舍，进而也就内蕴着对现实的不满与未来的向往。这种基于现实，基于当下的未来希冀就是具体的乌托邦。

四、布洛赫美学的马克思主义关联

布洛赫美学的马克思主义关联应该是毋庸置疑的，就他对马克思主义的信

---

① Ernst Bloch, *Ein Leninist der Schaubuehne*, In, *Erbschaft dieser Zeit*, Suhrkamp 1981, p.254.

条来看,他的美学思考应该是奉行马克思主义路线的,在他的著作中也可以读见许多对马克思主义原则的直接承袭,如对资本主义现实的批判,对未来更美好社会的憧憬等等。但是,就美学本身来看,布洛赫的美学思考多大程度上是马克思主义的呢? 从总体来看,这个关联主要体现在三方面:首先,就像经典马克思主义作家的有关阐述一样,布洛赫美学思考走的同样是内容论美学的道路:从作品或审美对象的内容,而不是从单纯形式出发去阐释对象的美学意义。这个内容在经典马克思主义那里主要落在了人民性和无产阶级党性之上,到了布洛赫那里则主要落在了对更美好世界的向往上,即对尚未存在之物的展现与呼唤。他对一切艺术现象都是从其内容表达出发进行阐释的。如就音乐的历史变化他曾说道:"音乐史上如果出现了更佳乐曲的话,那肯定不会是因为该乐曲本身有什么或单纯满足了人们寻求变化的需求,而是因为新变化了的时代爱上了音乐并需要有乐音表达。"[1]其次,坚持艺术与审美的认知功能。布洛赫在其美学思考中反复强调,艺术与审美就像一面镜子,折射出了世界的真实。但是,与经典马克思主义作家,包括卢卡奇不同的是,这个真实在他那里主要指的并不是对象世界的真实,而是主观世界的真实,那是梦幻,乌托邦,对更美好世界的希望等等;再次,对现实世界的批判。布洛赫以乌托邦精神和希望原则面貌出现的美学,虽然没有多少直接展开,却清晰地包含着对当下世界的不满。这个不满不仅体现在把握当下时内蕴的后移上,也体现在对未来的希望上。把握当下时实际出现的后移,即把握住的是已经过去了的,已包含着对已经历过当下的取舍,舍去的就是不满的。在布洛赫那里,恰恰对当下的关注和看重中蕴含着对当下的不满。由此才有对美好未来的希冀。布洛赫美学中,恰是对当下的专注以及对未来的希望里深深蕴含着对现实的不满。

　　具体来看,布洛赫美学的马克思主义特质主要体现在两个方面:1.对整体性观念的坚持与贯彻;2.坚持艺术与审美对现代资本主义的批判功能。整体性观

---

① Ernst Bloch, *Philosophie der Musik*, In, *Geist der Utopie*, Suhrkamp 1985, p.95.

念是有关思维方法的,马克思主义美学,包括其整个哲学,有一个基本的思维方法就是,从整体,从发展角度来看个别事物,所谓的辩证方法。布洛赫美学的关节点是对现代艺术关注之当下和自我的解读。迄今理论大多没有看到生命瞬间的混沌,而布洛赫看到了,他用以阐释瞬间混沌的思维方法便是整体性观念。他不仅看到,人们言说的当下或瞬间根本不是源自现时,而是已过去了的,而且更看到,这个被意识到的当下中内蕴着对未来的向往。于是,他对瞬间或当下的解读清晰地将过去,现在和未来连在了一起,并深深筑基于整体性观念。恰恰整体的思维方法使他看到了寓于当下观念中的过去和未来维度。正是这个双向维度使他对乌托邦精神进行了马克思主义解读,即将之紧紧系之于现实。他说:"如果乌托邦不指明现在,寻找它所分给的当下,它就徒劳无功,毫无价值。作为真正的当下,作为一个不再源自现在的乌托邦,这种乌托邦恰恰把过去,同时也把环绕的空间一同拼合起来。"①乌托邦精神要真正源自当下就必然要涉及过去,而只有从出于过去,才能具体地指向未来。这种将过去,现在与未来一同拼合起来的乌托邦,布洛赫称之为"具体乌托邦"(konkrete Utopie)。正是在此意义上布洛赫说道:"每个对更高,更佳和充实生活的梦想都会是限定在狭隘,内在,往往谜一般孤寂的个人世界之上。但是,它清楚地指向整个世界中尚未出现之物。具体乌托邦是这种倾向最重要的理论实践。乌托邦倾向就内涵而言既不局限于单纯内心的梦境,也不局限于最佳社会体制遇到的难题。其领地更是广泛的社会,它指向人类劳动的整个对象世界。"②他所理解的马克思主义也是这种将事物置于过程来看的整体性思维。他说:"马克思主义并非不是预先推想(乌托邦功能),而是一种过程性—具体的全新的预先推想。"③在这个过程性的预先推想中,"过去与未来之间的僵硬区分归于崩溃,尚未形成的东西在过去之中变得可见了"④。布洛赫甚至直截了当地说:"马克思主义哲学是

---

①④　恩斯特·布洛赫《希望的原理》第一卷,梦海译,第381、9页。

②③　Ernst Bloch, *Marxismus und konkrete Antizipotion*, In, *Das Prinzip Hoffnung*, Suhrkamp 1985, p.727, p.726.

关于未来的哲学,是在过去中蕴含着未来的哲学。"①"马克思开启的新哲学乃是关于新东西的哲学,这新东西就是我们大家都期待的,毁掉的或实现的本质一样的东西。"②所以,布洛赫美学思想中的马克思主义特质主要的不在对未来的希望和追求上,哪怕这种追求都是基于现实的不足,因为在追求怎样的未来问题上布洛赫并没有像马克思那样做了明确表述,他只是说比现在美好或更美好。但从现时的不足出发去构建未来愿景这一点却是十十足足马克思主义的,而之所以能从现时不足中看到未来的现实依据,那无疑是整体性观念的结果,是将现时放入其发展过程中考察的结果。布洛赫美学思考的切入点是现时,现代艺术,而思考方法是马克思主义的整体性观念。结论虽然超越了现时,指向了未来,但这个未来是深深植根于现时之中的。布洛赫虽然反复说:"思维就意味着超越。"③但是,他同时强调:"现存的东西不应受到暗中破坏和越过。"④未来是基于现在的,是从现在中生发出来的。布洛赫推举的是植根于现实的未来希冀,所谓"具体的乌托邦",这是一种由现在向未来的伸展。布洛赫思想的核心就是这种伸展。他说:"现实的超越不仅认识历史中所具有的,辩证地伸展的趋势,而且使这种趋势活跃起来。"⑤艺术与审美在布洛赫眼里就具有着"使这种趋势活跃"的功能。这是布洛赫美学接受马克思主义整体性观念的具体体现。

至于现代性批判在布洛赫的美学思考中直指当下资本主义现实,其锋芒与经典马克思主义可谓一脉相承。他不仅看到了工人在资本主义社会中的不平等待遇,而且由此不满滋生出了创造新社会的企求,借此赋予这企求以现实依据。他说:"资本主义社会工人得到的是一份不合理的收入,因此必须创造一个新社会,一个收入合理的社会。马克思所发现的这个要求与注入其中的道德要求是完全不同的,它植根于资本主义社会经济活动内部并只是内在辩证地使资本主义经济走向灭亡。这个灭亡过程的主观因素是资本主义本身作为其对立

---

①②③④⑤　恩斯特·布洛赫《希望的原理》第一卷,梦海译,第10、7、2、2、3页。

面生产出的无产阶级,客观因素是资本的积累和集中,即垄断。"①由于这个不满植根于现实,有着充分的现实依据,因此,"这样的论说也包含了未来国家的内容"②。未来从出于现在。惟其如此,未来才是具体的,才有着现实依据。"马克思用经济学,用生产和交换方式的内在演变论证了乌托邦的预先推想并表明了其正确性。"③正是由于对未来的希望植根于对现实的不满,所以才是正确的,才是可实现的。布洛赫说:"乌托邦建构出的东西往往是不可通达的,超验的,是康德所忌讳的'形而上学',但是,在特定条件下还是有可能出现的。"④

布洛赫美学的贡献应该在他对马克思主义的坚持,但这种坚持绝没有简单留于观点或原则的重复,而是体现在对当下艺术和思想实践的马克思主义解读上,并由此解读将马克思主义美学往前推进了一步,进而出现了所谓西方马克思主义美学。具体而言,关注当下艺术和思想实践是布洛赫美学思考的出发点,此间马克思主义解读主要体现在从艺术表达的内容角度赋予变化了的艺术形式以合理性,使得这个合理性建基于对不合理社会的鞭挞以及对更美好社会的向往之上。布洛赫的贡献尤其见诸于将这种鞭挞与希望机制化,使之成为不可避免的必然,那就是推出了关注当下之意识心理发展机制。正是由于对当下的关注与把握,才衍生出对现实的不满以及对未来的希望。而当下恰是现代艺术和思想关注的核心,这就开启了西方马克思主义美学关注艺术在现时代所发生变化的传统。但是,艺术新变虽然由所表达内容的变化使然,但是,形式方面的变化是其更直接,更显现于外的变化。布洛赫美学思考中过于专注于内容分析,从而忽略了对现代艺术形式变化的顾及。这使得他的美学虽然从现代艺术出发,但是与现代艺术本身还是有着某种程度隔阂,即没有深入到真正属于现代艺术的东西,因为形式变化有其特有的表达,这个特有的表达当然与对现实的不满有关,当然内蕴着对美好未来的向往。

---

①②③　Ernst Bloch, *Marxismus und konkrete Antizipotion*, In, *Das Prinzip Hoffnung*, Suhrkamp 1985, p.724, p.724, p.725.

④　Ernst Bloch, *Zur Theorie der Musik*, In, *Geist der Utopie*, Suhrkamp 1985, p.443.

但是就艺术本身,尤其是艺术美学表达来看,还是有些特殊的东西是布洛赫美学没有或很少触及的,这就为此后西马美学的发展留出了道路。此后以本雅明,阿多诺等为代表的西马美学基本沿着这个布洛赫未尽的路径前行,深入触及到了现代艺术中更属艺术的东西:转向形式自主表达,进而更直接和贴切地披露了现代艺术特有的东西。

原载《浙江社会科学》2015 年第 4 期

有关女权主义文学批评的几点思考

张岩冰

作为一种在西方学术界方兴未艾的文学理论,女权主义文学批评在各方面均呈现一种复杂的样态。那么,是什么使得女权主义文学理论得以作为一种流派或方法独立于文论界的呢?答案无疑是:性别因素。然而如果我们仔细思索一下这个答案,也许会遇到一些问题,这些问题也正是女权主义文学理论家们自己的也是他们带给人们的一些困惑。

困惑之一是政治性与文学性的关系问题。作为一种从政治性的女权运动中诞生并随女性解放运动的发展而发展的文学批评理论,女权主义批评的政治色彩是有目共睹的。这种政治色彩在不同国家不同理论家那儿呈现不同的样态。英美理论家是采取一种实用主义的态度,将女权主义批评同提高妇女觉悟的社会实践活动结合起来;法国学者则以语言的变革为目标,以对话语的权力结构的颠覆来完成女权主义的任务。二者虽然都从对父权中心文化的不满出发,但无论研究目标和研究方法都相去甚远。人们之所以会将这两种文学批评均界定为女权主义文学批评,是因为她们都视女性(不是生物学上和解剖学上的女性)为一种颠覆力量,这是女权主义批评的根本力量之所在。然而,文学真的只是一种教育妇女、批判社会、改造社会的工具吗?如果它只是一种工具,它又与其他的工具有什么区别呢?如果仅从文学的政治意义上判断文学的价值,那么,宣传鼓动性的小册子是不是比文学作品更具有文学性呢?女权主义者们也时时为这一问题所困惑。美国女权主义理论家迈拉·捷莲在她的《阿基米德与女权主义批评的自相矛盾》一文中曾阐述过"批评鉴赏"与"政治阅读"的对立,她说:"使女权主义文学批评尤为矛盾的是:文学的特有本质与自然或社会科学研究的对象是有区别的。文学与这些对象不同,它自身已经是一种阐释;而这种阐释则正是批评家所要解码的任务。说文学作品带有偏见,的确不是什么新闻,因为那确实是文学的价值。批评的客观性只是在第二个层次上介入进来,目的是为了提供一种可靠的阅读,尽管在这一点上,许多人都曾指出阅读也是创造性阐释中的一种练习。"①

自本世纪初俄国形式主义开始提倡"文学性"研究之后,理论界开始背离传记式批评和社会历史批评等注重作者的身世和文学产生的社会历史背景的"外部"研究,转向文学的"内部",这一点在盛行于 50—60 年代的英美"新批评"中表现尤为突出;虽然 70 年代兴起的解构批评注重文学的互文本性,但这种重视其实也只是一种语言上的重视,解构主义者将社会历史文本化、符码化了,而非实践上的对社会历史之于文学及文学之于社会历史作用的重视。所有这些批评方式实际上都本着一个目的,即对文学进行中性的、客观的解读。著名解构主义大师希利斯·米勒曾抱怨过人们对解构主义的误读,他在看到人们因为要求文学和文学批评要具有改变现实社会状况的作用,而对注重对文本进行修辞分析的解构主义不屑一顾时,提出了这样一个问题:"这同文学研究有什么关系? 争论和异议就是从界定这种关系的过程中开始的。我的主张是:文学研究同历史、社会和自我等大有关系,但这种关系并不是在文学范围内对这些外在于语言的力量和事实作主题的思考的问题,而是文学研究以何种方式提供鉴别语言性质的最佳机会的问题……在此,'解读'在最留神、最有耐性的修辞分析这个意义上,乃是不可或缺的。否则,我们如何知道某一特定文本是什么? 它说了些什么? 它又能做些什么? 这些都不能在还未开卷阅读前就想当然,即使

---

① 转引自托里·莫依《性与文本的政治》,林建法等译,时代文艺出版社 1992 年版,第 106 页。

若干代前人对此文本的评论已堆积如山,也同样不能。"①正如米勒所说,对文学的解读首先是一种符码的解读,只有这样才能理解它的体裁属性,也才能在此基础上了解它与社会现实的关系。然而女权主义者从来都不承认有一种中性的阅读,美国著名女权主义理论家伊莱恩·肖瓦尔特曾将看似客观公正的雌雄同体的诗学说成是单性的父权制的诗学,她们要标举性别的旗帜,对男性的文本和女性的创作进行全新的解读,最终使这种解读揭示妇女在父权制文化中长期受压迫的现实,提高妇女觉悟,并为自身的解放而奋斗。但这种阅读正如女权主义者所指责的男性解读一样,也带有性别偏见。所以人们会指责吉尔伯特与格巴编辑的著名的《诺顿妇女文学选》是将所有女性作品女权主义化的作品集,有违文学的真相;也有人指责肖瓦尔特的《她们自己的文学》以本世纪 60 年代的女性创作为标准,不顾历史条件地对这之前的女性创作表示不满,是对历史真相的不尊重。女权主义要揭示历史的"真相",却又从另一个方向上扭曲了"真相",这不能不说是女权主义批评应该解决的一个问题。

困惑之二是,对于"女性"的定义,女权主义理论家基本持一种反本质主义观点。将这种观点表达得最清楚的就是西蒙·波娃的那句名言:女人不是天生的,而是变成的。这种反本质主义观点的理论来源可能是多方面的,既有弗洛伊德关于潜意识形成理论的影响,是对弗洛伊德将女性定义为"阴茎羡慕"、"阉割"与"匮乏"的批判,也有解构主义关于主体的不稳定性和意义的无限延宕的影响,更有女权主义者在进行文学批评和理论建构时针对种族、阶级等问题进行的反思与修正,但其结论则基本导向同一个方向,即没有什么先天的女性本质,所谓女性本质是父权文化强加于女性的,女人是无法也不应该定义的。解构主义的女权主义者斯皮瓦克就曾说过,女人这个概念"它取决于在各种本文中所使用的'男人'这个词。……你可能会说,这个根据'男人'一词来规定的女

① 希利斯·米勒《文学理论在今天的功能》,见拉尔夫·科恩编的《文学理论的未来》,程锡麟等译,中国社会科学出版社 1993 年版,第 123—124 页。

人的定义是一种反动观点。那么我不给作为女人的我自己勾勒独立的定义总该是可以的"①。以男性的"他者"来定义女性的方法是女权主义者常采用的方法,"女性"在这一定义方式中,是一种永恒的神秘,是一切颠覆性的力量。斯皮瓦克采取的不下定义的方式,既是对反本质主义的响应,大概也是一种无可奈何的选择吧。

女性权主义文学批评的主张与这种反本质主义有很大的关系:男性对于女性所下的定义既然是要颠覆的,那么男性文学中塑造的女性形象应该是出自男性对女性本质所作的诸如"阴茎羡慕"之类的界定,这种界定当然是对女性形象的歪曲,因而女权主义者要批判和改变这种歪曲,也就有了"妇女形象"批评的出现;有了男性对女性气质的界定,也就有了男性对女性创作的贬抑:阳具隐喻着创造,"匮乏"的女人当然不具备这种能力,于是就有了男性对女性传统的抹杀,也就有了女权主义者对女性传统的寻找;由于女性无法进行统一的界定,那么也就有了女权主义批评的多样化,有了黑人女权主义、同性恋女权主义和第三世界女权主义的兴起与发展。正如美国女权主义者斯廷普森所言:"对复杂性的忠实就是对妇女生活的尊重。再则,表明妇女之间的差异也可以使那些普遍对妇女以及性别差异的错误描述丧失其吸引力。"②这种复杂性就是女权主义文论的异质性,也就是女权主义文论的丰富性之所在。

所有这些可以说是女权主义的反本质主义给女权主义文学理论带来的有益的一面。但是,由于不存在女性的本质,那么女权主义批评所立足的性别观念是不是也有些岌岌可危呢?既然没有一个可资作为出发点的理论基石,女权主义岂不成了空中楼阁?当年阿基米德曾宣称:给我一个支点,我就能撬动地球。女权主义批评既然要做的是翻天覆地的事业,没有这个立足点怎么行呢?这一点往往为女权主义批评家所忽视。

---

① 斯皮瓦克《女性主义与批评理论》,见张京媛主编的《当代女性主义文学批评》,北京大学出版社1992年版,第303页。

② 斯廷普森《伍尔夫的房间,我们的工程:建构女权主义批评》,见《文学理论的未来》,第175页。

　　迈拉·捷莲考虑到这个问题,她说:"似乎很像阿基米德,用他的杠杆举起地球需要找到一个地方确定他自己和支点的位置,女权主义者在对自然与历史的假定秩序发生疑问——并由此提出搬掉她们自己脚下的基础时——似乎也会需要另有一个基础才行。"①

　　捷莲的这一观点遭到了肖瓦尔特和挪威著名女权主义理论家托里·莫依的批判,莫依认为捷莲所要寻找的立足点实际上就是父权制文化,这是对父权制文化的认同,而肖瓦尔特则认为研究女性传统就可以寻找到女权主义批评的立足点。她说:"众所周知,没有一个女人曾经与真正的男性世界断绝联系;但在观念的世界里,我们能够划出开拓思想新视野的疆界,使我们能从一种新视角看问题。"②肖瓦尔特的反驳也不见得多么有力,观念真的能脱离现实生活而存在吗?于是问题便出现了,作为以父权制文化的叛逆者身份出现的女权主义,怎么可以再将父权制的文化美学原则作为自己理论展开的基石?女性传统真的可以作为一种立足点吗?这种传统本身也是需要在一定的基础上建立和寻觅的。

　　反本质主义带来的第二个问题是,将生物性别的女性与社会性别的女性分割开来。法国女权主义者的批评理论尤其如此,她们主张以前俄狄浦斯的"想象"语言来抗拒由"父亲的法律"所控制的"象征"语言③。在她们那儿,"先锋的"就是"女权的",因而乔伊斯和法国象征派诗人的作品也就成了女权主义的文本。既然女权主义者所提倡的女性的语言和女性的文本不一定出自生物学意义上的女性,那么女权主义文学理论与其他的先锋理论又怎样来区别呢?女权

---

　　① 捷莲《阿基米德与女权主义批评的自相矛盾》,转引自莫依《性与文本的政治》中译本,第104—105页。

　　② 转引自莫依《性与文本的政治》中译本,第105页。

　　③ 以朱丽亚·克莉丝蒂娃为代表的女权主义文学批评的法国学派深受拉康的后精神分析理论的影响。"想象"与"象征"是拉康理论的基本术语,他认为,人类如要不陷入疯狂的境地,必须由前俄狄浦斯的想象界经由俄狄浦斯阶段进入为"父亲的法律"所控制的象征界。法国女权主义的反抗父权制的策略就是要寻找一种前俄狄浦斯的语言。

主义在这儿岂不是完全可以被赋予另外一个名称,比如,"前俄狄浦斯主义""想象主义"等等了吗?

困惑之三是,女权主义文学理论作为一种颠覆性的批评理论,必然会对菲勒斯①文化作出批判,然而这种批判是应该采取一种全然否定的态度,还是取其所长来为我所用呢?既然菲勒斯中心文化是一种压制妇女的文化,它中间还会存在可资女权主义者运用的批判工具吗?这种困惑涉及诸多方面,不同学派对此也有不同的看法。

英美学派的女权主义理论家对菲勒斯批评采取一种毫不留情的批判态度,她们要建立一种以妇女为中心的文学理论,这种理论以女性作品、女性作家和女性创造力等为研究对象,他们反对传统的文学理论,试图以一种全新的女性传统来抵抗父权制文化对女性及女性创作的压制。然而这种高扬女性传统的女性美学实际上常采用诸如"历史""主题""经典""价值判断"等批评术语,其理论建构也呈现一种学院色彩,这种色彩正是她们要反对的菲勒斯中心主义的东西,并且她们对于女性传统的赞美,也正是立足于男性对女性的命名和定义,只是将这种命名和定义反转而已,其实也就是对父权制秩序的变相承认。与英美学派相比,法国女权主义者表现出更大的理论上的革命性。她们认为,人类如果不想成为精神病患者,就不得不进入父权制的象征秩序,女权批评因而也就不得不钻入象征语言内部,分裂它、颠覆并超越它。她们在表现了极大的理论兴趣之后,又反对将女权主义批评理论凝固化、中心化,而是将女权主义文学批评看成是一种神秘的、非理性的、抗拒的过程,要让女权主义文论保留自己的边缘位置,在边缘处实施对中心的解构;并且她们还有意模糊理论与创作的界限,以一种神秘的话语方式来表述她们的理论主张,也就是说她们将解构的矛头甚至毫不留情地伸向了她们自己,指向了女权主义批评本身。这种态度的确是十分激进的,但耽于女性的神秘性,难道不也同英美女权主义者一样,是对男性对

---

① 菲勒斯(phallus)指阳具的图像,不是生物性意义上的阳具,只是一种符号,是父权制的象征。

女性定义的认同吗？还有，如果说像英美学者这样试图建立一种学院化的女权主义理论是对父权制理论逻辑的认同，那么永远让这种理论徘徊于男性理论的边缘，如游击队员般对之实施一些灵活机动的打击，能有正规军的打击力度吗？在这儿，无论是英美派还是法国派，都无意中认同了男性将她们排斥于主流之外的文化策略，并在某种程度上将其合理化了。这恐怕是女权主义者绝对不愿看到的。

批判与继承的关系是哲学和文学理论中的一个重要话题，其实女权主义者在这儿出现的困惑归根结蒂也是这样一个问题。这个问题出现的原因就在于女权主义者首先否定对父权制文化进行继承的可能，然后又不得不有意无意地违背自己理论主张，说到底，无论女权主义者的理论多么先锋，其主张多么激进，它都是现实文化的产物，不可能脱离现有的文化处境，也不可能完全从现存地权力关系和话语系统中脱逸。

英美学者，特别是美国的女权主义者之所以会出现学院化的理论倾向，一是因为她们大多生活于学院这样的学术氛围之中，习染了这一氛围的某些习气，另一方面也与她们想使自己的理论进入学术领域有关。也就是说，男性或者说男性文化长期在学院文化中处于统治地位，女权主义者只有首先在这样的一个学术圈中站稳脚，才能宣传自己的理论，扩大其理论的影响；女权主义要想从被压迫者的地位上站立起来，也不得不攻占学院这块阵地。同时女权主义文论的政治性倾向使这一理论最终是要为政治斗争服务的，如果这场斗争只发动了人类的一半——女性，而无男性公民的参加，这肯定只是一场不会有结果的战争；而不得到男性社会的承认，当然就无法去影响人类的那一半。女权主义理论就是在这样的前进与妥协中发展的，在我们看到它的激进性的同时，也无法回避它的这种妥协性。

困惑之四是围绕女性传统而生发的。在寻觅女性传统的旗号下，不仅有一些论述女性传统的学术著作出版和大量被埋没的女性作家作品的重新发掘，而且还有当今女性作品的大量出版。女性不再甘于被人塑造，拿起笔来书写自己,这本身是一件极有意义的事。即使是那些专事描写风花雪月,看上去毫无女权色彩的浪漫小说,在一些女权主义理论家看来也可以沟通女性创作者和女性读者之间的联系,有利于妇女之间的相互了解。人们甚至认为,女性作品的大量出现,和这些作品的很好的市场效应说明了女性地位的真正提高。就拿中国来说,1995 年世界妇女大会在北京的召开,很是让出版界忙了一阵子,大量的女性文学丛书被编辑出版。我们且不去讨论这些出自女性作者之手的作品是否是女权主义作品这一为西方女权主义评论家反复讨论过的问题,当人们面对那些已完全成为图书市场上的商品的女作者的作品,不免会陷入沉思。波娃在《第二性》中揭示了父权中心文化对女性的界定:女性是作为一种对象存在于这个男性化社会中的,她们是一些没有主体性的物体。当今市场上的女性作品不是也往往被仅仅当作一种可获取大量金钱的商品来对待吗?在女性的肉体不再成为商品的新时期,女性的创造物再次被商品化了。

也许在这儿高呼什么防止这种新型的物化有些危言耸听,但女权主义者却也不能仅将女性作品的大量出版视作女权主义的胜利,仔细想想这其中包含的商业因素,也许会让人稍微清醒一些。

困惑就意味着继续努力来克服这些矛盾和困惑,这也正是女权主义批评有待发展和丰富的契机。女权主义的意义不在于它解决了多少问题,而在于它揭示了许多或明显或不为人注意的社会文化现象,并引发人们去改造这些不合理现象的行动。

原载《社会科学》1998 年第 10 期

论审美意象的创构

朱志荣

在中国传统美学思想中,意象是一个核心范畴,是审美活动的结晶。我们生活中被形容为"美"的感性形象,就是美学意义上的意象。其中的象,包括物象、事象及其背景作为实象,也包括主体创造性的拟象,特别是在实象基础上想象力所创构的虚象,虚实结合,共同组成了与主体情意交融的象的整体。而意,主要指主体的情意,包括情、理和情理统一,包括情感和意蕴。意与象两相交融,创构成审美的意象,即"美"。在审美意象即"美"的界定中,作为美学研究的本体对象的"美"是名词,而不是形容词或副词。美是意象,是主客、物我交融的成果。因此,审美活动的过程就是意象创构的过程。

一

审美活动就是意象创构的活动,审美活动的过程就是意象创构的过程。意象的创构不仅仅属于艺术作品的创造,整个审美活动都是一种意象创构的活动。美就是主体在审美过程中情景交融所创构的意象,它是在审美活动过程中动态地生成的,体现了主体的能动创造。在客观的物象、事象及其背景的基础上,主体通过主体的感知、动情的愉悦和想象力等能动创构诸方面创构审美意象。

审美意象由物象、事象及其背景感发情意而创构。赏心悦目的物象、事象及其背景具有潜在的审美价值，作为触媒激发主体情意的感动，使主体通过想象力加以创构。物象、事象及其背景作为客观元素，诉诸感官，是意象创构的前提，是审美活动的基础。它们通过"观""取"等方式被主体感受为眼中之象，即表象。这些表象中包括主体能动的拟象等，共同与主体的情意相融合而创构意象。其中的拟象，乃是意象创构中的重要内容。《周易·系辞上》："圣人有以见天下之赜，而拟诸其形容，象其物宜，是故谓之象。"①可见，审美活动的过程中不仅是指器物和艺术创造，也包括拟象。拟象是意象之象的基础，主体在审美活动中由感觉和体验，到拟象表情达意，其中也包括主体想象的"象外之象"。《韩非子·解老》："意想者皆谓之象。"②它们与物象、事象及其背景虚实结合，以实象为基础，又不过于胶着于物象、事象及其背景，以其特有的吸引力作为主体审美活动的动力，再进入心中，由物我交融，而创构为心中之象。例如作为自然物象的月亮，是纯客观的，而作为意象的月亮，则经过了主体体验的创构。其中的物象、事象及其背景不仅仅是思绪的触媒，还是主体情思的还魂之体，两者交融为一，缺一不可。葛应秋《制义文笺》："有象而无意，谓之傀儡形，似象非其象也。有意而无象，何以使人读之愉惋悲愤，精神沦痛。"③说明情意与象在审美活动和艺术作品中是相互依存的。

在意象的创构中，物象、事象及其背景作为感性直观的鲜活、生动的形象，具有激发主体的潜能。意象的创构中有同情和默会，情与景，意与象猝然相遇，而主体在被激发后更作出了能动的、动情的反应。其中的物象、事象及其背景大体是固定的，而主观的意识是丰富、多变的，两者之间有着丰富融合的可能性。其中意与象无论如何整合，即使神合，妙合无垠，也多少都体现了主体通过

---

① 黄寿祺、张善文译注《周易译注》，上海古籍出版社2001年版，第543页。
② 〔清〕王先慎撰，钟哲点校《韩非子集解》，中华书局1998年版，第148页。
③ 〔明〕葛应秋《石丈斋集》卷三，《四库未收辑刊》第六辑，第二十三册，北京出版社2000年版，第78页。

象外之象和想象力的创构而融为一体。正因如此,审美意象是具有活力的,具有丰富的创造潜能。当然,创造性依然是有规律可循的,其偶然性、瞬间性的契机及价值依然需要获得科学的揭示。

审美意象作为美的本体,是生成的,不是预成的,是主体能动创构的结果。它不仅是在个体审美活动中瞬间生成的,而且是社会的,是族类乃至人类在审美活动中历史地生成的,个体的审美活动依托于社会整体。审美意象的社会生成,是物与我翕辟成变的过程。意象的生成过程,在认知中包含着诠释的成分,包含知识和德性的审美对象可以创构成含蕴更为丰富的审美意象。审美意象本身是一种现象,一种合情合理的现象。自然形式和社会内容相融合,使审美与道德、认知的成分融合在一起。因此,审美意象大都不可能是纯粹的,而是丰富多彩的。

二

审美意象诞生的过程,是主体以象达意,以象交流,因象而获得感性愉悦的过程。主体在意象的创构中起着主导作用,无论是情不自禁,还是不由自主,都只是主体受到外在物象、事象及其背景感发的精神状态,而主体从耳目感官到心中的情意状态,都反映了主体在意识和潜意识层面的能动作用。同时,意象的创构还包含着主体在感知基础上的情感体验,由主体的感兴、感发激活心灵的体验。物我交融,物象、事象及其背景经主体感悟与情意融为一体。因此,意象的创构的过程是通过主体积极能动的作用而生成的过程。

首先,审美活动中,审美意象乃是主体由物象、事象的感发,触物起情,感悟通神,体物得神而创构的。审美活动的过程作为意象创构的过程,其中包含了"观"和"取"的过程。在审美活动中,主体对外在物象和事象先由观而取,再进行意象创构。意象创构中体现了主体对物象的选择与创造,重视生命的体验。主体即景而取象,景色对心灵有触动,意象创构中伴发着感受,物象、事象与耳目和心相融相浃。这个过程始终以物象感发和悦耳悦目为基础,由应目而会心,感发心灵,进入创造,起到"疏瀹五藏(脏)、澡雪精神"①的作用。同时,不仅艺术创造有取象,把取象作为再造之象的基础,整个审美活动也有取象。其中主体无论是感物动情、触景生情,还是托物言情,都是由触物起情而创构意象的。晋代郭璞《注山海经序》认为神话"游魂灵怪,触象而构",以情思去择象,与象猝然相遇,创构出神话意象,以"曲尽幽情"②,其他类型的艺术意象也是如此。在审美活动中,主体感同身受,全身心受到感发。主体对深深契合于主体心情和心境的物象、事象及其背景有着高度的共鸣。在意象的创构中,主体的体验是一种全身心的体验。审美意象体现了物我统一,其感性形态由物象、事象及其环境藉心灵而得以创构。主体对物象、事象及其背景生意的贯通,应目之中有感知,会心之中有体验,既类万物之情,又通神明之德,使得主体的生命精神与宇宙的生命精神融合为一。主体对外在物象由感而通,"神会意得"③,使物我融为一体,进而进入意象创构的状态。审美意象的创构依托于审美关系,在审美活动中实现创构。审美意象不在物质属性,而在物象与主体身心的感悟、互动中,而审美关系只是审美意象产生和存在的前提。审美活动中的主体应当是身心合一的主体。审美活动作为自由自觉的精神活动,通过主体的全身心与物象、事象及其背景的契合,实现主体的创构。

其次,意象的创构体现了主体独特的审美思维方式和创造性特点。中国古人讨论诗歌常提及"比""兴"的创作手法,其实它们不仅仅是创作手法,更是审美的思维方式。这是物象、事象及其背景对审美主体的诗性感发,从而在审美活动中完成意象的创构。杨慎《升庵诗话》卷十二引宋代李仲蒙云:"叙物以言情,谓之赋,情物尽也。索物以托情,谓之比,情附物也。触物以起情,谓之兴,

---

① 〔南朝梁〕刘勰著,范文澜注《文心雕龙注》,人民文学出版社 1958 年版,第 493 页。
② 袁珂校注《山海经校注》,上海古籍出版社 1980 年版,第 478、479 页。
③ 〔明〕黄溥《诗学权舆》卷六,《四库全书存目丛书》集部,第二百九十二册,总集类,齐鲁书社 1997 年版,第 66、68 页。

物动情也。"①中国古代的赋比兴,是指诗歌意象创构的思维方式,乃是审美思维方式的具体体现。通过审美的思维方式,主体可从审美物象中体验、观照自我。每一次的审美活动不仅仅作为主体的一种精神享受,同时参与了主体自我的造就。同时,意象贵新,审美意象中包含着创造,包含着主体的能动元素。在意象创构中,主体是通过想象来超越现实,获得精神的满足。自然物象是自在的、不能随心所欲地体现人的理想,但想象力的能动作用可以创构。"情人眼里出西施"正体现了主体在审美活动中对相关物象、事象元素有"强化""弱化"的能力,这是通过想象力进行调节的。不同的意象对想象力的依赖不同,在浑然天成的意象中想象力成分相对微弱。在此基础上,主体审美活动所创构的意象,还具有象征的意味。象本身就带有丰富的象征性,以少状多,以有限状无限。苏辙《老子解》云:"象,其微也。"②正是说明意象的丰富性和无限性。

第三,在审美活动中主体对意象的能动创构,是一种基于审美经验的价值判断。意象的创构以感性对象的价值特点为基础,经历了"感知——动情判断——创构"的过程。感知是对客观物象的反映,判断体现了主体的价值,创构则高度体现了主体的能动性。物象经过感知、判断和创构而生成意象,即美。这是本体、价值和生成的统一,个体体验与普遍价值的统一。一方面,在审美活动中,主体调动了以往的直接和间接审美经验,以及人在生命历程中的感悟和体验。主体的审美经验,既包括族类经验,又包括个体经验。审美意象的历史生成,以审美经验的个体积累和族类积累为基础,其中艺术品和工艺品作为群体的记忆对审美意象的丰富和传承起到了重要作用。另一方面,审美价值的判断奠定在主观感知和价值的基础上,审美心态在生理和心理基础上具有普遍有效性,其中价值要素反映普适性与多元性的统一。因此,我们对感性物象的感知与价值判断是统一的。主体的价值判断无目的而合目的,无功利而合功利,

① 〔明〕杨慎《升庵诗话》,丁福保辑《历代诗话续编》,中华书局1983年版,第882页。
② 〔宋〕苏辙《老子解》卷一,丛书集成初编本,中华书局1985年版,第11页。

超越功利又暗含功利。在审美判断中，主体在感知中有选择，有根据趣味的强化和淡化，因此审美判断是从物象中体验感性物态的精神价值。当然，审美判断与认知和道德判断虽然不同，但三者之间并不相冲突。物象的感官感知体验，这种体验在明乎物我之分的基础上调和物我，物我的生命精神浑然为一。因此，审美活动即意象创构的活动本身体现了主体的精神价值。

第四，主体长期的审美活动过程，即审美意象的创构过程，也是主体自我建构的过程。审美意象体现了审美体验普遍有效性和个体差异性的统一，是物象的形式感与主体体验两方面的统一。主体从意象创构中反观自身，超越了个体的生命，融入社会，并跃身大化。创构本身是一种畅神，是一种解放。审美意象的创构过程，也是主体心灵解放和超越的过程。美是感性的、寓普遍于具体之中的，又在共性的基础上充分体现了个性特征。审美意象是个体瞬间生成的，个体每一次的审美体验都有所不同，同中有异、大同小异，因此，审美意象的创构是生生不已的。美是独特的，不可复制的，主要就因为主体在审美活动中的每一次意象创构是独特的，主体的情意有着个性色彩，每次审美活动有着瞬间特点，是俄顷的瞬间受到感发的结果。审美的人生要强调个性，既强调个体在审美活动中的见异、会妙，也强调其社会氛围。人是隶属于特定时代、特定社会的，个体审美活动中的创造性带着时尚和时代背景的烙印。审美活动引发瞬间的直觉，有偶然性，但有稳定的生理、心理和社会历史基础。因此，审美活动的成果打上了时代和民族的烙印，体现了人类精神的发展历程。

三

中国人审美意象创构的特征，既与中国人的文化传统密切相关，又体现了中国人长期以来对审美活动规律的自觉体认和把握，其中尤其体现了意象创构过程中的生命意识。审美意象的创构在本质上是超越概念的。其丰富含蕴很难简单地用概念范畴来概括，语言也不能把审美意象的全部作为标本来加以指称，而应该导向欣赏者对审美意象的创造性建构。审美活动是体验与超越的统一,审美意象使丰富复杂的生命的形态得以呈现。这主要体现在以下几个方面:

首先,审美意象的创构体现了中国传统的尚象精神。中国上古时代的尚象思维正体现了先民们的审美精神。中国古人历来重视审美的尚象思维方式,重视感性的审美传统。艺术创造中更是体现了尚象的原则,《周易·系辞上》所谓"以制器者尚其象"①,重视象的表达。上古所谓"制器尚象",正因为尚象,故观物取象,观象制器,其象由于体现了象形寓意的特点,体现了制器者的理想,故同样是意象的具体表现。中国文字的发明也正是尚象传统的体现。大多数汉字的基本形态就是一个个意象,它们是通过物象、事象及其背景经主体的灵心妙悟创构的结果。尚象传统具体体现为拟人化的思维方式,这种拟人化的思维方式是先民原始思维之一。在这种尚象传统中,先民们还继承原始思维的传统。同时,这种法天象地、妙肖自然的意识体现了中国传统"天人合一"观。因此,《周易》"立象尽意"的尚象传统,反映了中国文化的基本特征,也是审美意象创构的基本特征。

其次,审美意象的创构要在物我交融中体现和谐原则。意与象的关系是一种内外交融的关系。在审美活动中,主体往往即景会心,其情意通过象而得以具体化。物象自身是和谐的,主体心态也是虚静的,内外交融,便创构出意象。在审美活动中,物与我、象与意,以神相会,以象传神,交融为一,相融相契。王世贞《于大夫集序》说:"要外足于象,而内足于意。"②内外统一,象中寓情,喻意象形。这集中表现为心物交融,情景相兼,呈现出自然浑成的样态。范晞文《对床夜语》强调了情景相互依托的特点,提出"景无情不发,情无景不生"③,强调情与景之间相互依存,缺一不可。王夫之也说:"情景名为二,而实不可离。神于

---

① 黄寿祺、张善文译注《周易译注》,第553页。

② 〔明〕王世贞《于大夫集序》,《弇州四部稿》卷六十四,《景印文渊阁四库全书》集部二一九,别集类1,台湾商务印书馆1985年版,1280-13。

③ 〔宋〕范晞文《对床夜语》卷一,丁福保辑《历代诗话续编》上,第417页。

诗者,妙合无垠。巧者则有情中景,景中情。"①认为情景是合一的,诗歌中的情景要妙合、巧合,在对景色的体验中体现主体的情怀。刘熙载《艺概·诗概》论诗时则说:"诗或寓义于情而义愈至,或寓情于景而情愈深。"②寓义于情,寓情于景,"义—情—景"是诗的意象特点,即意在象中。清代李重华《贞一斋诗说》提出了诗当"意立象随","取象命意,自可由浅入深"。③以有形的感性的象表达无形的意。情景高度融为一体,进入到物我两忘的境界。而意象正是外在物象、事象及其背景与主体情意水乳交融的形态。何景明在《与李空同论诗书》中在谈诗时曾说:"夫意象应曰合,意象乖曰离。"④强调意与象是应合的,而不是背离的。王世贞《青萼馆诗集序》和葛应秋《制义文笺》都继承何景明"意象合"的标准衡量诗歌。王夫之《姜斋诗话》卷一:"情景虽有在心在物之分,而景生情,情生景,哀乐之触,荣悴之迎,互藏其宅。"⑤意与象相依共生,"意象合"则体现出神,体现出和谐。

第三,审美意象的创构要力图从虚实相生中体现出空灵剔透。审美意象的创构以实显虚,超越了滞实的形态,超越了狭隘的日常实用功利意识,而以情感为动力,化实为虚,在虚实统一、动静相成中得以呈现,体现出以象达意的朦胧性特征,其"恍惚"的内在精神正通过"象"的张力获得充分的表达。《庄子·天地》中寓言里的"象罔",正体现了有形与无形的统一,虚与实的统一。孔颖达《周易正义》卷一认为:《乾卦·象传》所谓"实象"、"假象"即"实象"、"虚象"。⑥以视听感官可以感觉的"象",包括实象与虚象的统一,表达各类语言所难以穷尽

---

① 〔清〕王夫之著,戴鸿森笺注《姜斋诗话笺注》,人民文学出版社1981年版,第72页。
② 〔清〕刘熙载《艺概》,上海古籍出版社1978年版,第51页。
③ 〔清〕李重华《贞一斋诗说》,《清诗话》,上海古籍出版社1978年版,第921页。
④ 〔明〕何景明《何大复集》,中州古籍出版社1989年版,第575页。
⑤ 〔清〕王夫之著,戴鸿森笺注《姜斋诗话笺注》,人民文学出版社1981年版,第33页。
⑥ 参见〔魏〕王弼注,〔唐〕孔颖达疏《周易正义》卷一,李学勤主编《十三经注疏》,北京大学出版社1999年版,第11页。原文:先儒所云此等象辞,或有实象,或有假象。实象者,若"地上有水,比"也,"地中生木,升"也,皆非虚,故言实也。假象者,若"天在山中","风自火出",如此之类,实无此象,假而为义,故谓之假也。虽有实象、假象,皆以义示人,总谓之"象"也。

的丰富意蕴,指向对生命之道的体现。王廷相《与郭价夫学士论诗书》:"夫诗贵意象透莹,不喜事实粘著,古谓水中之月,镜中之影,可以目睹,难以实求是也。"①说明意象是空灵剔透的,而不是滞实的。要透莹,反对滞塞,讲究灵动和浑然无迹,让人能回味,能感而印之。意象的创构要由象而得意,象意交融,寓意于象,要对物象或事象空灵化,要化实而为虚,在虚实相生中表达情意,使意基于象而溢于象,并通过空灵剔透的样态加以呈现。范晞文《对床夜话》卷二还援引时人周弼《四虚序》云:"不以虚为虚,而以实为虚,化景物为情思。"②这便是对物我交融的和谐意象化实为虚的表现。同时,意象创构的空灵剔透效果,是在时空向度中生成的。审美意象的存在时空在审美能力的历史生成和个体生成过程中起着重要作用。其中的意是主观的,刹那间的感受(包括想象和联想等),具有时间性,而物象和事象及其背景则是空间性的。如此内外合一,空灵蕴藉,体现了时空的统一。

第四,审美意象的创构要由生生不息的生命精神而进入体道境界。意象是生动的,动态的,富有活力的,而不是僵死呆板的。意象创构中要体现出神色和气韵,体现出神完气足的生命精神。明代祝允明《吕纪画花鸟记》:"盖古之作者,师模化机,取象形器,而以寓其无言之妙。"③认为艺术创造师法大化的生命精神,在有形的感性形态中寄寓不可言状的妙意。王世贞《艺苑卮言》卷一强调"神合气完",在谈到七言律时说:"大抵一开则一阖,一扬则一抑,一象则一意,无偏用者。"④意象之中体现了阴阳开合、抑扬顿挫的生命精神。通常所谓意象和意境的关系,实际上是一物两面的关系。意象和意境的关系是形和神、感性现象和内在神韵(境界)的关系。意象侧重于指其外在的感性形态,而意境则侧重于表现其内在的精神。汤显祖《调象庵集序》:"声音出乎

---

① 〔明〕王廷相著,王孝鱼点校《王廷相集》,中华书局 1989 年版,第 502 页。
② 〔宋〕范晞文《对床夜语》卷二,丁福保辑《历代诗话续编》,第 421 页。
③ 〔明〕祝允明著,王心湛校《祝枝山诗文集》,广益书局 1936 年版,第 12 页。
④ 〔明〕王世贞《艺苑卮言》,丁福保辑《历代诗话续编》,第 961 页。

虚,意象生于神。"①陆时雍《诗镜总论》:"实际内欲其意象玲珑,虚涵中欲其神色毕著。"②均以互文的方式说明意象外在形态和内在精神的关系。意象的神合体道,更集中地体现在其境界上。宗炳《画山水序》所谓:"圣人含道应物,贤者澄怀味象。"③同样适用于形容意象的创构。两者互文,说明澄怀体悟,由味而取,并要含道,最终由象悟道,由象体道。意象的创构体现了宇宙的创造精神:"含情而能达,会景而生心,体物而得神,则自有灵通之句,参化工之妙。"④方东树《昭昧詹言》卷三:"情景融会,含蓄不尽,意味无穷。"⑤强调情景融合可以表现无穷的意味。刘熙载《艺概·赋概》称"象乃生生不穷矣"⑥。审美意象的创构同样体现了生生不穷。审美意象以少喻多,以小喻大,以近喻远,以有限喻无限,正是生生不息生命精神的体现。因此,意象中体现了形上与形下、道与器的统一。

四

艺术创造是审美活动的高级形式。艺术作品中意象的创造是艺术家审美活动的成果,通过物化形态加以传达,以期同别人分享和交流。艺术家在审美体验和意象创构中尤其敏锐。中国原始先民们很早就开始观物取象,进行日常器物的创造。中国的象形文字等,都是一个个活泼泼、充满情趣的意象。中国先民在陶器、玉器、骨器和青铜器等器物的创构和精神意味的传达中,体现了自己的审美趣味和理想。因此,创构意象、表情达意从上古就开始了。《左传·宣

---

① 〔明〕汤显祖著,徐朔方笺校《汤显祖诗文集》,上海古籍出版社 1982 年版,第 1039 页。
② 〔明〕陆时雍《诗镜总论》,丁福保辑《历代诗话续编》,第 1420 页。
③ 〔南朝宋〕宗炳《画山水序》,俞剑华编《中国画论类编》,人民美术出版社 1986 年版,第 583 页。
④ 〔清〕王夫之著,戴鸿森笺注《姜斋诗话笺注》,第 95 页。
⑤ 〔清〕方东树著,汪绍楹校点《昭昧詹言》,人民文学出版社 1961 年版,第 83 页。
⑥ 〔清〕刘熙载《艺概》,第 99 页。

公三年》中的所谓"铸鼎象物"①,反映出先民通过拟象摹物,在器物中对百物形象逼真的再现与创造,既表达了社会生活的内容,也传达了创造者的审美趣味。商周青铜器中对诸兽形态加以变形的装饰,包括纹饰等所呈现的意象,都体现了先民的生命意识和审美趣味。因此,主体通过审美活动在心中创构意象,到日常生活和艺术作品中创构意象,正是心中意象创构的自觉表现。胡适曾说:"'意象'是古代圣人设想并且试图用各种活动、器物和制度来表现的理想的形式。"②这里的圣人可以作广义的理解,包括创造器物的工艺家们。

古代的卦象创构与艺术中的审美意象有相通之处。《周易·系辞下》所谓"仰则观象于天,俯则观法于地,观鸟兽之文,与地之宜,近取诸身,远取诸物","以通神明之德,以类万物之情"③,同样表现在艺术创造对物象、事象及其背景的"观"与"取"之中,而八卦的譬喻方式也影响着艺术意象的创构。立象尽意不仅是卦象创造的目标,而且是一切艺术创造的目标,以礼赞天地自然。《周易·系辞上》所谓:"拟诸其形容,象其物宜,是故谓之象。"④这里的象即"拟象"。审美和艺术创造都有取象,而艺术创造更在于拟象。在艺术创造中,取象更多地取自自然。

自然界的物象是审美意象创构的源头活水。而艺术作品中美的意象,比自然物象(如梅花等)更具有确定性,因为艺术作品中的物象是经过艺术家选择、体验过的。但其中也包含一种制约,即经过艺术家选择过的物象,从视角和判断都受到艺术家身观的限制,创构中更多地体现了个性。而人生世相作为观照的对象,时空间隔带来心理距离,可以作为审美意象创构的基础。因此,艺术创造中的写实与非写实,都是基于自然物象和事象的元素,又都彰显了主体的创造精神。与自然对象等相比,意象的层次和境界在很大程度上体现了艺术家的

① 杨伯峻编著《春秋左传注》第二册,中华书局 1990 年版,第 669 页。
② 胡适《先秦名学史》,学林出版社 1983 年版,第 37 页。
③ 黄寿祺、张善文译注《周易译注》,第 572 页。
④ 同上,第 543 页。

层次和境界。同时,在艺术品中,艺术家还为物象提供了具体的情境。正因艺术和器物等创造时注意到情境的创构,所以在欣赏艺术时也要重视器物的形式所生存的情境,要把情境和形式的整体揭示出来,要重视情境中的整体效果与意蕴。艺术传达更讲究隐约和朦胧,给欣赏者留下更为丰富的想象和再创造的余地。

艺术创造的过程是一种审美活动的过程,并且是通过技术自觉地进行物态化的过程。艺术传达意象,艺术意象是审美意象的传达,由于技术手段的使用和物质形态的影响,传达中又有创造。艺术传达的技巧乃至媒介也影响到意象创构的效果。艺术作品的价值不仅仅在于主观的创意,还必须重视意象通过媒介加以感性呈现的效果,带着技巧、带着材料的质地,艺术作品使意象物态化。艺术家首先是审美的欣赏者,创构者,通过技术传达,创构本身受到技术的制约和影响。在造型艺术的雕、塑、刻、铸中,雕、刻通常要因物象形,塑和铸虽然也受制于物质材料,但有更大的自由。艺术家通过技术让心中意象成为手中意象,并且在艺术创造的历程中有技术积累,而臻于精湛。可见,在制作过程中,技术融入了器物的审美创造,技艺制约着器物形态的生成,而艺术传达的物态形式影响着意象表达的效果。

在艺术意象的创构和传达中,艺术家通过构思和技巧体现出自己的理想。其中包括对物象、事象及其背景的理想整合,如"龙"意象的创构等,乃是多种动物的器官和躯体在主体的情趣和理想支配下的化合。同时,为了更进一步地传达出物象、事象的内在神韵和主体的情趣,中国艺术还常常以"不似之似"和凭借想象力的"迁想妙得"进行意象创构。明代何景明《画鹤赋》云:"想意象而经营,运精思以驰骛。"①乃说明画面是艺术家借助想象力精心构思和布局的结果。在艺术创作中,如计成《园冶》所说的"虽由人作,宛自天开"、"巧于'因''借',精

---

① 〔明〕何景明《何大复集》,中州古籍出版社1989年版,第2页(其中"意"误排为"竟")。

在'体''宜'"①等,都是对意象创构效果的追求。艺术意象的创构中具有抽象概括的成分,这种抽象概括中有自己的审美特点。

艺术媒介的物化和传达过程、创构过程都受到了媒介的影响,媒介也影响了审美创构。媒介作为艺术语言既制约审美意象的传达,又体现独特的创造性特点,从而使意象的创构呈现出神奇的效果。艺术作品应当始终不脱离感性形象,以象表情达意。钱锺书《管锥编》也强调诗对于象的依托:"诗也者,有象之言,依象以成言,舍象忘言,是无诗矣,变象易言,是别为一诗甚且非诗矣。"②所谓"得意忘象""得意忘言"从认识论上讲是把言、象作为工具,而在审美活动中,言、象、意是交融在一起的,言、象是意的有机肌肤。从效果上说,艺术创造中的意象传达,常常给人浑然无迹的感受,艺术语言的行迹融入到意象整体中。在艺术创造中,意象的创构"神遇而迹化",在构思和传达过程中,心中所创构的意象与语言符号有机地融为一体。

欣赏艺术作品中的物象是主体的二次体验。艺术意象是需要交流和共鸣的,期待别人感同身受的,但是每一位欣赏者的审美欣赏都是一次再创造。艺术意象既是艺术家在过去审美活动中创构、传达的,又是欣赏者审美活动的对象。艺术意象丰富了我们的体验,也影响和制约了我们欣赏和体验物象的视角、态度和方式。艺术家创造意象与欣赏者创构意象是既有区别又有联系的。一方面,艺术家主导和引导欣赏者欣赏意象的审美活动。艺术家将自己的审美活动过程、审美趣味加以强化和物化,作为欣赏者的楷模。艺术意象作为特殊的审美意象,已经经过了艺术家的一次审美活动,艺术作品受到了艺术家体验的视角和体验的内容的限制,影响着我们情感的表达途径和方式。另一方面,对于艺术作品中意象的欣赏来说,艺术意象的接受是一种创造,一种创造性还原。艺术家创造的优秀艺术意象富有再创造的张力。欣赏者"因象而求意"③,

① 〔明〕计成《园冶》,中华书局 2011 年版,第 27、20 页。
② 钱锺书《管锥编》第一册,中华书局 1979 年版,第 12 页。
③ 〔明〕项穆《书法雅言》,中华书局 2010 年版,第 187 页。

得意而不忘象,使艺术家所创构的意象在心中再造性地复活。

　　总而言之,意象创构的活动是在审美经验的基础上主体全身心的活动,是一种通过体验超越自我的生命活动。在审美活动中,主体在对物象的感知中受到吸引和感发,将自己的心意和情趣投射到物象之中,通过物我交融创构意象。主体所创构的意象始终不脱离感性形态,并且神合体道。审美对象是以客观物象的存在为前提的,即使是作为抽象图案的纹饰等,也是一种感性存在,有着具体可感性特征。审美对象的感性直观形态包括具象的物象和抽象的图案。个体的审美活动中所运用的审美经验,包含着社会的、历史的烙印。审美意象的历史生成过程,是一种翕辟成变的过程。艺术创造是通过特定的媒介构思和传达了审美活动中意象创构的过程,是审美经验和个体创造的物态化形式。优秀的艺术品广泛地影响着审美活动中意象的创构。

原载《苏州大学学报(哲学社会科学版)》2005 年第 3 期

对可能世界的探索与呈现

——语言功能的审美归宿

张宝贵

在人们掌握的工具中,语言该是最重要的一种,甚至还有人把语言当作人之所以为人最重要的标志,这是有道理的。人超出一般生物的地方有很多,其中最基本的一项是人懂得思维,动物却不行。可是,思维又不能在虚空中进行,它要依托某种媒介,这就是语言了。如伽达默尔所说,"我们只能在语言中进行思维,我们的思维只能寓于语言之中"①。于是,语言和思维就成为二位一体的东西,讲到语言,就等于在讲思维。这没有问题,问题在于,语言行使的是怎样一种思维功能? 对此,中外历史上的主流看法是把它定位为认知,以为语言讲出的,也就是对象的某种本质属性;以为至此,语言就完成了自己的使命,这是不对的。本文以为,语言的功能从来不是,也不能触及对象的本质属性;它所能做的,所应做的,无非是引发行动,去发现、开启并呈现对象蕴含的潜能,而最能体现语言功能的方式就是人们的审美创造活动。

---

① [德]伽达默尔《哲学解释学》,夏镇平译,上海译文出版社 1994 年版,第 62 页。

一

　　为什么人们会把语言的功能当作认知？这要从语言和它所指称的对象的关系，也就是从语言学的层面说起。从关系的形式方面来看，凡是语言，必有所指称。指称是"主体"（持有某种语言的人）对"客体"（对象）的指称，这是认知基本的结构图式，因为凡是认知，总是主体对客体的认知。同时，语言对对象的指称其实是实施一种捆绑，通过这种捆绑，对象就不再漂移无定，而是被明确地固定下来，被规约，被分类，被纳入某种秩序。如语言学家拉古纳所言，随着指称行为的进行，"对象出现了，它是被认识到而非感觉到……与此同时，这个不断增强的制约条件采取了系统化的形式……最后……实在的客观秩序出现了，世界真正被人认识了"[①]。所谓"秩序"，其实就是理性规范，这说明语言指称是种理性过程。由于认知本身是一种理性行为，所以语言指称又为认知提供了一个载体和媒介。主体、客体有了，二者的关系又是一种理性的关系，那么，到这里能说语言指称是一种认知行为吗？还不能，因为以上这些只是为认知提供了一种形式上的可能，要确定语言指称何以被当作认知，关键是要看指称指的是什么，如果指称的是对象的本质，在说对象是"什么"，那指称行为就是认知，反之则否。所以这一点要看过指称的内容才能确定。

　　从指称关系的内容方面看，主要涉及两种对立的说法。一种说法是早从亚里士多德就已经开始的"约定说"。此说认为语言和对象的关系是任意的，与对象本质没有必然的联系。由于此说是根据当时古希腊已存的字母语言所得出的结论，不能说明文字产生以前的语言特性，所以在当时斯多噶学派（Stoics）就提出过反对意见，认为语音乃至词形最初都是由模仿对象而来，这就是所谓的

---

① Grace de Laguna. *Language*, *Its Nature*, *Development and Origin*, Yale University Press, 1927, p.260.

"拟声说"或"本质说"。现代西方语言学家罗宾斯虽然认为拟声说现在将来都难以证实(声音难以保留),却也大胆推测说,"拟声情况在语言的原始状态中,会比任何已知时期更为普遍"①。在汉语起源问题上,中国学者的意见更近于西方的"本质说"。比如后期墨家主张"以名举实",而"举",即"拟实也";②现代古文字学家姜亮夫先生考辨说,最初的汉语文字由绘画而来;③黄侃也讲"形声者,文字之渊海"。④

由"本质说"的意见可以肯定,语言对对象的指称行为就是认知,因为在这里,指称说明的就是对象是什么,比如"日"字模仿的就是太阳的形状。可是,"约定说"似乎又推翻了指称行为的认知性质,因为语言可以不和对象有任何的联系,"sun"与太阳的关系就是任意的,这个词本身并没有说出太阳的任何东西,二者只是任意捆绑在一起。正因为"约定说"的存在,单纯从语言学的角度还不能得出结论说,语言的功能就是认知。我们必须还要从哲学的宏观角度切入进去。

在西方哲学史上,赫拉克利特第一次在语言和认知之间搭建了桥梁。他认为,我们的世界是一团变化不息的"活火",但变化却又有理可循,这个理,也就是"逻各斯"。"逻各斯"既是世界的本质,同时也是人的标志。由于"逻各斯"意味着语言和理性,所以当赫拉克利特把人定义为逻各斯的生物时,就等于把人的行为定义成了语言行为。⑤那么,符合人本质的行为是什么呢?是"爱智慧",而"智慧就是一件事情:取得真的认识"⑥,于是,认识世界的使命自然就交到了语言手里。换言之,语言的功能就是认知。

---

① [英]罗宾斯《简明语言学史》,许德宝译,中国社会科学出版社 1997 年版,第 24 页。

② 《墨经·经上》。

③ 参见姜亮夫《古文字学·汉字字形源流》,云南人民出版社 1999 年版。

④ 黄侃述,黄焯编《文字声韵训诂笔记》,上海古籍出版社 1983 年版,第 35 页。

⑤ "逻各斯"(logos)在希腊语中本是一个源于动词 lego(说)的普通名词,基本含义就是"言语"(oratio)和"理性"(ratio)。

⑥ 苗力田编《古希腊哲学》,中国人民大学出版社 1989 年版,第 46 页。

那么，认知何以可能呢？稍后的巴门尼德回答说，"因为思维与存在是同一的"，①所以人才可以认知世界。人的本质是"思维"，世界的本质是"存在"，它们是在哪个层面"同一"起来的呢？语言。因为"存在"（toeon）这个概念正是希腊语中系动词"是"（eimi）的中性动名词，有普遍抽象的存在和诸存在物两方面的含义，其特点就是确定性、不可变更性（因为在一个判断"S 是 P"中，主词与宾词都是变动的、可以替换的，唯一不变的只有这个"是"）。这样，巴门尼德就规定了世界和人的基本属性：确定性。正因为二者都是确定性的，所以语言才能认识世界。

由上述的哲学思考再回到语言学中的"约定说"，问题就容易理解了。大体说来是这样，"约定说"坚持语言符号与所指对象的任意性，实际上就挣脱了对象在感性直观上对符号的束缚，直接的后果便是符号抽象性的增强，即理性能力和确定性的增强。这就等于让语言回到了"逻各斯"的家园。也只有如此，语言作为一种思维，才能与对象世界的本质（存在）取得一致。所以"约定说"决非在否定语言的认知功能，相反，它恰恰是在为语言认知对象世界提供一种条件，即保证思维与存在的同一性。这一点在语言学的层面难以看清，只有放在哲学的背景下才讲得通。西方现代语言学之父洪堡特说："语言的差异不是声音和符号的差异，而是世界观本身的差异。"②这句话正确讲出了哲学与语言学的密切关系，帮助我们认清了"约定说"实质上仍在坚持语言的功能是一种认知。

至此就可以清楚，人们之所以把语言的功能看作是一种认知，是因为把语言的指称对象（理性规范）当成了对象世界的本质。一旦有了这种理解，指称也就变成了认知。

---

① 北京大学哲学系外国哲学史教研室编译《古希腊罗马哲学》，商务印书馆 1982 年版，第 51 页。
② ［德］洪堡特《洪堡特语言哲学文集》，姚小平译，湖南教育出版社 2001 年版，第 29 页。

二

把语言的功能当作认知，以为它能讲出对象的本质属性，这只是一厢情愿的想法，是种形而上学的幻象。从哲学本体论的角度看，如果语言真能做到这点，对象世界的本质（本体）就应该可以理解，人人都能认同。可明显的事实是，人们给出的答案并不统一，柏拉图有柏拉图的"理式"，他的学生亚里士多德有自己的"形式"，黑格尔也有他的"绝对精神"。如果真有那么一个确定的本体，怎会有这么多的分歧？解释当然也有，最典型的一种是从认识论角度来谈的，认为人的认知能力不同或者说不够，才造成理解上的混乱乃至肤浅。而认知能力的不同或不够，主要是由于作为"逻各斯"动物的人，身上残留着感性的东西，感官欲望妨碍并遮蔽着人的理性认知，才有如此后果出现。[①]但问题是，人能脱离感官生存吗？答案显然是不能，即便能，也是个无法证明的命题。

实际上，语言之所以不能认知对象的本质，问题并不在人的认知能力，而在对象身上。因为对象的本质是不确定的，自然不能由确定性的语言所认知。所以，即便是理性哲学大师柏拉图，在他用高度确定性的"理式"（Idea）来说明世界本质的时候，其中也给非理性的上帝留下了一个位置；所以在谈及对理式的认知时，他选择的是"灵魂回忆"、"迷狂"，或者神秘的"观照"，而非语言理性。这意味着，即便世界有那么一个本质，它也不是语言理性所能认识。《圣经·创世记》里有个"巴别塔"（Tower of the Babel）的故事，说上帝造人的时候，人们之间的语言是相通的，结果大家相约造塔，企图上窥天庭。上帝大怒，变乱了他们的语言，塔也就没有建成。从语言学的角度来说，这个故事讲的是语言差异的必然性。从哲学的角度来看，它说的却是语言（理性）认知本体（上帝）的不可能。

---

① 黑格尔的看法可为代表。他说"哲学就是哲学史"，认为哲学就是众多世界观的汇聚和发展，体现为一个不断摒弃感性认识的理性发展、进步过程。

在这一点上,中国传统哲学给出的解释与西方一致。殷周时期虽然产生了"五行说",但更为流行的却是渊源更古的"天命说",天命自然运行,却不为人知。所以孔子不谈天道,只言人世,所谓"子不语:怪、力、乱、神"。[①]他知道那是一种无望的工作,所以只说能说的事情。老子的气魄比他要大,说"道"是世界的本体。可他同时也说,"道可道,非常道"。为什么呢? 是因为道"惚兮恍兮"[②],所以即便有这么一个道,语言理性也认识不了。

语言理性不能认知世界的本质,是因为后者的不确定,那么,这种不确定性由何而来呢? 古希腊伟大的智者普罗泰戈拉给出了正确的解答。他说,世界万物并没有自己的尺度,因为"人是万物的尺度,是存在的事物存在的尺度,也是不存在的事物不存在的尺度"[③]。由于人的感觉是不确定的,所谓世界的本质(尺度)也就不可能确定。由于不确定的东西是语言理性不能把握的,所以这里普罗泰戈拉就割断了思维与存在的同一性纽带,否定了语言认知世界的可能性。普罗泰戈拉用人的感觉来定义人、进而来衡量世界是有问题的。但有一点他没错,那就是,任何对象都是人的对象,对象不能脱离特定的人而存在。人在看对象的时候,对象中已有人的因素在里面。正因为如此,人显然不能去认知一个脱离开人的对象本质,道理就像人不能抓着自己的头发把自己拎起来一样简单。

对此,现代自然科学的成果也有证明。1927 年,德国物理学家海森堡提出著名的"测不准原理",后者告诉世人,企图客观地认知对象是不可能的,因为对象的性质总要受到认知角度、认知工具等因素的制约,对对象位置测定得越准确,动量的测定就越不准确,反之亦然。"我们必须记得,我们所观测的不是自然本身,而是由我们用来探索问题的方法所揭示的自然。"[④]同为哥

---

① 《论语·述而》。
② 《道德经》,通行本。
③ 北京大学哲学系外国哲学史教研室编译《古希腊罗马哲学》,第 138 页。
④ [德]海森伯《物理学与哲学》,范岱年译,商务印书馆 1999 年版,第 24 页。

本哈根学派的玻尔同年则提出了互补原理。他认为，平常大家总是认为可以不必干涉所研究的对象，就可以观测该对象，但从量子理论看来却不可能。因为对原子体系的任何观测，都将涉及所观测的对象在观测过程中已经有所改变。①

由此得知，人利用语言认知对象时，必然会有主观因素的参与，我们不能得到所谓"客观"的认知，把语言的功能当作认知就是让它去做一件不可能完成的工作。这是错误，错误的根源在于二元论（dualism），也就是在观念中把主体和客体分开，然后把这种观念中的分离当作事实的状态。真实的情况是，没有独立的客体，也没有独立的主体；除非是在观念中，否则二者永远处于相互作用的状态而密不可分，这决定了语言的功能决不会是认知。

三

说语言不能认知对象的本质，并不意味着对语言功能的否定。只是，我们必须得避开认识上的误区，找出语言真正的功能所在。笔者以为，语言指称对象身上的理性特征，或者说是在用理性规范、捆绑对象，这说出了语言的本性，对此不应抱有怀疑。关键的问题是，不应把语言说出的这些理性规范当作对象的本质，而应把它当作对象对主体而言的某种关系：这种关系引领语言主体进入某种特定的行为，最大化开掘出对象的潜能，来满足主体的需要。因此，语言的功能就是开发并呈现对象所包蕴的可能性世界，这一点突出体现在审美活动当中。

针对语言说出的理性规范，我们过去把它当作对象的本质，这是二元论的看法；而一旦把主客体统一起来看，那些规范实际上导出的却是对象与主体的特定关系，正是这种关系引发了主体的特定行为，即对可能性世界的开发。美

---

① ［丹麦］尼耳斯·玻尔《玻尔哲学文选》，戈革译，商务印书馆1999年版，第44—73页。

国哲学家杜威在讲到语言功能时就曾说过,语言言说"只会密切这样一些联系,如果遵循这些联系的途径,就会致使人们占有一个存在物"①。促成 20 世纪哲学语言学转向的维特根斯坦更是明确指出:"一个命题只能说一件事物是如何,而不能说它是什么。"②说"是什么",自然是传统的看法;而说"如何",则意味着对象对主体如何,就会引发主体的行动。比方说"我饿了",绝不是认知饿是什么,而是意味着饿可能导致的行为:去烧饭,或者去餐厅等等。语言引发的行为当然不是任意的,而是遵循语言说出的理性规范,去发掘包孕其中的可能性世界。正如维特根斯坦所讲,"凡是可思考的东西,也是可能的东西"③,说明语言讲出的正是对象的潜能,语言的言说,也就是对可能性世界的开发,后者就蕴含在所讲出的理性规范当中。

语言不仅要开发对象世界的可能性,还要在行为中展开它,即通过对语言理性规范的拆解,显示其潜能的过程。语言的理性规范有弊端,也有益处。它的弊端就是将活生生对象世界抽象分割;益处则是通过这种抽象,能留存这个世界的可能性。所谓展开可能性的世界,也就是抑制语言理性规范的弊端,实现其可能性的过程。对此,海德格尔有过精到见解。在《在通向语言的途中》他把正确的言说方式称为"道说"(Sagen),"道说意谓:显示,让显现、既澄明着又遮蔽着把世界呈示出来。"④"遮蔽"(verbergend)一词有两层涵义,其原型 verbergen 意指"隐藏",而去掉前缀 ver,其词根 bergen 则有"看护"和"妥善保存"的意思。因此,语言的遮蔽意旨有二:一个是指语言把活生生的对象(与主体处于特定联系中的对象)抽象分割、硬生生固定,令前者"隐藏"起来,这指的是语言"死"的一面。另一方面,由于活生生的对象是稍瞬即逝的历时性存在,共时性的语言对它的固定虽然是隐藏,可隐藏同时也就是一种看护,对对象可能性

---

① John Dewey. *Experience and Nature*, Chicago and La Salle, Illinois: Open Court Publishing Company, 1994, p.73.

② [奥]维特根斯坦《逻辑哲学论》,郭英译,商务印书馆 1992 年版,第 31 页。

③ 同上,第 28 页。

④ [德]海德格尔《在通向语言的途中》,孙周兴译,商务印书馆 1997 年版,第 181 页。

的守护,是语言的"死"中存"活"。所谓"显示"和"澄明"(lichtend 使放光明),也就是去除语言理性规范的遮蔽,展开其潜能的过程。

海德格尔讲出了语言展开可能世界两个基本原则,即去除遮蔽,呈现可能性,但对其具体方式少有说明。在这个问题上,玄学家王弼对言意关系的解释却能给我们启发。他在《周易略例·明象》中说过:"夫象者,出意者也。言者,明象者也。尽意莫若象,尽象莫若言。言生于象,故可寻言以观象;象生于意,故可寻象以观意。意以象尽,象以言著。故言者所以明象,得象而忘言;象者,所以存意,得意而忘象……象生于意而存象焉,则所得者乃非其象;言生于象而存言者,则所存者乃非其言也。然则忘象者乃得意者也,忘言者乃得象者也。"①这段话中讲到的"意",实质上便是语言理性规范所包蕴的可能性。如何展开这种可能性(尽意)呢? 王弼给出的策略是通过语言来塑造"象",以达到"忘言"的效果,即去除语言理性对可能世界的遮蔽。为了把这个解蔽工作做得彻底,甚至还要"忘象"。"忘象"其实也是立象,只不过那是一种"大象",即所谓"大象无形"。只有做到这点,"意"才会完全呈现出来。通过塑造形象来抵消语言自身的理性规范,这就是展开可能世界的具体方式。尽管王弼的意见不无局限②,但他对语言功能的这种见解却有极大价值。

通过塑造形象,语言对自身理性规范进行拆解,从而呈现充满可能性的形象世界,这正是艺术,特别是语言艺术的基本特点。之所以这样讲,是因为艺术的审美创造过程无不是利用语言、符号创造一个形象的世界,正是在这个世界中,才蓄积并呈现着世界的希望与可能。所以亚里士多德才会说:"诗人的职责不在于描述已经发生的事,而在于描述可能发生的事,即根据可然或必然的原则可能发生的事"③;海德格尔才会把"道说"与获得真理、与艺术

---

① 楼宇烈《王弼集校释》上册,中华书局 1980 年版,第 609 页。

② 比如,从能否"尽意"的角度来探讨语言功能就存在二元论的问题。谈到"尽",意味着"意"是某种固定的存在,某种与主体无涉的东西,这就把语言主客体给割裂开来。事实正如文中所讲,处于主客体相互作用中的"意"是不确定的,用能"尽"与否来确定语言与其对象的关系,立足点是错误的。

③ [古希腊]亚里士多德《诗学》,陈中梅译,商务印书馆 2002 年版,第 81 页。

视为同一过程,断言"艺术就是真理的生成和发生"①,"是诗本身才使语言成为可能"②。可见,在摆脱认知性的迷雾后,语言在探知并呈现可能世界的时候,才找到了自己的功能所在;在展开自己功能的时候,才发现审美创造才是自己的归宿。

原载《文艺理论研究》2008 年第 1 期

---

① 孙周兴编《海德格尔选集》上卷,上海三联书店 1996 年版,第 292 页。
② [德]海德格尔《荷尔德林诗的阐释》,孙周兴译,商务印书馆 2002 年版,第 47 页。

中西方美学的交汇与影响研究

对西方后现代主义文论消极影响的反思性批判

朱立元

西方后现代主义文论思想在中国的传播和接受并不是一帆风顺的。20世纪80年代前期后现代主义文论开始进入中国,先后经历了初步译介期和发展期、90年代的推进期和高潮期以及新世纪以来的新变期,取得了令人瞩目的成就,出版了以此为主题的著译作上百部,发表相关论文数以千计,产生了实实在在的、不可低估的影响。这种影响是多重的、错综复杂的,但总体上可以概括为积极、正面的和消极、负面的两个方面。在笔者看来,其积极影响集中体现为它在被有批判地接受的各个阶段都实际上参与了当代中国文论(主要是文学基础理论,当然也包括批评理论)的创新建构,并取得了若干重要的实绩,特别在思维方式方面的启示是影响深远的;而且应当肯定,这种积极影响总体上占据主导地位。然而,我们也应当清醒地认识到,后现代主义文论涌入中国之后,不可避免也带来许多负面的东西,产生若干消极的影响。关于积极影响方面,笔者将另文探讨。本文拟主要从以下几个方面对其消极影响加以反思和批判。

一、后现代主义对宏大叙事的彻底否定将导致消解文艺学、美学的唯物史观根基

宏大叙事(Grand Narrative)是利奥塔在《后现代状态》中提出来的。他用

"宏大叙事"来描述那种支撑、解释在现代性状况下某种文化的特殊选择并赋予其合法性的叙事,这是一种所有其他文化叙事都能从中找到意义与合法性的元叙事;它通过提供一种连贯性、总体性即宏大性来掩饰在社会历史中发生的各种各样实际存在的冲突和歧异。利奥塔论述了解放的叙事和思辨的叙事两种知识合法化的宏大叙事,前者体现了民族国家出现革命的时期的特点,后者的目标是建立一个思辨的理论体系。他并把基督教、启蒙运动、资本主义和马克思主义等都当作宏大叙事的实例。与宏大叙事相反的是小叙事(Little Narrative)。利奥塔认为,随着技术的发展、学科界限的崩溃、后工业社会的兴起尤其是知识的商品化等,两种宏大叙事都丧失了可信性和合法性,小叙事因此凸显出来,由此就进入到后现代状态之中。小叙事强调的是意见一致话语视界中的意见分歧,认为意见事实上从未达成一致。由此,小叙事使得后现代性中各种各样的差异和复杂性得以凸显。利奥塔由此否定"元叙事"(宏大叙事)而倡导"小叙事"。

中国当代文论,受到后现代主义宏大叙事理论非常广泛的影响。"宏大叙事"的概念在相当长的时期内出现在大量有关文论和批评的文章和著作中,使用频率极高,成为时髦话语,虽然大部分的使用并不一定符合其原意,常常存在这样那样的误读或误用。而且,我们不必否认,它对中国文艺理论建设也有一些启发性,比如有的学者更加注重对一些实证性的或某些具体、微观问题的研究,使研究更加深入、细致,也确实在某些方面有所突破,取得了一些很有价值的成果。

然而,总的来看,后现代主义文论全盘否定宏大叙事,其消极性更是毋庸置疑的。如前所述,利奥塔明确把马克思主义当作宏大叙事的主要实例之一。马克思主义的唯物史观,是解放全人类的最强大的思想武器,又有严谨的理论体系,显然既是解放叙事,又是思辨叙事,是后现代主义强烈反对和力图消解的宏大叙事。然而,唯物史观在以马克思主义作为指导思想的中国,对于所有人文学科和社会科学包括文艺学、美学学科都有直接的、根本性的指导意义。文艺学、美学与自然科学不同,属于"历史科学"。恩格斯在评论黑格尔庞大的哲学体系时,明确把包括美学在内的哲学各个分支学科都看成"在所有这些不同的历史领域中"进行研究的"各个历史部门"①,强调"社会历史的一切部门和研究人类的(和神的)事物的一切科学"都应当将研究对象"承认为历史发展过程"。这种研究的根本目的,"归根到底,就是要发现那些作为支配规律在人类社会的历史上起作用的一般运动规律"。②

这种"一般运动规律"体现在不同的历史部门、不同的学科中,其具体内涵、方式和发展变化等,自然是很不一样的。但是,它们归根结蒂必然受制于、服从于历史唯物主义的基本原理和一般原则。后现代主义消解宏大叙事的要害,实质上是彻底否定唯物史观,否定人文社会科学发现、揭示研究对象发展中的那些带有本质性、规律性的东西,使之停留于零碎的表层现象的描述。

美国新马克思主义理论大师、后现代主义研究权威詹姆逊对消解宏大叙事的观点也并不认同。比如在接受张旭东的一次访谈中,他在回应"理论已死"的时髦论调时,针锋相对地提出,许多"理论经典"在当代继续发挥着作用,"'理论经典'不仅包括那些基本著作,如列维-施特劳斯的结构人类学理论,而且包括过往的经典——回溯到马克思和弗洛伊德,以及各个不同理论家们自己的经典文本",他特别强调,"可以肯定地说,想要在理论著作中回避马克思和弗洛伊德仍然是不可能的,因为两者涉及整个人类经验领域以及整个社会的社会经济现实和心理现实"。③显然,要回避这样一种宏大叙事是不可能的。在这次访谈中,张旭东概括了体现詹姆逊宏大叙事的"三种深度模式",其中第一种就是"以马克思主义'生产方式'理论、商品拜物教理论和上层建筑/经济基础分析为蓝本构建起来的政治经济学深度模式,以分析资本主义'表面现象'和'内在本质'的

---

① 马克思、恩格斯《马克思恩格斯选集》(第四卷),人民出版社 1995 年版,第 219 页。
② 同上,第 246—247 页。
③ 张旭东《读书报专访杰姆逊:"理论已死"? 理论何为?》,《中华读书报》2012 年 12 月 5 日第 13 版。

方法来看待文本与其社会背景之间的关系",另外两种是"符号学、阐释学的深度模式和精神分析学说的深度模式"。①这个概括非常精当。笔者认为,这三种深度模式显然都是宏大叙事,第一种实际上就是马克思主义的唯物史观,当然不一定称之为"模式"。詹姆逊对后现代主义文论消解宏大叙事的观点是持批评态度的,值得我们思考和借鉴。

这一点在当代中国文艺理论研究领域也不例外。如果彻底否定宏大叙事,文艺学的任何创新建构都将落空,因为文艺理论绝对离不开作为理论基石的唯物史观的指导。比如在 1990 年代中国文艺学界以钱中文、童庆炳等为代表的文艺理论家创建、倡导的"审美意识形态"论,在当时影响最大、传播面最广,至今仍然是文艺学界的主流话语,它的立论基础就是唯物史观这个所谓的"宏大叙事"。试想,如果离开了这个宏大叙事,揭示文学特质的"审美意识形态"论能够形成、能够在本质和规律层次上科学地、动态地解释丰富复杂的文学和文学史现象吗? 如果取消了唯物史观的所谓宏大叙事,文学理论即使在若干具体问题(小叙事)的研究上能够有所推进,但它的总体框架和理论根基却被抽去了,随之它概括和揭示文学历史生成和发展的某些带有规律性的现象、症候的主要任务就被取消了,其理论的系统性、逻辑性也会被消解,从而实际上使文艺学陷入真正的学科危机。

其实,不独文学"审美意识形态"论如此,新时期以来我国许多文艺学专著和教材,即使着重探讨某些重要的文艺理论包括形式问题、语言修辞问题等等,并不直接涉及唯物史观的基础问题,但它们都追求建构观念相对自洽、逻辑比较严密的理论体系,仍然具有宏大叙事中"思辨叙事"的性质。在笔者看来,追求人文社会科学理论著作的思辨性和系统性,乃是新时期以来我国学界理论自觉性的一大进展,应当充分肯定。如果真的全面取消包括思辨叙事在内的宏大叙事,中国的文学理论恐怕只能走向平面化、浅表化、碎片化,而趋于衰退。

① 张旭东《詹明信理论与中国现实》,《文艺报》2012 年 11 月 21 日第 6 版。

需要指出的是,我国绝大多数学者否定性地使用"宏大叙事"概念,并不是认同利奥塔对马克思主义的否定,而是借用这个后现代概念对那些"宏"而无边、大而无当、空洞说教的教条主义文论研究的抵制和拒绝,这当然有其合理性,但实际上却是只停留在对"宏大叙事"概念字面意义的理解上,从而造成了某些误解或误用。

由此可见,后现代主义彻底否定和消解宏大叙事的思想,在文艺学领域中是有害的,实际上是行不通的。

二、后现代反本质主义思想被过度解读和利用,容易走入彻底消解本质的陷阱

后现代主义的非同一哲学或者差异哲学批判黑格尔以来的传统同一哲学是本质主义的。因为同一哲学认为,任何事物的现象存在背后都有着决定该事物是其所是的唯一的固定不变的"本质",它是与其存在直接同一的,是事物存在之同一性的基础。后现代主义批评这种同一哲学产生了本质主义观念,其要害在于忽视或掩盖了事物的差异性、特性与个性。后现代主义如阿多诺的"星丛"理论就是如此。"星丛"指一种彼此并立而不被某个中心整合的诸种变动因素的集合体,这些因素不能被归结为一个公分母、基本内核或本源的第一原理,"星丛不应该被还原为某一种本质,在这个星丛中内在的存在的东西本身不是本质"①。星丛式的关系是平等的有差别的共在。由于消解了同一哲学所确立的固定不变的唯一"本质"而呈现出开放的多元性和生成性。据此,阿多诺指出,"艺术中的张力和与它相关的外在张力捆绑在一起……艺术作品中张力的复杂性结晶在形式问题和从外在世界事实面上解放出来等问题上并聚合为真正的本质"②。这个概

---

① [德]阿多诺《否定的辩证法》,张峰译,重庆出版社1983年版,第191页。

② T.W.Adordno: Aesthetic Theory. *Newly translated by Robert hullot-kentor*. The Athlone Press London 1997, pp.5-6.

念——"张力的复杂性结晶",肯定了艺术本质的多元性、多层次性以及过程性、生成性和复杂性,这意味着,我们应当放弃探寻唯一的、固定不变的文学艺术之本质的努力。如果仅仅这样理解,在笔者看来,反本质主义是有其合理性的,对于我们文学理论的创新建构是有启发的。

然而,后现代主义文论不满足停留于此,它将上述生成性、过程性推到极端,从而根本上消解了本质范畴和对本质认识的一切可能性。它强调,艺术的生成性、过程性也体现为片段性、非逻辑性,其间贯穿的是动态生成关系。因此,艺术概念拒绝界定,"艺术的本质也不能确定,即便通过追溯艺术的起源以期寻觅支撑其他一切东西的根基"①。这样,除了关系、过程、生成与历史,文艺的本质只剩下无法把握的不确定性,于是任何试图探讨文艺本质的努力也都成了毫无意义之举。笔者认为,此处反本质主义就过了"度"。德里达的解构主义则走得更远。他发明了增补、播撒、踪迹、延异等一系列的语言学术语来消解"本质"和认识本质的可能性。如"播撒"指文本不但多义,而且其多义是片断并散开的,它"证实了无止境的替换";②播撒并非是还原主义的,"播撒的基本含义之一正是本文还原成……意义、内容、论点或主题等效果的不可能性"③,更不可能寻找、还原文本的固有本质;又如"延异",是德里达自己创造的一个词,他把延异看成是世界的"无本源的本源","无基础的基础",认为世界与语言一样,是差异的、多元的,延异展示了世界与文本陷入"无休止意指活动",处于"差异及最后意义的生产"过程中。④"在场"从未真正完全当下在场,意义也从未真正当下在场。据此,对文学艺术本质(在场)的追寻和界定就成了虚幻的梦想。这里,后现代解构主义对本质主义的解构就远远过了度,其反本质主义的策略本身陷入了虚无主义。

---

① T.W.Adorno: *Aesthetic Theory*. trans, C.Lenhardt. Routledge & Kegan Paul, 1984, p.3.

② 德里达《多重立场》,佘碧平译,生活·读书·新知三联书店2004年版,第95页。

③ 克里斯蒂娜·豪威尔斯《德里达》,张颖等译,黑龙江人民出版社2002年版,第96页。

④ 转引自克里斯蒂娜·豪威尔斯《德里达》,张颖等译,第165页。

这种过"度"的反本质主义在中国当代文论中也有反映。这集中表现在对文学和文艺学边界问题的探讨上。

有的学者对后现代主义文论过度反本质主义的观点不加辨析,生搬硬套过来,缺乏根据地断言,处于转型期的当代中国已经进入"日常生活的审美化"了。其理由是:由于电子媒质引起的传播革命导致了文学艺术与审美化的日常生活之间的界限逐渐泯灭,一大批原先处于边缘地带的泛审美化样式纷纷打入"文艺"的圈子,这就造成了文学边界的移动、越界、模糊和扩张。应该指出,他们所谓的文学"边界"实际上就是指文学的本质或人们关于文学本质的观念。他们的理论根据是,文学的边界和本质是人们历史地建构起来的,一直处在不断的变动中,因而是不确定的。文学边界的变动和不确定实际上是文学本质和文学本质观的变动与不确定。他们因此强烈反对用本质主义的思维来探讨文学的边界和本质问题。

应当承认,他们关于文学边界和本质是不断变动的看法,是有道理的,但是完全否定对文学边界和本质作动态的、历史的探讨的必要性和可能性则是过了"度";用"日常生活审美化"来解释当代文学的审美边界的失效,就是这种过"度"的表现。

的确,从文学发展的历史看,"文学"的边界和人们的文学本质观念总体上一直是不确定的,一直在变动着。从大的变动轨迹看,无论中外,人们关于"文学"本质的观念、人们对"文学"本质含义的理解,亦即"文学"的边界和范围,都经历了一个从广到窄、又从窄到广的曲折过程。西方的"literature"——"文学"一词——长期以来一直是广义的,泛指各种使用语言文字的文献和作品,只有"诗"才大体相当于现代意义的"文学"。直到18世纪作为语言艺术(审美)的狭义"文学"本质观才确立起来,并逐步地被普遍接受。这是"文学"的边界由广到窄的变动。中国19世纪之前的情况亦大致如此。中国古代的"文学"概念从孔夫子开始一直包括"文章"(部分相当于现代的"文学"概念,但不包含诗、小说、戏曲等文学样式)和"学术"两层含义,是广义的和宽泛的。直到19世纪末、20 世纪初的晚清,随着西方大学教育学科和学术分类机制的传入,现代审美意义上的"文学"观念才逐步形成和确立起来,如王国维、青年鲁迅、刘师培等都明确地在审美这一狭义上使用"文学"一词。但与此同时,章太炎等还在广义(主要指学术)上界定"文学"。这两种"文学"观念在 20 世纪前期同时并存了一段时间,之后才逐渐消失。这是中国"文学"观念的边界由广到狭的变动。19 世纪以来,随着现代社会的发展、科学技术的革命和传播媒介的变革,中外文学的类型、样式也在不断地变化。一些过去没有的新的文学类型出现了,如电影文学、电视文学、网络文学等等;一些已有的文学类型也增生了许多亚品种,比如小说文体,不但有长、中、短篇小说之分,还新增了小小说、微型小说,"手机小说"等等;文化散文的诞生也为散文文体增添了新品种;……这些是文学边界和范围由狭到广的又一次变动。

但是,中外"文学"观念史的这两次变动,性质是不同的。前一次是真正为"文学"确定审美本质和边界的变动,是为文学"定性"的变动。从此,文学有了确定自身独特本质即审美规定性的边界与范围,这一边界和范围虽然在量上还可能扩大或缩小,却迄今仍有相对稳定的本质,如果突破或逾越这一本质特性,就会突破决定文学之为文学的真正边界,就会走向非文学,实际上也就取消了文学自身的边界。后一次变动在笔者看来,只是量的方面的扩大和变动,只是在文学审美特质未发生根本变化的情况下其边界和范围的弹性扩张,而不是边界根本性质的变动。所以,第二次变动虽然在量上拓展了文学版图,却并未导致文学边界的模糊和消失;恰恰相反,正是当代文学边界的这种"扩容"从另一侧面证明了文学审美特质和边界的有效性和合法性至今仍然存在。

上述主张取消文学本质界定的反本质主义观点,其否定文学有固定不变的本质和边界的看法并无不妥。但是,由此断言当代中国文学与日常生活的边界已经消失,实际上就是认定当代中国文学相对稳定的审美本质已经消解,已经与其他种种非文学的文化产品没有本质区别了,这就难以令人苟同。因为它根本否定了探讨文学（包括其他事物）本质的合法性、必要性和可能性，否定文学和一切事物的本质虽然处于变动中，但在一定历史阶段可以有相对的稳定性和可认识性。同时，对文学的本质从多方面、多层次动态地加以探讨也是必要和可能的。即使新世纪以来受到学界好评的三种文学理论教材（南帆主编《文学理论》新读本，王一川著《文学理论》，陶东风主编《文学理论基本问题》），如有的学者所说，"它们的基本形态分别是关系主义、整合主义与本土主义"，是自觉反对本质主义的，但实际上他们只是"反对'本质'的客观性、永恒性与唯一性"①，而并不取消对文学本质的多方面、多层次和动态地考察，并不取消文学本质和边界在一定范围、一定历史阶段的相对稳定性。

总之，后现代主义文论这种过"度"的反本质主义最终只能走向相对主义和虚无主义。它在中国当代文论中确实产生过一些消极影响。但是，通过文艺理论界的学术争鸣、讨论这样一种文化学术机制，这种消极影响被有效地降低和消化了，反而促进了人们对反本质主义的辩证认识。

三、西方后现代非理性主义的强化，诱发了国内文艺与文论的感官主义消极倾向

非理性主义并非后现代主义文论的专利，它缘起于现代主义思潮，从叔本华、尼采、克罗齐、柏格森、弗洛伊德到超现实主义、荒诞派、存在主义等等，非理性主义文论源源不断。后现代主义文论，在批判现代性时，并没有批判其非理性主义思想，反而在某种程度上强化了这种非理性主义，特别在文艺和审美领域更是如此。后现代主义在对理性本身的反思、批判中，对审美现代性的批判，最集中地体现在对艺术活动中理性作用的怀疑与否定上。在现代主义文论中原本得到了强调的艺术、审美行为的非理性的部分，被进一步强化了，并被用来

---

① 方克强《文艺学：反本质主义之后》，《华东师范大学学报（哲学社会科学版）》2008年第3期。

充当对抗理性主义的急先锋，关于潜意识、想象、梦、幻觉、本能、意识流、直觉等等非理性因素在艺术创作中的地位一概被强化了；而在艺术和审美活动中，理性的反思性在对作品的欣赏中被直观、直觉、体验，以及诸种感受性所取代。后现代主义对 Aesthetics 的"感性学"涵义的过度强调和推崇，使得美学单纯以感性学的方式在场，而感性又被感官性牵引着。康德以降的审美非功利性原则在某种程度上被感官快乐的原则所介入和取代，康德所说的作为一种自由游戏情感的"快适"被单纯感官所带来的诸种快感取代，审美水平的高低于是被一种官能性愉悦的程度所决定。这是后现代的反理性主义在文艺学、美学层面的直接体现。在更深的层次，反理性主义作为对于理性的反思立场，深刻地影响了关于审美的性质与意义的看法，用审美进行启蒙和救赎的现代性"神话"于是被质疑、被颠覆。

应当肯定，对美学（Aesthetics）的"感性学"本意的强调本身并无不妥，特别是重视过去被长期忽视的艺术和审美活动中感性的、非理性因素的作用，是有积极意义的。从现代主义到后现代主义，对潜意识、想象、梦、幻觉、本能、意识流、直觉等非理性因素在艺术创作和生命活动中极为重要的作用的发现、发掘和肯定，是有其合理性的。因为，古今中外无数优秀的文艺家的创作实践及其优秀作品的产生，都无可争辩地证明了仅仅用人的理性思维能力是解释不通的；相反，正是这些非理性因素的综合作用，能够更有效地解释艺术和审美活动中极为隐秘、细微、复杂、千变万化的心理机制。然而，片面、过度地强调非理性因素这一面，并上升到支配地位，完全否认并彻底排斥人的理性因素在艺术和审美的深层心理活动中介入、参与和潜在支配的作用，则走向了另一个极端，不但不符合艺术和审美活动的实践，而且颠倒了人之为人的主要标志——有意识的理性活动，而不是无理性的纯粹非理性的、感性的、感官的活动。马克思指出，人与动物最直接的区别在于其生命活动是"自己意志的和自己意识的对象"、"有意识的生命活动"，而且"正是由于这一点，人才是类存在物。或者说，正因为人是类存在物，他才是有意识的存在物，就是说，他自己的生活对他来说是对象。仅仅由于这一点,他的活动才是自由的活动。"①这里,"有意识的"就是理性的。当然,马克思区别人与动物的根本尺度不是有没有理性,而是实践,即"自由自觉"的、"有意识的生命活动"。所以,笔者认为,后现代主义文论在片面强调非理性主义这一点上存在着严重的失误。

后现代非理性主义思潮的消极影响,在当代中国艺术和文论中也有表现。

20世纪90年代起,我国艺术和审美文化就受到了全球化和市场化、商品化两股汹涌大潮的强烈冲击;新世纪以来,随着我国市场经济的更趋成熟、消费主义思潮的日益蔓延、后现代之风的迅速弥漫,以及大众传媒的推波助澜,主流文化和意识形态不断被"祛魅",大众文化以不可阻挡之势席卷神州大地,"三消(消费、消闲、消遣)文化"迅速上升到文化艺术市场的主流地位,从而艺术和审美文化的世俗化、欲望化、娱乐化进程加速从边缘走向中心,这突出表现为部分文艺创作和欣赏中感官欲望的无度扩张和享乐主义的大肆泛滥,相当数量的作品在"祛魅"的解构思潮冲击下越来越流于"三俗"即低俗、庸俗、媚俗。其中尤以媚俗最不应原谅,因为这是有意识地主动自觉地迎合、满足、取悦于部分受众不健康的乃至恶俗、庸俗、追求感官刺激的趣味,比如审丑(非美学意义上的"丑"范畴)、残缺、色情、血腥、暴力、窥秘、自恋、自虐等等。这些感官化的"娱乐至死"的趋向,完全颠覆了文学艺术的审美特性。

需要说明的是,笔者这里并不是一般地否定或者贬低大众文化。从总体上说,我们是欢迎和欢呼大众文化时代到来的。大众文化中有许多积极的有价值的东西,特别是民主自尊的公开诉求、平民主义的"草根心态"、不断求新图变的青春气息,是当前我国艺术和审美文化中健康向上的新鲜血液。但是,毋庸讳言,大众文化作为当代消费主义文化的主体,其中的消极方面也是不容忽视的,许多偏重于迎合、满足部分大众的感官刺激和享受的乱象,实际上是通过文学艺术把人性中最低劣的、扭曲的感官欲望无节制地召唤出来,肆无忌惮地释放

---

① 马克思、恩格斯《马克思恩格斯选集》(第一卷),第46页。

出来。这样就必然会损害、消解艺术和审美文化的灵魂。

更加令人担忧的是,在后现代非理性主义思潮冲击之下,美学界和文艺理论、批评界也存在着某些偏离、游离、甚至背离审美文化精神的弊端。这突出表现为美学上的感官主义、实用主义倾向有所抬头。它把种种无限扩张感官欲望的文艺现象美化为"恢复"美学的感性学本义,从理论上支持和附和美学感官主义。它以误读了的西方学者"日常生活审美化"理论为根据,认为中国现在已经进入"后现代消费社会",娱乐性、商品性、感官消费性已经成为文学艺术的基本特征了;而日常生活的审美化突出表现在人们对于日常生活感官视觉性表达和享乐满足上,这种视象快感肯定了非超越性、消费性的日常生活活动的美学合法性,因而片面主张追求"视象快感"为新的美学原则。更有甚者,有意无意地用实用主义曲解西方的"身体美学",如有的学者所指出,"美学的实用主义倡言要使身体美学化,美学身体化,因此,任何感官的满足、本能的宣泄、力比多的释放,都是美学的体现"①。这实际上把作为现代美学一种的"身体美学"降低到感官欲望美学。在笔者看来,这种美学观的要害是,片面地把艺术和审美活动中感官快乐抬高到首要的地位,丧失了对后现代感官主义消极方面的批判性,抛掉了文艺学、美学应当高扬人文精神、提高人的精神素养的社会使命,消解了对人生意义或价值的理性态度,放弃了对人的终极价值的追求,实际上把文艺学、美学从以人文精神为基础的感性学降低到缺少精神向度的感官学。这种思想无论在理论上还是在实践上都是消极的,当然不是人们(包括倡导者们)所愿意看到的。

四、后现代主义文论具有反人道主义、人本主义的倾向,
不利于文艺创作和理论的发展

众所周知,钱谷融先生最早提出的"文学是人学"的命题,从以人为本的人

---

① 王洪岳《精神建构的彷徨和出路》,《探索与争鸣》2012 年第 4 期。

道主义角度概括了文学之为文学的基础性特征,主张文学应该尊重人,以人为描写的中心,应该具有提升人生境界、塑造美好心灵、构筑人性家园的本性。这个主张至今仍然具有强大的理论生命力。由此出发,笔者认为,坚守以人为本的人道主义底线仍然是当代中国文艺理论和批评不应逾越的底线。

然而,后现代主义文论的一些代表人物却激烈反对人道主义、人本主义。海德格尔在《关于人道主义的通信》中认为,"人道主义"是对穷途末路的形而上学的最后挣扎的最好称呼,它把语言看作是人类手中的工具并服从我们的意志。①这种对人道主义的否定是海德格尔思想中后现代因素的重要体现。德里达同样认为语言是一种不能归在"人"的概念下的现象,他在《人的终结》(the Ends of Man)一文中剖析了海德格尔的这一文本,进一步认为,必须在有效地排除"人道主义形而上学的阴影"的前提下,才能质询人道主义问题。②福柯在《词与物》中说道,"人"不是一种自然事实,而是一种历史性的知识概念,是现代人文科学的知识建构。在这本书的最后,福柯公然宣告"人的死亡",宣称"人是近期的发明。并且正接近终点······人将被抹去,如同大海边沙地上的一张脸"③。他特别对人道主义的普遍性要求提出挑战:"关于人道主义我所担心的是它作为一种普遍的模式向任何种类的自由展现了我们伦理学的某种形式。我认为在我们的将来存在着比我们能在人道主义中所想象的更多的秘密、更多的可能的自由和更多的创造性。"④此外,拉康也肯定心理分析的反人道主义本质,他认为弗洛伊德的发现表明了人的真正的中心已不再是整个人道主义传统所定位的那个中心。利奥塔也强调当代哲学理应冒险超越人类学与人道主义的局限。他们都坚信,启蒙理性和主体的自由意志都只不过是一种幻觉。据此,我们可以说,"反人道主义"是上世纪六七十年代的法国后结构主义、后现代

---

① 孙周兴选编《海德格尔选集》,上海三联书店 1996 年版,第 358—406 页。

② 参考 Derrida Jacques. *Margins of philosophy*. The Harvester Press Limited, 1982, p.119。

③ 福柯《词与物》,上海三联书店 2001 年版,第 506 页。

④ Foucault, *"Truth, Power, Self"*, *Technologies of the Self: A Seminar with Michel Foucault*, ed. Luther H. Martin et al, The University Massachusetts Press, 1988, p.15.

主义思潮的共同倾向。笔者认为,法国后现代主义之所以与人道主义对立的深层原因是,现代性人道主义虽然表面上高举启蒙理性的大旗,以人类尊严的解放者和保护者自居,但它唯一成功做到的恰恰是走向其反面,不但没有兑现这一承诺,反而成为压抑人类尊严的同谋(虽然不一定是压抑的起因),从而导致了对人、对人类自身的灾难性后果。所以,现代性人道主义才会成为后现代主义的敌人。

不过,对于现代性人道主义的这一复杂性,后现代思想家们并未作简单处置,有时候还表现出某种矛盾态度。比如福柯在批判人道主义时,明确区分了启蒙与人道主义,认为启蒙是一个事件,人道主义是一个主题,两者都不能作非历史性的理解。福柯并没有拒斥人道主义的所有原则,他只是认为人道主义的主题本身过于柔软,过于纷杂,过于前后矛盾以致不能作为反思的轴心,启蒙与人道主义非但不是处于一种同一的状态,相反是处于一种紧张的状态。福柯认为如果把问题简单化为"支持启蒙或者反对启蒙""支持人道主义或者反对人道主义",无疑是一种智性的敲诈,所以必须深入分析两者在历史过程中的复杂关系。①再如解构主义大师德里达后期思想有很大变化和发展,其中伦理学的人文关怀几乎成为德里达后期思想的核心,他在一系列对话和演讲中,从伦理学角度广泛论及性别、动物、司法的公正性、死刑与死亡等等问题。这表明,后现代主义在反人道主义、人本主义这方面并不彻底,一是有其现实针对性的,不是一般地、全盘地反对;二是基于其差异性哲学对现代主义总体性、普遍性、同一性的否定,而反对将人道主义普遍化、非历史化。在有的后现代思想家那里,对待人道主义,内心还存在着若干纠结和矛盾。

但是,无论如何,正是后现代主义思潮,使人们对人道主义的形而上学根基发生了怀疑和质询,并一度成为西方思想界所关注的焦点。然而,笔者认为,后现代主义反对普遍的人道主义的立场,仍然存在着对人道主义、人本主义的许

---

① 参看福柯《福柯集·何为启蒙》,上海远东出版社 2002 年版,第 538—539 页。

多偏见和偏差。的确，人道主义、人本主义有不同的历史形态和内涵，但是其以人为本的核心精神却是在各个历史时代一以贯之、普遍有效的。现代性的人道主义以启蒙理性为基础，最后发展到工具理性，实际上背离了人道主义、人本主义的普遍精神。但是，后现代主义却要把真正的、普遍的人道主义、人本主义一并铲除，这就大错特错了。马克思在建构唯物史观时，就不但没有否定和抛弃人道主义、人本主义，反而将人道主义、人本主义融入唯物史观之中，使之成为唯物史观的有机组成部分。笔者认为，唯物史观与人道主义，这两者不仅仅是互补、并重的关系，而且在一定意义上，是一体的关系：唯物史观必定包含人本主义、人道主义的维度，缺少人道主义、人本主义的唯物史观是片面的、不完整的唯物史观，也不符合马克思构建唯物史观的本意。可以说，马克思主义的人道主义乃是人类历史上最高、最深广的人道主义。这也正是当代中国科学发展观何以旗帜鲜明地把以人为本作为核心理念的根本原因。所以，我们应该对后现代主义文论反人道主义倾向持具体地分析批判的态度。

后现代主义文论对人道主义、人本主义的否定和批判，到了中国语境中，却引发了学界的热烈反响。20世纪90年代中期"人文精神大讨论"在理论上集中体现了这种反响。

当时，在市场化、商品化大潮冲击下，在消费主义日益蔓延的现实语境下，文学的世俗化、欲望化、娱乐化进程加速从边缘走向中心，赤裸裸展现人欲横流、人性异化等挑战人道主义底线的文艺作品大量涌现，而其内含的人文精神却日趋萎缩、匮乏和空虚。此时，后现代反人道主义的思潮也乘虚而入。"内外夹击"，引发了一场围绕文学和人文精神危机问题的大讨论。讨论主要涉及人文精神的理解、人文精神的种种危机征兆、人文精神重建的迫切性和具体途径、在重建人文精神的同时如何认识和对待中国传统文化，以及人文精神与终极关怀等一系列重大问题。讨论中尽管存在种种不同意见和分歧，包括对人文精神含义的不同理解，但总体上多数人基本上是将人文精神与人的生存及其价值联系起来考虑的，即主要是从人、人的价值、人的精神追求等人本主义视角来思考和理解人文精神的,也是在以人为本的人道主义层面主张重建文学中的人文精神的。因此,笔者认为,在某种意义上可以说,这场人文精神大讨论乃是 1980 年代关于人性、人道主义问题讨论在新的历史条件下的延续和深化。一个有力旁证是,钱中文等先生将这一讨论的积极成果运用于文艺理论而构建起来的新理性精神文论,其核心仍然在于按照马克思主义以人为本的人学理论的基本思路,把新人文精神视为自身的内涵和血肉,在大视野的历史唯物主义、进步的人道主义的观照下,弘扬人文精神,以新的人文精神充实人的精神,以批判的精神对抗人的生存的平庸与精神的堕落。这实际上是用马克思主义的人道主义思想对抗后现代主义文论的反人道主义思潮消极影响,为中国当代文艺学、美学的建设提供了新的思路。

后现代主义文论反人道主义思潮在当代中国的另一个回应是,有的学者至今念念不忘对所谓"抽象'人性论'"的批判。他们追随对普世价值的批判,把当代中国文艺学、美学中遵循马克思以人为本的人道主义原则的种种思考和探讨,都作为"抽象'人性论'"加以批判。他们将唯物史观与以人为本的人道主义截然对立起来,将青年马克思《巴黎手稿》中的人本主义思想与成熟时期的马克思的唯物史观截然对立起来,造成了对马克思人道主义思想的严重误读。实际上,马克思不只在早年,而且一直到晚年,始终是一位伟大的人道主义者,他在《资本论》中仍然肯定了人的"一般本性"的存在,并发展、深化了《手稿》的异化劳动理论,他从人自身的本质力量被异化、片面化的角度批判资本主义生产方式,指出"资本在具有无限度地提高生产力趋势的同时,又在怎样程度上使主要生产力,即人本身片面化,受到限制等等"①。这与他以人为本、实现人的自由、全面发展的共产主义理想完全一致。在当前文艺学、美学多元发展的语境下,这种僵化的观点实际上偏离了以人为本的理念,从另一个极端突破了文学和文论应当坚守的人道主义底线,既不利于艺术和审美实践的发展,也不利于文艺

---

① 马克思、恩格斯《马克思恩格斯全集》第 46 卷(上),人民出版社 1979 年版,第 410 页。

学、美学理论的发展。在这方面我们有着许许多多痛苦而深刻的历史教训。当然,需要说明,这种观点,并不直接来自后现代主义文论的影响,主要源于对马克思人道主义思想的教条、僵化的理解,但是,在客观上与后现代反人道主义思潮形成了某种间接的呼应。

五、后现代主义文论"反对阐释",意味着从价值中立走向价值虚无

后现代主义"反对阐释"的立场是由其建立在差异哲学基础上的解构主义文本观决定的。克里斯蒂娃在吸收巴赫金的对话理论、批判结构主义语言学基础上,以小说研究对象,提出了文学书写的"互文性"(intertextuality,亦译互文本性)理论,她说,"巴赫金所言的对话,将写作看成是主体性与交流性的结合体,或者更恰当地说,是互文本性。面对对话,'个人写作主体'这一概念遁形,取而代之的是'双重性写作(ambivalence of writing)'"①。克莉斯蒂娃所言"互文本性",一是指任何文本都是其他文本的镶嵌与变形;二是指文本是读者与作者对话的场所,是容纳相互对立含义的场所;三是指它是文本主体化和主体文本化的双向互动过程。这样,传统关于文本意义确定性和可阐释性的观念就被解构了。罗兰•巴特的文本观也有异曲同工之妙。他在宣布"作者死了"之后,通过"巴特式阅读""符码"等方式,实际上进一步宣判作品的"死亡"。作品死了,才诞生文本。但文本不是存在于读者阅读之外的客体,它恰恰是在读者阅读中才被发现并生成的。所以他说,"作者的消灭""完全改变着现代文本(或者也可以说,从今以后用这样一种方式构成文本或阅读文本,使作者在其过程中的所有层次上都不存在)";在他看来,"文本不是一行释放单一的'神学'意义(从作者——上帝那里来的信息)的词,而是一个多维的空间,各种各样的写作

---

① *Word*, *Dialoguage*, *and Novel*, Julia Kristeva, *Desire in Language*, *Edited A Semiotic Approach to Literature and Art*. Edited by Leon S. Roudiez, Translated by Thomas Gora, Alice Jardine, and Leon S. Roudiez. Basil Blackwell, 1984, p.68.

（没有一种是起源性的）在其中交织着、冲突着。文本是来自文化的无数中心的引语构成的交织物"①。这可以说是克莉斯蒂娃的"互文本性"的另一种表述。这种文本是作为对于读者解释的召唤而存在的，但这种解释不追求意义，而是一种呈现，只呈现文本的复数性。这意味着，文本本身没有结构，没有中心，没有确定的意义。

后现代主义的这种文本观，完全否定了文本能够表现那种有确定性的"大写的真理"。因此，对于文本意义的阐释、揭示其中真理性的努力自然就被取消了。巴特据此而明确否定阐释，他说："作者一旦除去，解释文本的主张就变得毫无益处。"②

明确提出"反对阐释"艺术文本主张的是桑塔格。需要说明的是，桑塔格不是一般地、全盘地反对一切阐释，而是反对传统的非艺术化的阐释方式，即将文学艺术作品中的真理性、道德性内容从与形式一体活生生的艺术整体中单独剥离、抽取出来，通过对这些非艺术化内容的阐释而达到对作品意义的理解。她认为这种"建立在艺术作品是由诸项内容构成的这种极不可靠的理论基础上的阐释，是对艺术的冒犯。它把艺术变成了一个可用的、可被纳于心理范畴模式的物品"③。桑塔格认为像卡夫卡、贝克特、普鲁斯特、乔伊斯、福克纳、里尔克等等大作家的杰作以往都被包裹在这种传统阐释的厚壳中，其真实的艺术性尚未得到人们的悉心体验。她指出，"我们的文化是一种基于过剩、基于过度生产的文化"④，而用这种文化去阐释艺术，其结果只能是我们感性体验中的那种敏锐感正逐步丧失。所以她提出要用一种"透明性"的批评来恢复对艺术的敏锐感觉，在她看来，"透明是艺术——也是批评——中最高、最具解放性的价值。透

---

① 罗兰·巴特《作者之死》，见赵毅衡编《符号学文学论文集》，天津百花文艺出版社 2004 年版，第 509—510 页。

② 同上，第 510 页。

③ 桑塔格《反对阐释》，程巍译，上海译文出版社 2003 年版，第 16 页。

④ 同上，第 17 页。

明是指体验事物自身的那种明晰,或体验事物之本来面目的那种明晰"①。这种
"透明"是后现代文学的文本、也是后现代批评想要达到的一种高度和状态,它
要求文本的独立性,反抗以内容的解说和转换来僭越作品的地位。也正是在这
个意义上,桑塔格最后提出,"为取代艺术阐释学,我们需要一门艺术色情学"②。
所谓"艺术色情学",不是指从色情角度来理解艺术,而是指对艺术作品进行脱
离了说教性内容的、真正意义上的感性理解,去悉心观看、倾听和体验艺术。这
就是桑塔格"反对阐释"论的真义。它主要是反对用那种大而无当的过剩文化
来阐释艺术(而不是其他种种)文本,所以是有限定的;特别反对离开这种感性
体验而单纯作内容的解释和说教,即她所批评的传统"阐释学"。桑塔格的这个
观点不无合理性和片面的深刻性,但同时也暴露出她取消对艺术内容进行深度
阐释的价值虚无立场。这与后现代主义文论逃避阐释、消解价值取向的基本策
略完全一致。正如有的学者所指出,"后现代文化的到来,在思维论层面打破了
传统中心论而开拓出新境界,但却在价值论层面上带给整个文化美学以虚无
色彩"③。

把后现代主义文论这种虚无主义价值观明白无误地说出来并加以正面肯
定的是意大利哲学家凡蒂莫。他认为,后现代的"差异哲学"起于尼采和海德格
尔。他并不反对阐释,因为他心目中的"阐释"就意味着价值重估。他认为差异
从根本上说是人类权力意志("阐释意志",甚至"思想兴趣")的产物,可以被认
知的世界只能是一个差异的世界,也就是一个阐释的世界,因为在人们对世界
的体验中所遇到的一切无非是一种阐释,世界上的事总是用人们充满主观价值
的术语来阐释的。这看起来与桑塔格"反对阐释"大相径庭,但实际上在价值虚
无这一点上异曲同工。凡蒂莫的阐释观认定,形而上学的"真理"只是表达了特
定的个人或社会团体的主观价值,而不是神、人类或自然界不可改变的本质;作

---

① 桑塔格《反对阐释》,程巍译,第16页。
② 同上,第17页。
③ 王岳川《后现代主义与中国当代文化》,《中国社会科学》1996年第3期。

为理性主义形而上学根基的"逻辑"事实上只是一种修辞学,所以,真理与虚假、本质与表象、理性与非理性之间的界线也必须破除。凡蒂莫并对此中蕴含的虚无主义的价值观予以充分肯定。他从尼采所宣布的"上帝死了"之中推断出,所有价值的"真实本质"都是"交换价值"①,任何一种价值都可以被转换成或交换成任何其他特定的价值。换言之,当由形而上学的最高价值(例如上帝、理性等等)所确立起来的等级秩序崩溃时,价值系统本身就变成了一个无穷无尽的转换过程,其中没有什么价值可以表现得比其他价值更"高"或更"可信",因为世界的各个方面(甚至存在本身)都要永远服从于更进一步的阐释过程,即价值重估过程。

应当肯定,凡蒂莫的虚无主义阐释学,在批判和颠覆西方传统形而上学和现代工具理性的价值观方面是犀利而深刻的。但是,它是一把双刃剑,它同时也指向了传统思想中一切在各个时代先进的、有普遍价值的东西,如人道主义,如近代以来民主、自由、平等等诉求,如中国儒家的仁、义、礼、智、信等伦理原则。也就是说,虚无主义价值观把中西传统中一切具有合理因素、曾经起过重大作用的价值功能和原则不加区分一律加以解构和颠覆。按照这种观点,进入文明时代以后,人类始终生存在价值荒芜之中。这难道不是十分荒谬吗?! 而且,进一步推论,在后现代的今天,一切既有价值被消解了,剩下的只是无休止的价值重估、流变的过程,新的价值体系永远建立不起来,那样的社会哪怕能够存在一天吗? 虚无主义到最后只能走向"无"的荒原,如此而已,岂有他哉!

后现代主义文论反对阐释这种表面价值中立、实则价值虚无的思想,在中国文艺理论和美学界并没有产生明显的影响,这是因为在当代中国主流意识形态支配的语境下,根本没有价值虚无主义的立足之地。不过,在文艺创作领域,为了逃避阐释而刻意采用某些后现代主义的创作策略,如拼贴、复制、变形、嫁接、扭曲、戏仿、反讽、怪诞、抽象化、装饰化等等,倒是比比皆是。当然,我们并

①　Gianni Vattimo, *The End of Modernity*, Polity Press, 1988, p.22.

不认为凡是采用了这些创作手法的文艺作品都是反对阐释、消解价值的,但是,这中间确有持反对阐释的后现代主义立场的。应当说,这种立场对于文艺创作应有的健康向上的价值倾向性和负载的塑造人的美好心灵的社会责任,无疑是非常有害的。

后现代主义文论对当代中国文论的消极影响,肯定还不止这些,比如对现代性和启蒙理性的全盘否定,对于启蒙使命尚未完成、正在走向现代化的中国来说,似乎有些过早了,有的学者未顾及这种历史、地域、制度的差异,一味宣称中国"启蒙神话"的终结,恐怕有点历史的错位;又比如解构主义对西方"逻各斯中心主义"的形而上学传统彻底解构,不能简单地套用到对中国传统文化的批判上,对中国传统文论的许多思想、观点、术语、范畴,也不能一概直接袭用后现代主义文论加以解读和阐释,这容易犯张冠李戴、言不及义的毛病;如此等等。本文限于篇幅,不能一一展开了。

综上所述,后现代主义文论对中国当代文论的消极影响是客观存在的,我们不能掉以轻心;但是,我们也不应该否定,它对中国当代文论的创新建构和发展还有着积极影响的一面,不应该对它简单化地全盘否定,一棍子打死,而应该给予实事求是、客观公正的分析评判。这样才有助于我们自觉地反思和借鉴后现代主义文论的得失和经验教训,更好地促进当代文艺学、美学的理论创新和建设。

原载《文艺研究》2014 年第 1 期

试论西方美学对 1950—1960 年代
中国美学研究的影响

张德兴

中国美学研究与西方美学研究在古代呈现出迥异的风貌，这是由于两者所植根的文化土壤有着很大差别，而这不同的文化土壤又是与各自的社会历史条件密切相联的。由物理空间的阻隔，在近代以前漫长的历史时期中，两者几乎没有什么相互交流。然而这种情况自近代始有了很大的转变，中国美学与西方美学开始相互影响。当然不可否定的是，相比较而言，西方美学对中国美学的影响要比后者对前者的影响大得多。就一个特定的历史阶段——1950—1960年代中国美学研究而言，基本态势也是如此。本文拟先简洁地勾勒西方美学对近现代中国美学研究的影响的大体轮廓，在此基础上，重点论述 1950—1960 年代西方美学对中国美学研究的影响。需要说明的是，本文所说的西方美学涵盖了作为其一个特殊组成部分的马克思主义美学。

一

中国现当代美学的勃兴始于晚清，这是在中国传统文化基础上萌生的理论新芽。从王国维、梁启超开始，现代美学的倡导者们就开始从西方美学中汲取理论养分。王国维在《红楼梦评论》一书中，高度评价叔本华的美学理论，认为他关于美的根源的理论最为深刻透辟;同时他深受康德美学影响,明确提出审美活动是无关利害关系的:"盖人心之动,无不束缚于一己之利害,独美之为物,使人忘一己之利害,而入高尚纯洁之域。"①这几乎就是康德对于鉴赏判断分析的第一个契机的中国版。而梁启超则深受柏格森美学影响,对于美感活动中情感的巨大意义予以充分肯定,张扬情感教育。

自此以后,尤其是从 1920 年代起,中国现代美学掀起了一个引人注目的高潮,涌现出一大批美学研究者,如吕澂、华林、范寿康、黄忏华、朱光潜、宗白华、蔡元培、鲁迅等等。这些美学研究者有一个很重要的特点就是十分重视借鉴西方的美学理论来构建中国现代美学。这当然与他们中的大多数人都有留学的背景,有机会直接接触到西方美学家的理论有关。他们对于西方美学理论主要持一种欢迎的态度,有的人,如朱光潜等则花大力气向国人介绍西方美学理论。

西方美学对于中国现代美学的影响是深刻的,这不仅表现在中国现代美学的先驱者们如王国维、蔡元培、鲁迅都十分重视西方美学理论,从西方美学理论中吸取理论观点和研究方法来展开自己的美学研究,而且表现在当时从事美学研究的学者几乎没有人不受到西方美学的熏陶。出现这种现象的深刻原因是:中国传统美学隶属于旧的文化,而新文化建设的一个基本特征就是从西方文化中取来火种,用"德先生"和"赛先生"来启蒙国人。于是作为西方文化的一个有机组成部分的西方美学受到当时美学研究者的推崇也就顺理成章了。

"五四"以来,就思想文化而言,是一个非常开放的历史时期。于是在美学上,西方的各种美学思潮,如康德美学、叔本华的唯意志论美学、弗洛伊德的精神分析论美学、立普斯的移情说美学、克罗齐的直觉论美学等等都被介绍了进来,当然也包括马克思主义美学。这些西方的美学理论与中国的传统美学的冲撞激荡,形成了前所未有的美学研究奇观,有力地冲击了封闭的中国传统美学壁垒。这种冲撞激荡几乎是全方位的:既有对于西方美学理论观点的接受,又

---

① 王国维《静庵文集·红楼梦评论》。

有对于西方美学概念、范畴的吸收,同时还有对于西方美学研究方法的采用。

其实,严格说来,这一时期西方美学理论影响的传导有两种不同的途径:一种是直接的,一种是间接的。在蔡元培的美学理论中,西方美学的影响十分直接。比如他在论述美感教育的必要性时指出:"美感者,合美丽与尊严而言之,介乎现象世界与实体世界之间,而为之津梁。……人既脱离一切现象世界相对之感情,而为浑然之美感,则即所谓与造物为友,而已接触于实体之观点矣。"[1]显然,他是从本体论角度加以论证的,其中渗透了康德本体论和无利害说的影响。蔡元培还指出:"美感本有两种,一为优雅之美,一为崇高之美……"[2]这种区分也有康德美学和博克美学的影响。

鲁迅的美学思想中明显包含了尼采、弗洛伊德以及普烈汉诺夫、卢那察尔斯基的影响。不过,与蔡元培有所区别,他所受到的西方美学的影响既有直接的,也有间接的。所谓间接的,是指他通过日本学者的介绍,间接地了解了某些西方美学家的理论,并受到一定影响。鲁迅甚至花了很大的精力翻译了日本学者厨川白村《苦闷的象征》一书,把西方的美学理论间接地介绍给国人。

总之,西方美学不仅深刻地影响了中国现代美学的形成,而且为1950—1960年代中国当代美学的发展起到了重要的推动作用。

二

到了1950—1960年代,中国进入了一个新的历史时期,即进入由中国共产党执政的新中国时期,尽管就主导的意识形态而言是马克思主义,然而在美学研究的领域中,西方美学的各种影响依然顽强地存在着。本文拟以这一历史时期的三位重要理论代表,即朱光潜、李泽厚和蒋孔阳的美学理论与西方美学之

---

[1] 《蔡元培美学文选》,北京大学出版社1983年版,第4—5页。

[2] 同上,第218页。

间的联系来审视西方美学对于这一时期的影响。

首先来看朱光潜。朱光潜是中国当代最有影响力的美学家之一。他积极参加了 1950—1960 年代的美学大讨论,与李泽厚、蔡仪、洪毅然、吕荧等人展开了广泛的论战,在此过程中充分论述了自己的美学观点。朱光潜主张美的本质是主观和客观的统一。他以梅花为例指出,"我认为梅花本身只有'美的条件',还没有美学意义的美。主要的理由在于美学意义的'美'是意识形态性的,而一般所谓物本身的'美'是自然形态的,非意识形态性的。日常语言都把这两种性质不同的'美'混为一事"①。他进一步加以说明:"我把通常所谓物本身的'美'叫做'美的条件',这是原料。原料对于成品起着决定性的作用,但是还不就是成品。艺术成品的美才真正是美学意义的美。'物'与'物的形象'的区分和'美的条件'与'美'的区分是一致的:'物'只能有'美的条件','物的形象'(即艺术形象)才能有美'。"②显然,在朱光潜那里,美就是"物"与"物的形象"的统一,也就是主观("物的形象")与客观("物")的统一。他认为美离不开作为"美的条件"和"原料"的"物",但从根本上说,"物"还不是美,而美只能是意识形态性的。美作为一种性质只能是意识形态的性质而不是客观存在的性质。

朱光潜在解放前留学国外多年,对西方美学有着相当深入的研究,并把柏拉图、康德、克罗齐等许多重要的西方美学家的理论介绍给国人,而他本人则深受西方唯心主义美学家克罗齐、康德等人的影响,把美看成是一种主观精神现象,"走上了这条主观唯心主义的道路"③。解放以后,他通过学习马克思主义,对自己过去的美学思想进行了清算。然而就其美是主客观的统一这一核心观点而言,他的重心仍是放在美与主观的联系上的。这表明,朱光潜的美学理论比以前有了明显的发展,主要表现在他对客观事物本身有了一定的重视。然而,他仍然把美的本质的重心放在主观方面,强调美是意识形态性的。显然,克罗

①② 《朱光潜美学文集》(第三卷),上海文艺出版社 1983 年版,第 68 页。
③ 同上,第 4 页。

齐和康德美学理论的影响依然深刻地影响着朱光潜关于美的本质理论。

其次，西方美学同样也对李泽厚的美学理论产生了重要影响。在1950—1960年代，李泽厚作为一个青年学者积极投入了美学大讨论，并很快脱颖而出，成为在美的本质问题上的客观社会派的代表人物。

就李泽厚美学的核心观点的提出而言，明显地受到了苏联美学界以斯托洛维奇为代表的社会派的启发。1950年代，当以蔡仪为代表的客观派，以高尔太、吕荧为代表的主观派，以朱光潜为代表的主客观统一派相互之间互相批评，各不相让，争论得不亦乐乎的时候，李泽厚则另辟蹊径，强调美是客观性与社会性的统一。他认为："美不是物的自然属性，而是物的社会属性。美是社会生活中不依存于人的主观意识的客观现象的存在。自然美只是这种存在的特殊形式。"①

当时，中国和苏联在思想文化方面的交流十分广泛，苏联文艺理论和美学界的重要人物频频访华，有的还在华开办讲习班培训中国同行。而此时苏联美学界对于美的本质的讨论也形成了不少派别，其中最重要的就有以斯托洛维奇、万斯洛夫、包列夫等人为代表的社会派和以德米特里耶娃、波斯彼洛夫等人为代表的自然派。社会派强调美的社会性，如斯托洛维奇认为："审美属性是客观的，首先，因为它们在形式上是客观世界的对象和现象的属性，客观世界存在于人的意识之外；其次，审美属性具有客观性是因为它们的内容由客观存在并按照社会生活客观规律而发展的社会关系所决定。"②李泽厚核心观点的提出，不仅与苏联社会派美学观点不谋而合，而且明显受到了后者的启发。

后来，在李泽厚的其他的美学观点中，我们还可以发现西方美学的其他方面的影响。例如，他的"积淀"说，就有荣格"集体无意识"说和诺斯洛普·弗莱"原型"说的影响。李泽厚认为，"人的感性积淀作为社会性与自然性的统一，其

---

① 李泽厚《美学论集》，上海文艺出版社1980年版，第29页。
② 斯托洛维奇《现实中和艺术中的审美》，生活·读书·新知三联书店1985年版，第58页。

内容、层次和范围是相当广泛而复杂的"①。他强调了"积淀"对于美感的形成所具有的重要意义。

李泽厚在与蔡仪、朱光潜等人论战时,广泛吸取了西方美学的思想资源,或者直接用来支持自己的论点,或者为批判对方观点服务。例如,他引证了车尔尼雪夫斯基"美是生活"说来批评蔡仪,指出,"对我们来说,是要在马克思主义的理论立场上,发展车尔尼雪夫斯基的'美是生活'的基本看法;而对于蔡仪来说,美是生活、实践的理论、却始终是他的'美是典型'说格格不入的对头"②。可以说,李泽厚美学与西方美学的结缘也是很深的。

下面再来看看蒋孔阳与西方美学。蒋孔阳是一位学贯中西、美学思想十分宏富深刻的中国当代美学家。蒋孔阳对于西方美学一直极其重视,在 1960 年代,他潜心研究德国古典美学家的理论,作为研究成果,写成了《德国古典美学》一书,成为中国第一部西方美学断代史研究专著。书中作者对德国古典美学代表人物如康德、黑格尔等人进行了系统的研究,并对整个德国古典美学的发展脉络、理论成就、主要局限作出了全方位、多层次的剖析,对于推动中国的西方美学史研究起到了十分重要的作用。该书后来在 1980 年出版,产生了十分深刻的学术影响。蒋孔阳进一步把眼光投射到西方近现代美学,翻译出版了李斯托威尔的《近代美学史评述》,为当时的美学界送来了及时雨,受到广泛欢迎。

蒋孔阳通过对于西方美学的研究和介绍,对于发展自己的美学理论也起到了十分积极的作用。这可以从两个方面充分显示出来:第一,在美学研究的方法上,西方美学给予了蒋孔阳以积极的启示。在西方古典美学家中,博采众长,把前人的美学理论经过批判吸收,融为自己美学理论的有机组成部分,黑格尔在这方面尤为突出。这种研究方法为蒋孔阳所继承和发展。自己的美学研究中,他以敏锐的眼光发现各种美学理论中的有价值的成分,兼收并蓄,为发展自

---

① 《李泽厚哲学美学文选》,湖南人民出版社 1985 年版,第 406 页。
② 李泽厚《美学论集》,第 124 页。

己的美学理论服务。他自己就曾十分坦诚地写道："……对各家的学说也从来不扬此抑彼,而是采取兼收并蓄、各取所长的态度。……我觉得我从每一派那里,都学到了很多东西。"①蒋孔阳对黑格尔美学有很深的造诣,在对黑格尔美学的研究过程中,同时也深刻理解了黑格尔的研究方法,并自觉地运用这种研究方法于自己的美学理论建构中,取得了令人瞩目的学术成果。

第二,在美学理论观点方面,蒋孔阳将西方美学中积极的理论遗产加以吸收、发展,为提出自己的美学理论服务。对于美的本质,他服膺马克思主义美学,自觉地从社会生活实践的观点来探求美,认为这样"就可以看出来:美既不是人的心灵或意识,可以随意创造的;但也不是可以离开人类社会的生活,当成一种物质的自然属性而存在。它是人类在自己的物质与精神的劳动过程中,逐渐客观地形成和发展起来的。"②从社会实践出发寻找美,他受到马克思的影响,明确提出美是人的本质力量对象化的重要观点,其中也融入了费尔巴哈、黑格尔、席勒等人的某些重要观点。又如,蒋孔阳提出:"真正是美的东西,都应当是健康的,能够帮助生活的前进和人的发展的。"③这是车尔尼雪夫斯基"美是生活"的观点的吸收和发展,不过蒋孔阳克服了车氏偏重于从生物学的角度理解人的生活的弊病,突出了生活应当是具体的社会生活和生活本身所具有的感性形式。

上面我们仅仅以 1950—1960 年代活跃在中国美学研究领域中的三位当代美学家为例,就可以清楚地看到西方美学对这一时期中国美学研究的影响。其实,这种影响几乎对于当时所有进行美学研究的中国学者都是清晰可辨的。

二

西方美学对于 1950—1960 年代中国美学研究的影响是十分深刻的,呈现

---

① 《蒋孔阳美学艺术论集》,江西人民出版社 1988 年版,第 654 页。
② 蒋孔阳《美和美的创造》,江苏人民出版社 1981 年版,第 18 页。
③ 同上,第 21 页。

出许多重要的特征。反思这些特征，对于今后中国美学的发展、对于中国美学与西方美学的相互交流和借鉴不无裨益。

其一，西方美学对于这一历史时期的影响既是 1949 年前西方美学影响中国美学发展的延续，又是带有一个新的历史时期的独特的印记。如前所述，这一时期中国美学研究在研究方法、概念范畴乃至具体观点方面都延续了此前对于西方美学的借鉴，而主要不是对于中国传统美学的推进和发展。就其思想根子而言，这一时期与前一时期一样，学者们普遍都有与传统的旧文化（在美学领域是与传统美学）划清界限的自觉，都把西方文化当作学习的对象，而后一时期则主要把西方文化中的马克思主义作为学习的对象，在美学中则注重引进马克思主义的美学理论。然而又因为马克思主义的经典作家虽然对美学有浓厚兴趣，并在不少经济学、科学社会主义和哲学著作中涉及美学问题，但是他们并没有系统地对美、美感、艺术等美学的基本问题展开论述，从而为 1950—1960 年代中国当代美学家们的研究提供了充分展开自己理论的空间。于是就出现了一种非常有趣的现象：当时各派美学理论尽管观点相去甚远，并互相批评，但几乎众口一词地认为自己是继承和发展了马克思主义美学理论的。

其二，1950—1960 年代中国美学研究对于西方美学的借鉴主要是为对于美的本质理论的研究服务的。美学研究的领域十分广阔：从美、美感的本质到各种门类艺术的美的特质；从美学研究的对象、范围问题到美学范畴的研究；从美的创造到美的鉴赏等等都是美学家们关心的问题。不过在 1950—1960 年代，中国美学家主要关心的是美学最基础层面的问题——美的本质问题，而西方美学的影响也主要是在这个方面发挥的。换言之，这种影响主要施加于美学的本体论层面之上。

其三，这一时期的中国当代美学家以广阔的胸怀，从人类审美文化的大视野中广泛吸收西方美学中的积极内容，博采众长，为我所用，发展中国当代美学，进一步促进了中国美学从古典形态向现代形态的转型，从而有力地推动了中国美学的发展。由于在美学研究的领域中禁锢少，自由发展的空间大，因此形成了一股声势浩大的美学热,这在当时特殊的思想氛围中,极为罕见,也难能可贵。

当然,如果进一步反思西方美学对这一时期中国美学研究的影响,我们也不能不看到这样一些问题:首先,对许多西方美学家的理论的分析往往存在简单化的毛病,喜欢笼统地扣上"唯心主义"的帽子,深入细致剖析理论价值则显得不足。其次,没有能够解决与中国传统美学的衔接问题,不能够以中国美学为立足点来吸收西方美学中有价值的东西,从而导致了中国现当代美学明显存在与中国古典美学不协调的问题,使得中国古典美学中许多有价值的东西被搁置、被忽视,这是十分可惜的。再次,与文艺实践和大众的审美实践联系不够。在西方美学中,除了个别的美学家外,一般都很注重与文艺实践、审美实践的联系。即使以思辨性著称的黑格尔美学,在论述美学问题时,文艺的例子也信手拈来,作为佐证,这成了一个重要特点。相比而言,这一时期中国美学家的研究在这方面明显薄弱,纯粹的逻辑推理居多,与文艺实践、审美实践相结合展开论证则较少。这显然有待以后加强。

原载《复旦大学中文系教授荣休纪念文丛·张德兴卷·美学奥秘会探》,复旦大学出版社 2017 年版

美的探寻与人生觉醒

——蒋孔阳人生论美学思想述评①

郑元者

在人类的精神发生史上，艺术、美与人生之间横亘着某种永久性的精神纽带，似已成了一个不争的事实。早在石器时代，史前艺术就以生存理解的功能取向昭示于世，而就文献性材料来看，古代中国从《周易》开始就表达了富于美学意蕴的人"生"观念，此后，重"生"、乐"生"的观念成了中华审美文化的历史性基质。在蒋孔阳看来，"五四"时期随着西方文化的冲击和中国现代美学的诞生，许多学人开始从西方美学的角度来评价文艺的价值和意义，"文艺与人生挂上钩……文艺把发现人、讲人性、讲人道，当成自己的重要任务"②。蒋孔阳一生"或则站在人生的讲坛上讲文艺，或则拿起笔来解剖文艺中所反映的人生"③，在顺应和融汇中外人生论美学思想传统的基础上，形成了颇具新意、自成一体的人生论美学思想。

一、美的问题：在人生相与创造相之间

艺术、审美与人生的关系问题，可以说是中国现代美学家努力固守的问题

---

① 本文为《蒋孔阳文集》代编后记。
② 蒋孔阳《美学新论》，人民文学出版社 1993 年版，第 473 页。
③ 蒋孔阳《文艺与人生》，首都师范大学出版社 1994 年版，第 478 页。

框架，王国维、梁启超、蔡元培、鲁迅、宗白华和朱光潜等，无不注重在人生与艺术之间掘发自己的思想。蒋孔阳毕生念情于人生，从大学毕业时写的诗歌作品《假如》到晚年的美学著作《文艺与人生》等，无不流溢出对人生的关切。当然，看到美和艺术与人生之间的关联，这无疑是正确的，问题在于，如果只是把美的问题与人生挂上钩，而未能在理论上展开进一步的运思，那是很不够的，因为"单纯正确的东西还不是真实的东西。唯有真实的东西才把我们带入一种自由的关系中，即与那种从其本质来看关涉于我们的关系中"①。在我看来，美与人生的关系问题在蒋孔阳手里无论在运思方式上，还是在理论内涵上，都是别具匠心、独出机杼的，并首先显现在他的审美人生观中。这种审美人生观，可以概括为以下三个主要方面：

1. 人生的意识。蒋孔阳认为，人的生存是有意识的，人之所以不同于动物，就在于人是有意识的存在物；个人的心理意识和社会的心理意识，它们各自独立而又相互联系，由此构成了人类心灵中的"深层次的结构"②。正因为这样，人就不只是生存着和生活着，在进一步延续自己的生存的同时，而且还创造着和欣赏着，不仅有适应环境的快感，而且有欣赏周围世界的美感。基于此，蒋孔阳在肯定弗洛伊德等人的无意识理论在冲破以往关于人及其生活的理性原则等方面所带来的巨大影响的同时，也指出了它的基本缺陷在于强调无意识时忘记了人是有意识的动物，在强调人的本能冲动并把它当作艺术和美的本质与源泉时又忘记了人能克服兽性、发展理想性和社会性的神圣职责。一句话，蒋孔阳始终固守马克思主义经典作家的立场，认为人的生活应当是一种有意识的自由的类的生活。

2. 人生的反思与反悔。在人生态度上，蒋孔阳很喜欢陶渊明的"即事多所欣"这句诗。也就是说，碰到什么事情都能从中发生乐趣，发现快乐。基于这样

---

① 《海德格尔选集》下卷，上海三联书店 1996 年版，第 926 页。
② 蒋孔阳《美学新论》，第 144 页。

一种旷达的人生信奉,他格外推崇王国维所说的"入乎其内"、"出乎其外",就显得很自然了。他说,对于生活,"只有入乎其内,我们才能熟悉;只有出乎其外,才能进行冷静的观照"①。这自然是很高的人生旨趣和追求,意味着人在立足于自己的生存和生活的同时,还应该以艺术家的精神气度对人生有所反思和反悔。

3. 人生的价值。在人生中,有了对自我和社会的意识,并能对人生进行反思和反悔,就不能不涉及人生的价值问题。梁启超曾指出美是人生"各种要素中之最要者",蒋孔阳也主张考虑人生问题首先要有明确的价值观念,认为美是人生最高价值之一,"生活得美不美,是人生活得有无价值的一个重要标志"②,人生的征途,可以充满丑,但人生的目的却应当是美,"最理想的人生,应当是最美的人生"③。而美的价值的实现,其核心之点则显现为在整个人生过程中人对自身本质力量的不断发挥、提高和丰富。由于人的本质力量无法伪造,也无法隐瞒,美作为人生最高的理想和价值之一,自然也无法伪造和隐瞒,人们只有"诚实地为人类的幸福去工作",才能在现实的人生中提升自我的本质力量,才能创造和欣赏现实人生中的美。

如果说这种审美人生观表征着一个美学家始终把"人生"作为自己的美学思考的第一相,那么,作为一位美的探寻者,为了系统地完成和表达自己的人生论美学思想,理应探寻"美"在人生的各种条件和情境下得以形成的作用力。蒋孔阳也正是这样做的,他把这个作用力归结为"创造"。从 1957 年出版的《文学的基本知识》一书辟出以"美"为题的专章并在此基础上修改发表《简论美》(第一次参加国内的美学讨论)开始,中经《论美是一种社会现象》(1959)、《美和美的创造》(1980)、《异化劳动能不能创造美》(1983)、《自然美是不是人类劳动的创造》(1983)和《美在创造中》(1986)等论文的阐发,又分别于 1981 年和 1997

---

① 蒋孔阳《文艺与人生》,第 21 页。
② 同上,第 42 页。
③ 《蒋孔阳美学艺术论集》,江西人民出版社 1988 年版,第 115 页。

年出版了论文集《美和美的创造》、自选集《美在创造中》，我们不难看出，在蒋孔阳40余年的美学探索历程中，"美与美的创造"问题始终是他苦苦寻觅的核心问题。我认为，蒋孔阳的人生论美学思想体系除了至为根本的"人生相"外，还有它的第二相，可以称之为"创造相"。

当然，无论是人生抑或美的创造，它们不可能只是自足的、概念性的问题壁垒，而是充满生机的、具有历史过程性的社会存在。因此，对美和美的创造的探寻，就不能仅从它们本身来思考，还必须从人生的角度来思考美和美的创造，从美和美的创造的角度来思考人生，从而在人生相与创造相之间守护"美"的问题得以存活的历史空间和现实空间。蒋孔阳立足于自己的审美人生观，从人或人生的角度来追问美的问题或文艺问题。早在50年代所写的《形象和形象性》以及于1957年出版的《文学的基本知识》等论著中，他就高度重视高尔基关于文学是"人学"的论断，坚持认为文学艺术"是以人和人的生活本身作为认识的对象和内容，作为反映的特定范围"，并以此来说明文学艺术的本质特征①。在《德国古典美学》一书中他认识到："德国古典美学的巨大历史功绩，不仅在于他们批判地继承了过去一切美学的传统，力图把美学组织进他们庞大的哲学体系中；而且更在于他们把人当成美学研究的中心，把美看成是人的自我创造，把人的审美活动看成是社会性的活动。"②在《美学研究的对象、范围和任务》一文中他写道："美学其实是一门关于人的科学。……美学研究的任务，目的是为了艺术，但又不限于艺术。它在提高艺术美学质量的过程中，丰富和提高了整个的人生。美学的根本任务，是在为整个的人生服务！"③既然美学的根本使命在于丰富和提高整个人生的境界，美和美的创造作为美学的核心问题之一，自然就与人生之间有着无法割舍的内在联系，"美是人类生命实践活动的表现"④，而人

① 蒋孔阳《文学的基本知识》，中国青年出版社1957年版，第16页；《形象与典型》，百花文艺出版社1980年版，第20页。
② 蒋孔阳《德国古典美学》，商务印书馆1980年版，第349页。
③ 《蒋孔阳美学艺术论集》，第42页。
④ 蒋孔阳《美学新论》，第485页。

类的生命实践活动总是通过人类社会的物质生活和精神生活来展开的,具体显明为人的生存和生活,因此,美和美的创造必然要面对人生的境遇。换句话说,人类的生命实践活动或人生境遇,是美和美的创造得以显明的重要根基。

唯其如此,美和美的创造才不是神的特权,而是人的特权。但是,即便在20世纪80年代,神造说或特创论(creationism)的理论神话在欧美世界仍有相当的声势,还于1982年在美国引发过激烈的争论。①蒋孔阳在《美在创造中》一文中明确表示,"《创世记》所说的上帝要有光于是就有了光,那不是我们所说的创造"。换言之,由于美是一种社会现象,离开了人类社会,美也就不存在,人是"世界的美",所以,美只能驻守在人生相与创造相之间,并由此显现出美的问题与人及其创造活动的血缘般的关系。另一方面,由于蒋孔阳把人对现实的审美关系作为美学研究的出发点,而审美关系的特点则在于人是作为一个整体、通过感觉器官来和现实建立关系,同时又是自由的、感情的关系,这样,人的本质力量在审美关系中全面展开的程度,在很大的意义上受制于人的生存状况和生活方式等诸多因素。如,在美的形成和创造中,一个人的生活方式,往往影响到他对于客观事物的美的看法:"他的生活方式,直接转化到审美的对象中,成为构成美的一个重要因素。至于社会生活中政治的变迁和斗争,尤足以影响人们的审美心理,使之转移到审美的对象中,成为构成美的另一个重要因素。"②因此,处于审美关系中的美的创造是否充满生机,是否能真正发挥、提高和丰富人的本质力量,人生的境况是一种不可或缺的规定性力量。

科学哲学家卡尔·波普尔认为,生命像意识一样是突创的(emergent)③。在美的问题上,蒋孔阳则提出,美是多种因素多层积累的突创(Cumulative

---

① 参见 Edward J. Larson, *Trial and Error: The American Controversy Over Creation and Evolution.* New York, Oxford: Oxford University Press, 1985; Tim M. Berra, *Evolution and the Myth of Creationism: A Basic Guide to the Facts in the Evolution Debate.* Stanford, California: Stanford University Press, 1990.

② 蒋孔阳《美学新论》,第143页。

③ 卡尔·波普尔《通过知识获得解放》,中国美术学院出版社1996年版,第22页。

energence），其基本含义在于："一是从美的形成来说，它是空间上的积累与时间上的绵延，相互交错，所造成的时空复合结构。二是从美的产生和出现来说，它具有量变到质变的突然变化，我们还来不及分析和推理，它就突然出现在我们的面前，一下子整个抓住我们。"①正因为这样，美必然是一个开放性的系统，但美的各种因素必须围绕着"人"这个中心转："美离不开人，是人创造了美，是人的本质决定了美的本质。"②由于宇宙、人生都在创造中，人的本质就必然处于不断显明、不断开展的历史进程之中，因此，对"美"的探讨和追问就不能囿于形而上学的观点，而是要立足于动态的观点，在变化和运动中，在多层次的结构中展开阐释。"美在创造中"、"人是'世界的美'"、"美是人的本质力量的对象化"和"美是自由的形象"这些命题及其理论表述，就是蒋孔阳通过对"美和美的东西"等美学史上10多种最有代表性的美论的分析性阐释之后所作的系统界说。这些界说始终潜藏着人这根轴线，潜藏着美对人生现实及其创造活动的依赖，因此，无论是就美来谈人，还是就人来谈美，富于创造力的人生必将构成美的本源性的力量。

在美的问题上，蒋孔阳以人生为本、并融入创造论的思想，是有其巨大的理论合理性的。在现代人文社会科学中，关于宇宙和人生的创造本质，几乎已成了人们的共识。比如，不仅有越来越多的当代心理学家、社会学家、人类学家强调人类生活或生命过程与人类文化创造之间的相互影响③，即便是后现代神学（Postmodern Theology）理论家也承认，生物学和物理学中的量子理论的发展，促成了一种根本性的新世界观的出现，其核心内容之一就是认为"人既是不断创造（ongoing creating）的产物，现在又是不断创造的参与者"④。不难发现，蒋

---

① 蒋孔阳《美学新论》，第137页。

② 同上，第160页。

③ 参见 Charles J.Lumsden and Edward O.Wilson, *Promethean Fire：Reflections on the Origin of Mind*. Cambridge, Massachusetts：Harvard University Press, 1983, p.118；Carl N.Degler, *In Search of Human Nature：The Decline and Revival of Darwinism in American Social Thought*. New York, Oxford：Oxford University Press, 1991, pp.310-312.

④ James B.Miller, "The Emerging Postmodern World," in *Postmodern Theology：Christian Faith in a Pluralist World*, Edited by Frederic B. Burnham. New York：Harper Collins Publishers, 1989, p.9.

孔阳从自己的审美人生观出发,把作为人类社会文化现象之一的"美"奠基在"人生"与"创造"的相位加以探寻,并提出"美在创造中"等一系列相关的重要命题,其基本思想是与当代科学精神相吻合的。由于蒋孔阳的上述诸多命题是从本质上阐明人生相与创造相对"美"的问题的规定性意义,所以,美的问题必将永恒性地关涉人生和创造的本质。这样,美学也才能真正成为一门"关于人的科学"。此外,我觉得,创造作为人生的真理性的事件,它本身既蕴含着对传统的顺应,又蕴含着对传统和现实人生的否定和批判,从而使人生在价值关系上与现实和传统保持内在的张力,使人生价值和意义的实现处于不断的创造之中,于是,人生和美才不会流于只是供人作理性把玩的"对象性"的东西,因为人生和美其本身就是有待于创造的东西。换句话说,让美的问题穿行在人生相与创造相之间,恰恰是让人生和美的问题的求解走向未来的一种象征。

二、美的规律与生活的最高原理

蒋孔阳的人生论美学思想除了在美的问题上有充分的表述外,还鲜明地表现在美的规律与文艺创作问题上。一般认为,艺术是人在现实生活的基础上所进行的自由创造。如此一来,艺术当中所反映的生活,就有着更为丰富和更为引人的意味。蒋孔阳在《美感教育与人的心理气质和精神面貌的转移》一文的一个注释中曾表示,克莱夫·贝尔提出的"有意味的形式"的说法只是看到艺术本质的一个方面,而另一方面,甚至是最主要的一个方面,即"有意味的生活"则被忽视了。[①]可以认为,正是这种有意味的生活,使艺术展现出无穷的魅力。海德格尔说得好:"就艺术本质来看,艺术是神力和宝藏,在这里,现实之物将它始终隐蔽着的闪光每一次都崭新地馈赠于人,以便他在这光亮中能更纯正地看

---

① 蒋孔阳《美学新论》,第 351 页。

到、更清地听到属于它的本质的东西。"①

实际上,艺术之所以能产生如此魅力,能以常新的力量显现于人,还与艺术家个体的人生旨趣休戚相关。蒋孔阳认为,艺术家作为人类灵魂的工程师,是通过艺术家的艺术理想来对人们进行审美教育,从而改造和提高了人们的灵魂,这样,艺术家应该有更高级的人生体验、人生境界和审美追求。因为,"文学艺术不仅是现实生活的反映,而且是现实生活的反思;不仅是现实生活的反思,而且是现实生活的反悔"②。这就需要艺术家立足于"人生应当美化和高尚化"的观点,到生活中去熟悉和掌握人生的尺度,又要与生活保持一定的距离,经常站在生活的外面对生活进行反思和反悔,以艺术家观赏的态度来看待生活,多一些孤独的冥想和沉静的玩味,从而达到对生活的超脱和超越,创造出更为理想的、带有普遍性的生活,亦即"有意味的生活"。

依我看来,在文艺创作问题上,蒋孔阳在反映论的基础上突出对人生的"反思"和"反悔"的观点,是颇具新意的。因为,艺术决不只是文化领域中的某种门类,而是在根本性上关涉人生的事件,其中,既融贯着艺术家个体的人生尺度和生存理解,同时也蕴涵着整个的人生的理想和价值。在《美的规律与文艺创作》中蒋孔阳曾指出,文艺家应立足于自身"内在固有的尺度"来反映人生的根本要义。但是,内在的尺度有卑微与宏伟之分,有渺小与崇高之别,所以,文艺家在各种人生情境中熟悉和掌握人生的尺度时,应时刻意识到自身本质力量的不足,以反思的姿态甚至反悔的气度来领会生活的真谛,从而确保文艺创作能在"美的规律"中运行,走近甚或走进"生活的最高原理"。在观看了电视连续剧《诸葛亮》之后,蒋孔阳曾表示,《孔明吊孝》这场戏之所以能产生强烈的艺术感染力,其秘密就在于剧作者和导演抓到了当时生活的最高原理——"孙刘联盟",并以此作为人物行动和力量的源泉,从而绘声绘影地加以描写,使人物的性格鲜明,感情集中,思想突出。③在上

---

① 《海德格尔选集》下卷,第 955 页。

② 蒋孔阳《美学新论》,第 385 页。

③ 蒋孔阳《谈谈"生活的最高原理"——看电视连续剧〈诸葛亮〉有感》,《解放日报》1994 年 10 月 11 日。

海市第二届中长篇小说评奖中,蒋孔阳同意初评委们的看法,目前之所以缺乏第一流小说所应当具备的那种伟大的气魄和震撼人心的艺术力量,就是缺少一个"生活的制高点"。这个"生活的制高点",他认为就是"生活的第一原理",是人赖以安身立命的根本①。看来,文艺家只有驻守"美的规律",对人生有所反思和反悔,才能让人生在文艺作品中放射出最耀眼的光辉!

记得巴赫金在《艺术与责任》一文中曾写下一段意蕴绵延的话:"生活与艺术,不仅应该相互承担责任,还要相互承担过失。诗人必须明白,生活庸俗而平淡,是他的诗之过失;而生活之人则应知道,艺术徒劳无功,过失在于他对生活课题缺乏严格的要求和认真的态度。""艺术和生活不是一回事,但应在我身上统一起来,统一于我的统一的责任中。"②这似乎意味着,艺术家似应在最大的限度内把小我的有限性与人生大我的无限性统一起来,在我们这里的问题情境中,也就是把艺术家内在的尺度与生活的最高原理统一起来,这既是艺术家创造更为理想、更具普遍性的生活的责任之所在,亦是面向人生过程的神圣使命之所在。

基于此,我们不难想到,蒋孔阳之所以那么注重艺术家人格力量的锤炼和文艺创作中的"高标准",那么推崇老子所说的那种"为道日损"的精神和孟子所说的那种"集义所生"的社会价值和审美价值,那么憧憬人生的高尚化和美化,对"美是人的本质力量的对象化"和"美是自由的形象"又是那么关切,并极力倡导美感教育要转移人的心理气质和精神面貌,一再强调艺术家要有深沉的社会责任感,对但丁、卢梭、狄德罗、托尔斯泰、司马迁和鲁迅等对现实人生抱有强烈责任感的作家深怀敬意,这一切,其理论旨意恐怕就深埋于蒋孔阳对美的规律与生活的最高原理这种永远拂之不去的追求之中。

三、美学:面向人生过程的开放系统

既然美的问题与人生相和创造相之间、美的规律与生活的最高原理之间有

---

① 参见《今年花红胜去年——上海第二届中长篇小说评奖感言》,《文汇报》1994 年 5 月 29 日。
② 《巴赫金全集》第 1 卷,河北教育出版社 1998 年版,第 1—2 页。

着难分难舍的本质联系,美的问题又是一个开放性的系统,那么,美学的性质又是什么呢? 蒋孔阳曾把美学界说为一门"关于人的科学"。在《美学新论》中,他又进一步指出:"美学是关于人生价值的一门科学,凡是与人生有关的学问,都与美学有关。"①这就更为明确地界定了美学的学科性质问题。因此,美学并不是去研究人生中的某些审美细节,而是人们对待审美活动和审美现象的整个态度,整个人生的审美价值。

美学的这种性质,既决定了美学的哲学性,也决定了美学研究像美的问题一样,必然是一个开放式的研究系统,不但在方法上要力求多样化,更为重要的是要面向整个的人生过程;所谓"面向",应指"来自于"的意思,而面向人生的美学也就意指"来自于"整个人生过程的美学;美学不仅仅是把人生作为某种现成的对象性存在物来加以审视,因为人生永远是一个过程,永远处于"创造中",它永远是有待于美学家去思索、去开展的事情,我们无法在美学研究中把人生作为某种现成的对象来裁剪,而只能在面向人生过程中来求解各种美学问题。

蒋孔阳指出,美学探讨的是美的问题,是美的创造和鉴赏的问题,是涉及人类感情和心灵秘密的艺术问题,是人生的价值和意义的问题。由于美和艺术与人生和创造之间有着本质性的关联,美学在根本上又是一门关于人生价值的科学,而人的生产的有目的性总是使人不断地创造一个个符合自己目的的新世界,这就意味着,美的创造和美的鉴赏在实质上也都是面向人生过程的问题。如蒋孔阳指出,美不仅由多方面的原因与契机所形成,而且在主体与客体交互作用的过程中,处于永恒的变化和创造的过程中,因此,美的特点就是恒新恒异的创造;美的创造作为"多层累的突创","在空间上,它有无限的排列与组合;在时间上,它则生生不已,处于永不停息的创造与革新之中"②。这正与人生过程中的广阔和复杂相匹配。也就是说,面向人生过程的美的创造,必将让人保持

---

① 蒋孔阳《美学新论》,第 46 页。
② 同上,第 145 页。

新鲜的感觉,"层出不尽地发掘出日日新、时时新的意义和意蕴"①,使人能够不断地提高自己,不断地按照"对象化"的原则塑造自我的形象,不断地追求人生的价值和理想,从而愈来愈远离动物和自然的世界。

一般说来,人生过程在本质上显明为人生价值的不断实现。而美的价值作为人生最高价值之一,其主要内容,在蒋孔阳看来就是人的自我实现、自我创造和自我解放。这可以说是蒋孔阳人生论美学思想的又一特点。

美虽然产生于人与现实的关系之中,但它却超出于这个关系,诚如黑格尔所言:"审美带有令人解放的性质,它让对象保持它的自由和无限,不把它作为有利于有限需要和意图的工具而起占有欲和加以利用。"②对此,蒋孔阳认为,通过美的创造,就能达到人的自我实现、自我创造,使人从现实的束缚中解放出来,从而达到人的自我解放。这一观点也正是蒋孔阳审视诸多美学问题的理论核心,比如,他认为处于审美关系中的"大千世界……是人的一种自我创造";所谓"美是人的本质力量的对象化",是说人按照美的规律,按照对象的性质和特征,在对象中进行"自我创造",从而把对象塑造成为美的形象,使对象成为主体意识的"自我实现",同时使人观照和欣赏到自我创造;欣赏美,事实上是每一个人的本质力量和个性色彩在审美对象中的"自我实现和自我创造";文艺创作作为一种精神劳动,也是文艺工作者的"自我创造"。如此等等。

当然,人的自我实现、自我创造和自我解放,在核心之点上又显明为人的本质力量在面向人生过程中的不断开展。由于人的本质力量不是单一的,而是一个"多元的、多层次的复合结构",既有物质属性的东西,又有精神属性的东西,在两者的交互影响之下,形成千千万万既是精神又是物质、既非精神又非物质的种种因素。而这些因素,是随着社会历史的实践活动和人类生活的不断开展而开展的。一句话,人的本质力量永远处在面向人类的生存和生活的创造之

① 蒋孔阳《文艺与人生》,第32页。
② 黑格尔《美学》第1卷,商务印书馆1979年版,第147页。

中。因此,蒋孔阳指出:"即使是自然属性,也只有当它们进入人类社会生活之中,成为'属人'的,这时才能成为人的本质力量。生理的自然的东西,是不能成为人的本质力量的。"①

正因为人的本质力量是一种多元因素的复合结构,主要有来自于自然物质的本能欲望和精神文化的社会价值与道德规范,所以,它们之间的对立统一,就构成了不同的文化结构。人类作为社会化了的存在,总是通过自身的生存活动和生活来承受这种文化结构,在人生的过程中追求人的全面发展和全面解放,亦即从自然的人走向社会的人,从社会的人最终走向自由的人。蒋孔阳曾写道:"人之所以为人,主要在于他能不断超越自然、动物、超越人自己,从而不断地从自然的动物生活上升到人的社会生活,从人的社会生活上升到理想的自由生活。……正是自觉性、目的性和创造性等特点,使人的本质力量突破自然的物质束缚,向着精神的自由王国上升。人除了自然的本质力量之外,更具有了精神的本质力量。只有当人具有了精神的本质力量,他才告别动物,具有丰富复杂的内心生活和精神生活,成为真正的人。"②所以,在面向人生的过程中,人才能按自身的内在要求,把人可能存在的潜力和创造力,全部丰富地发展起来,使它们达到生存现实上的最高的可能性,从而真正实现人生的价值和意义。而这种价值决不是先天的、形而上的,它"具体地物化在现实生活中,溶化在人的生命与生活之中",一旦人处于创造性的生活之中,通过自己的生命力和创造力,不断地把自己的生存和生活转化为有意义的、具有价值的规范,那么,人的存在也就成了"人的价值和规范"③,亦即美的价值。

虽然人生本身并不一定是审美的,但在蒋孔阳看来,"人类生存的目的,人类从自然的人向着社会的人的发展,就是不断地创造美的世界的历史"④。可以

---

① 蒋孔阳《美学新论》,第 170 页。
② 同上,第 169 页。
③ 同上,第 183 页。
④ 同上,第 239 页。

说,这是蒋孔阳人生论美学观的集中显示。如此一来,美学作为一门研究人生价值的科学,以显明人的价值和规范为目的,以接近人生的真理为使命,必将是一个走向人生过程的开放系统。用蒋孔阳的话来说,那就是"以哲学的眼光,来思考美和艺术,来审视人生的审美活动和审美经验,从而思考和审视人生本身的价值和意义"①。这最终意味着要把对人生价值和意义的追问带入开放领域,使美学研究与人生过程永远保持在某种最切近的亲缘关系之中。

四、美学的觉醒与人生的觉醒

在20世纪,现代美学在经历了大分化以后,美学各分支学科之间又出现了相互汇通的趋势,在继续保持多元化发展格调的同时,一体化和综合化的研究又成为美学新发展的历史走向。在《美学的产生和发展》一文中蒋孔阳也认为,"建立一个比过去的美学体系更为完整、更为高一个层次的体系,实为我们今天美学研究的任务"。他还引用黑格尔的话说:"'哲学的工作实在是一种连续不断的觉醒'。美学也不例外。美学也在不断地'觉醒',不断地有新的开拓和新的发展。"②

我感到,蒋孔阳的美学之路就是一条寻求美学不断"觉醒"的道路,因此,贯穿其中的学术精神也就显得弥足珍贵。概括起来,主要有以下几点:一是学术宽容精神,在学术观点上不排斥异己,"为学不争一家胜,著述但求百家鸣"即是他治学态度的基本写照;二是对话精神,谈论学术问题决不敝于一隅,而是努力探明问题的历史脉络,在与前人、时人的对话中展开自己的学术思考;三是考据求实与自由创造精神,摒弃浮夸与虚伪,极力主张以考据求实的精神去"开创美学研究的新记录",在学理上注重研究性和讨论性的统一,在此基础上讲求富于

① 蒋孔阳《美学新论》,第43页。
② 同上,第27页。

创造的自由精神,足见其深谙学问之道;四是理智谦虚的精神,毕生服膺马克思关于"真理占有我,而不是我占有真理"的名言,指称在"真理"这个开放的体系中,每一个认真的探索者所争取的,不应当是个人的胜利,而应当随时听从真理的召唤,修正自己的错误,吸收他人的长处。唯其如此,他总是意识到自己作为一个人的本质力量的不足,因而在治学上也总是博采众长以酿己蜜。

统观蒋孔阳的美学著作,我们不难发现,他所做的主要不是技术性的学问,而是心灵性的学问,因而他主要不是一个技术性的美学家,而是一个心灵性的美学家。臻于如此境界其原因固然是多方面的,但其中一个至关重要的原因,就在于他的美学研究是与个体人生的觉醒水乳交融的。在近年写就的一篇题为《读书人的追求是觉醒》的回顾性文章中,他颇动感情地总结道:"我读了一辈子书,而且至老不倦。年过70,仍然在读书。我没有在书中找到'黄金屋'、'颜如玉',也没有找到'英雄'的宝座,但是,我却找到了真理:一个人,读了书,应当明白道理,应当平等待人,应当有所觉醒。读书人所追求的,就是'觉醒'!"①一个毕生念兹于"真理占有我而不是我占有真理"的读书人,却在年逾古稀之际深信自己找到了一个真理,"占有"了真理,此中真情和分量是不言而喻的,而这个真理看起来又是那么平常、那么单纯,也无怪乎他在《蒋孔阳美学艺术论集·后记》中对契诃夫所说的"人越靠近真理,他就越单纯,越容易理解"抱有那样的好感。

的确,蒋孔阳作为一个美的探寻者,在近半个世纪的学术历程中,努力守护的就是作为一个读书人的本色,所追求的就是读书人的人生"觉醒",而读书人所要塑造的形象就是那种明白了道理和觉醒了的形象。由于"明白道理"是对客观世界、对事而言的,"觉醒"则是对读书人自己、对人生的价值和生存的意义而言的,所以,读书人一旦"觉醒"了,就应当平等待人,而不应当势利待人。我

---

① 蒋孔阳《读书人的追求是觉醒》,引见《当代百家话读书》,广东教育出版社和辽宁人民出版社1997年版,第231页。

想,对蒋孔阳来说,惟其要明白道理,所以在学术精神上立足于考据求实、讲求对话;惟其要平等待人,所以在为人上总是宽以待人不设围墙,在为学上注重宽容精神,不搞圈子,远离霸气;惟其要有所觉醒,所以深知"每个时代最高的智慧,都在探讨那个时代最理想的人生价值和意义",美学也舍此无它,而人的本质力量又往往显得不足,需要人生的反思和反悔,这样,美学家在求真、求美之路上应当记取苏格拉底式的"无知",紧握理智谦虚的神灯,以人为中心,以人生为本,在面对现实的人生过程中确保美学的伦理价值要求,在人生的觉醒中开启美学的觉醒。

很显然,蒋孔阳的人生论美学思想是颇具自传色彩的。但他又最大限度地发挥了一个美学家应有的本质力量,努力超越个体的局限,关注人类总体的未来[1],期望随着人生过程和美的创造的不断开展、人生的价值和意义的不断生成,人类最终能在理想的人生关系中握取"美的规律",走进"生活的最高原理",从而真正实现人生和美学的觉醒。

综上所述,蒋孔阳无疑是一位融人、生命、学问和美于一体的美学家,而美在创造中,人生在觉醒中,美学也在觉醒中,因此,在他的人生论美学思想中,能强烈地感受到一种生长的力量,一种开放的力量。也正因为如此,他的人生论美学才不是一个封闭的体系,而是一种充满问题感的美学。比如,他把人对现实的审美关系作为美学研究的出发点,在审美关系的建立、特点等问题上,逻辑性的阐明已很有说服力,但在历史的维度上,人对现实的审美关系到底是如何可能的? 又如,他把"美在创造中"等相关命题引入自己的美学理论中的确是独具慧眼的,但是,人类的自由创造是如何可能的? 它又是在什么意义上与美有关? 再如,"人的本质力量的对象化"在求美、求真和求善活动中是否有区分性差异? 能否在理论上作出规定性的求解? 这些问题对蒋孔阳的人生论美学思想体系是至关重要的。好在蒋孔阳本身就把美学看作是一个开放式的系统,也

---

[1]　详见拙作《蒋孔阳的美论及其人类学美学主题》,《文艺研究》1996 年第 6 期。

不追求美学问题的最终解放,因此,他在美学的问题空间上自觉或不自觉地留下了诸多可供继续开拓的重大问题,这本身就昭示着美学的觉醒和成熟,昭示着一个美学家生命和学问的真诚,其影响将是不可估量的。总之,蒋孔阳通过对一系列美学问题的探寻和思索,在顺应和融汇中外美学思想传统的基础上,立足于人类的生命实践活动和人对现实的审美关系,建立起以人生相为本、以创造相为动力、以美的规律和生活的最高原理为旨归的人生论美学思想体系,在美学园地里留下自己珍贵的生命画卷和思想财富,在引发中国美学在 21 世纪的变革乃至走向世界的历史进程中,必将展现出勃勃的生机!

原载《复旦学报(社会科学版)》1999 年第 4 期

中西思想交汇中的现代中国文论"境界"说

李　钧

客观地说，历史上中西美学思想有交互传播和影响的情况，但是近一百多年来，因为中国现代化在很大程度上是西方化的，故而美学与文论的现代化进程，也主要是接受西方传播和影响的过程。在这个过程里，主要趋势是对西方理论的引介，到 80 年代开始进行成规模的中西比较，再到有意识的"中国话语"的呼吁（现代以来，有中国文学批评史学科，但它并非有意识地在对照西方理论澄明中国诗学的特色）。这个过程中鲜有因中西交汇而形成的理论成果。但较为有意味的是，在近代以来西方文论引入中国的初期，其实即有一中西合璧的成果出现，那就是中国现代文艺理论意义上的"境界"说以及附属的"意象"说等。这种学说由中国现代美学的先行者王国维提出，由奠基者朱光潜在 20 世纪 30 年代完善与构建。由于他们巨大的影响以及新中国成立后关于"形象思维"讨论的烘染，这成了现当代中国文艺理论的鲜明特色，并且在中国现当代文艺理论中占有核心和较崇高的地位。中国现当代文艺理论范式，早期较为注重作家论或者文学的外部关系，自 20 世纪八九十年代韦勒克、艾布拉姆斯等人的著作引入，文艺理论范式转而较为全面，多数著述较服膺《镜与灯》里关于言说文学的宇宙、作者、作品、读者的四维度。在这两类范式中，对于作品本身的分析都是核心内容，而作品分析中，处处可见"境界"说或"意象"说及其转体，将之作为艺术作品结构的首要层面或要点。而在对这个层面和要点的阐释中，尽管可以看到多重理论的影响——如形式主义、新批评、荣格主义等——使之意义显得不太稳定和复杂,但基本上会显示出"图像化"或视觉化的理论基质,或不自觉会趋向如此解释,或至少无意于对其进行辨析与限制。在此基质上,文学作品结构呈现出感官化的表层,表层的各种变形,则表现出更深层次的意图。本文之所以认为它是中国现当代文艺理论的独特成果,源于它是在现代中西文论交汇背景下,汇聚与改写中西文论而形成的。

一、西方文论中的"意象"

"境界"或"意象",特别是以视觉化为基质的"境界"与"意象",本不是西方古今美学与文论主流的理论。

"境界"、"意象"对应的西方术语,大概是"imagery",此词一般可译为"意象",20世纪初英美出现过的一个诗学流派"Imagism",国内译为"意象派"。将此词如此翻译,本身是一个影响改变。因为在西语中,"image"具有强烈的视觉性含义,它被译为"意象",其效果或是直接将视觉含义植入"意象",或是应和了现代中国"意象"一词已有的视觉含义。照笔者看来,后者的意味重一些,用现代中国视觉性强烈的"意象"去理解西方的"imagery",直接影响了中国对西方理论的理解。在西方,"imagery"尽管在词源上有较浓重的心理主义色彩,具有视觉性的特征,但是,这个词走进西方文学批评中心的时代较晚,直到英美"新批评",这个术语才占有较重要的位置。其二,在这个情况下,西方理论家也出于对创作实践和作品的细致理解,比较反对将之心理主义化,也即强调这个词的意义多元化,走出视觉化,甚至走出感觉化。艾布拉姆斯对此术语是这样解释的:"这是现代批评中最常见,但其意义也是最多元的一个术语。它应用在所有范围,从有时宣称的读者阅读一首诗歌时产生的'心理图画',直到组成一首诗的所有成分。"艾布拉姆斯进而归纳出这个术语的三种用法:一是一个文学作品中所提到的所有感性、知觉性的东西;二是较狭义的、视觉性的描绘;三是当

前最流行的用法,指比喻性的语言,特别是暗喻和明喻。他指出,这是 30 年代
兴起的"新批评"对此术语的用法。①由上可以看出,这个词的意义,从它的朴素
性含意开始,有一个扩展和转型的趋向。这样的情况在韦勒克、沃伦的《文学理
论》中体现得更为激进。

韦勒克、沃伦的《文学理论》是新批评派的总结性理论著作,因为该流派立
足与集中于文学,且对作品有较为深入的研究,故而到今天其在现当代西方文
学理论的奠基性影响也未改变,其对当代中国文学理论框架的影响也是非常深
的。在这部著作中,"意象"仅作为"文学内部研究"中作品的一个要素而被小篇
幅地论及。首先,它承认"意象"不可避免地与视觉相关,但它接着就借着
Murry 的话说:"我们必须'从脑子里坚决摒除意象仅仅是或者主要是视觉的意
识'。"它指出:"那些把自己仅仅局限在外部世界的图像中而去尝试写'意象派'
或者'物理性'诗歌的人没有几个成功的。事实上,这类诗人极少愿意把自己仅
仅局限在外部图像上。"就连"意象派"的主将庞德也说:"'意象'不是一种图像
式的重现,而是'一种在瞬间呈现的理智与感情的复杂经验',是一种各种根本
不同的观念的联合。""意象"不仅不限于图像性,甚至不限于感觉性。该书介绍
了艾略特强调"如画性"其实是强调个性,并总结说:"在所有这些议论中,强调
的重点是事物的'个别性'以及各种不同的事物的联合,而不是诉诸感官上的感
觉。"既然各种不同的事物甚或观念的联合才是"意象"的实质,那么,该著自然
就把对"意象"的论述转到修辞等其他论题上去了。②

在西方思想发展中,把现象看做一种"模仿"与"再现",从而与图像性的比
喻有种亲和性这种做法,多发生在哲学家那里,比如柏拉图或者亚里士多德。
但具体的文学家和狭义的文学原理思考者,更多地沉浸在创作与作品的技巧与

---

① M. H. Abrams, *A Glossary Of Literary Terms*. Holt, Rinehart and Winston, Inc, 1988, pp. 81-82.

② 勒内·韦勒克、奥斯汀·沃伦《文学理论》,刘象愚等译,生活·读书·新知三联书店 1984 年版,第 201—203 页。

细节探讨中,贴近现象,虽然难以提纲挈领,但也更深入和更复杂地把握着文学的真实。在这种把握中,文学的特质确实被强调,但是,总体上保持在与知性相区别的维度中,在这个维度里,它或名为感性,或名为想象、意象等,都保持着复杂的意涵,保持着意义的开放性,在开放的多元性中,文学的特质在不同的维度中得到追索。所以,中国现代文论意义上的"境界"、"意象"说不是从西方文学理论直接移植来的。

二、中国文论传统与"境界""意象"

"境界""意象"这些词,本来就是中国的,那么,现代理论意义上的这个学说是不是中国传统文论的延续呢? 恐怕也不是。

中国传统文学理论有两个最鲜明表达:"诗言志"(《尚书·虞书》)以及"文以载道"(周敦颐《通书文辞》)。当然中国文学创作和思想传统是复杂的,特别是汉唐以后经过不同时期的发展,产生了非常丰富的内涵和表述。但是,以上两个表达仍然是前后相续、一以贯之的主要传统。所谓"诗言志",就是以"言"把"志"表达出来。所谓"文以载道"亦即用"文"把"道"表达出来。尽管"文以载道"按照西式理论有一定"模仿"的意义或者可能,但是,"诗言志"和"文以载道"这两种表达最鲜明和深刻地表现了中国文学的"表现"主线和要义。刘若愚认为,中国诗歌不仅表现个人感情,也表现原始的集体感情(伦理),更加表达对宇宙世界的形而上的理解(理、气、道)。同时,他在对陆机的评述中指出,陆机"描述写作行为时,认为它不仅是表现的行为,而且是创造的行为"[1]。我们要注意的是,"诗言志",并不是简单地说先有一个情感,然后用语言把它"表达"出来。"表达"一词,常有一个二元的设定,这种对象化的知性思维使我们易于掌握意义,但却忽略掉更深刻的东西。"诗言志"更主要的是指,诗是"志"的语言形态,

---

① 刘若愚《中国文学理论》,杜国清译,江苏教育出版社 2006 年版,第 106 页。

这个"志"的语言形态,和"志"的其他形态(比如"在心为志",志在纯意识状态),虽有一气贯之,但却非"模仿"关系,而是可能有完全不同的形态。只有这样,"表达"才会是一种创造,也只有这样,艺术才是和知性不一样的创造,以语言为肉身的文学,才会有自己的脉络、形体和与灵魂沟通的方式。文学的世界具有语言的特质,与其他的世界相比会显出不一样的面貌和内容。显然中国文学理论传统能把握这一"表现"的起点,在创造的意义上生发出多元而深刻的文学洞见。出现这种情况,取决于这一传统没有被某种宏大形而上叙事简单控制,而是更多地贴近文学创作实情,多不以系统为目的,以洞见传达出文学的声音。

在中国文学理论主脉上,当然会有许多支脉。值得本文关注的是"托物言志"一脉。其实在"诗言志"中,已含有"物"的痕迹。《毛诗序》中提出的《诗经》的创作手法"赋比兴",无一不含有"物"的影子。在文学理论经典《文心雕龙》里,刘勰说:"人禀七情,应物斯感。感物吟志,莫非自然。"钟嵘的《诗品》亦云:"气之动物,物之感人;故摇荡性情,形诸舞咏。"在"言志"的过程中,"物"的中介作用逐步显露出来,这显示出中国传统理论对文学创作过程中的感性因素的敏感与体认。但是我们要注意的是,人与物,作为"自然"与"气"的不同形态,因与本源的共同联系而获得相应效应,这效应,根本在于激发人之情志,而在表达与实现情志的过程中,物作为材料,正如碎片一样被卷入情志与语言之流中,凝结为超越物的言语形态。这是一种异于知性世界的感性世界的创造,在这创造中,物也好,景也好,形也好,已完全失去了自己的独立形态,化入新的语言形体中。

但是,这一支脉继续发展下去,却逐渐出现以"物"为目的的分支,这就是"情景交融"诗学理论。魏晋时期,中国"山水诗"出现,唐代的诗歌成就进一步深化了在景物中表达情感的做法。这些创作实践促成了"托物言志"一脉中较为极端的变异理论。唐宋时期即有"诗画同体"(张彦远、苏轼)的说法,到了宋元时期,写诗如同作画的这声音就完全明晰起来,如姜夔的"意中有景,景中有意"(《白石道人诗说》),谢榛的"诗乃模写情景之具。情融乎内而深且长,景耀乎外而远且大"(《四溟诗话》)。也就是说,诗就是再现一个景象,而这个景象贵在含有或寄托有诗人的情感。诗的目的就是这么一个融着情的景。需要指出的是,这种理论看起来是中国诗学表现论的自然发展,但其中却有极大而极隐的差异。这种理论不管如何精致下去,都有意无意地允许了将心物二元化,将诗歌内涵心理化,使感性日渐依赖日常知性,否定了文学是作为语言艺术的独特造物。还需要指出的是,这种说法不是中国文学理论传统的主流,它和西方的"imagery"一样,事出有因,主流异变,本不影响大局,但却等待着被撷取而放大。

此时我们来看看古代文论传统中的"意象"与"境界"。"意"字好理解,关键在于"象"与"境"。"象"是传统文论的核心词,围绕它形成了"意象""兴象""气象"等的术语群。它究竟是什么意思,这个问题是传统文论的核心问题。令人遗憾的是这个问题一直没有得到充分讨论,我们对于文学的理解阻碍了我们了解古人对于文学的别样理解。"象"之充分使用并确定意义在于对《易》的解释。很明确,"象"指《易》象,即卦形。卦形不是形象,而是符号。与其说"象"是形,不如说它更偏向数。它是古人对世界的图式化把握,是对世界产生这一情状的范畴的把握。因此,"象"虽不是"得意忘象"中"意"所指的"道",但更不是现象,而是对于介于"道"与现象之间的范畴的独特把握。"象"是中国思想独立于西方知识论与形而上学的独特概念。因此,当"意"与"象"连接为一个词用于中国传统文论时,"意象"不是对立统一关系,而是一种连续关系,多指创造的准备和进行状态。如首次将"意""象"连用的《文心雕龙·神思》云:"独照之匠,窥意象而运斤。"此"意象"显然不是诗的结果,而是形成诗的似有还无,如海德格尔"本体论的差异"的东西。"意象"一词在唐宋后的文论和画论中出现渐多,但笔者认为,总的来说,它与后人"情景交融"的解释虽然表面有些近似,但实质界限分明。因为在传统的语境下,古人对于"象"的使用,无法脱离其早期的基本意义,所以,"意象"多用于文学创作过程,而非创作结果,这本身就说明了古人对于"意象"一词的运动性、创造性特质的本能把握。偶有与"景"区别不明显的情况,但也保留了与"景"相区别的空间。"境"字相较"象",在传统文论中出现场合少得多,也晚得多。其本意不过是"疆域",后来佛学多用此字,表达一种状态。文论首用"境"者,传为唐王昌龄的《诗格》。《诗格》讲"境",将"境"分为三类:"物境"、"情境"与"意境"。此处,"境"不过是一种状态的指标。后释皎然《诗式》说诗:"取境偏高,则一首举体便高;取境偏逸,则一首举体便逸。""境"也是一种状态。"境"与"境界"在传统文论中一直类似于"意象",主要并不指物景,只是在画论中,偶尔会与物景有关系。总之,"意象"与"境界",不是传统文论的主体理论,其意义主要也不是形象,它们跟要求情景交融的写景诗类型的诗论会有一定关系,但本质上有分别。

三、中国现代意义上的"境界"与"意象"理论

西式效应的开始,即是中国现代意义的文学理论的开始。中国的现代化与西方影响是并行的。故而,西方"美学"观念的引入(王国维、蔡元培、吕澂等)与受西式学说影响的文论出现,即是开端。在第一代学者中,王国维影响最大,其以《人间词话》为代表的文论,初塑了中国现代文学理论的核心内涵"境界",影响至今未绝。

《人间词话》形式上是传统诗学理论,但是其内容因为深蕴西方理论,所以在与传统文论比较中,能够焕然一新,甚至有开创感。其最大的理论创新是标举"境界"说。"境界"这个旧词,已经完全被王国维用叔本华的西式美学脱胎换骨了。在《人间词话》①中,他说,传统的"兴趣"、"神韵"说,"犹不过道其面目,不若本人拈出'境界'二字为探其本也"(《人间词话》之九)。"词以境界为最上。"(《人间词话》之一)什么是"境界"呢? 首先就是以物景为外衣的东西。王氏将"境界"分为"有我之境"与"无我之境",前者是"以我观物",后者是"以物观物",

---

① 参见《王国维全集》(第一卷),浙江教育出版社,广东教育出版社 2010 年版。

此无非是情、理含蕴物中,总之皆是物景呈现。当然,物景是以一种独特的样态呈现的,这就是物景写得好不好的问题。好的物景呈现应该是体现自然或理想的,是能够像古人说的那样有神韵、气象等的"真景物"。故而,景的呈现有"造境"与"写境"的问题。(《人间词话》之二)在此文的后半部,王国维还提出境界的"隔"与"不隔"的问题,要求文学形式不能妨碍境界的传达。值得注意的是,《人间词话》的理论构建中有一难自圆其说的说法,那就是王氏还提出:"境非独谓景物也。喜怒哀乐,亦人心中之一境界。"(《人间词话》之六)王氏总算注意到文学实践中大量不以物景为目的、结果的作品了,故又有写"真感情"的要求。但是,他没有仔细思量,如果把感情抽取出来独立的话,他的境界说其他部分其实是比较难以自圆的。

王国维明确说明过自己的思想深受西方叔本华、尼采和康德等人的影响。如果我们仔细思量,不难在"境界"说中看到西方近代美学尤其是叔本华思想的精神。略引一段《作为意志与表象的世界》就可见:

> (在认识挣脱了意志的束缚后)主体已不再仅仅是个体的,而已是认识的纯粹而不带意志的主体了……栖息于、沉浸于眼前对象的亲切观审中,超然于对象和任何其他对象的关系之外……(人跳出功利目的后)全副精力献给直观,沉浸于直观,并使全部意识为宁静地观审恰在眼前的自然对象所充满……人在这时……就是……自失于对象中了,也即是说人们忘记了他的个体,忘记了他的意志,他仅仅只是作为纯粹的主体,作为客体的镜子而存在,好像仅仅只有对象的存在而没有觉知这对象的人了……两者已经合一了……这所认识的就不再是如此这般的个别事物,而是理念,是永恒的形式。①

这话简直就是王国维造境、写境以及有我、无我之境的翻版。

其实,自西方哲学在近代认识论兴起以来,尤其是经过康德这样的大哲学

---

① 叔本华《作为意志和表象的世界》,石冲白译,商务印书馆1982年版,第249—250页。

家的工作,人们对主体的意识能力已经形成了固定的划分和定义。人的能力无非分为感性、知性、理性,以及情感和意志。其中,"感性"经过哲学家的诸多思索,已经牢牢被困在作为知性认识之基础的地位和内涵上,这个"感性"是附属于知性的感性。而这个感性的内在结构,无非是以时空为经纬的直观或表象,已无法摆脱作为知性概念运作基础的视觉性材料的地位。其实,如果我们永远无法摆脱艺术和文学是感性的这一直觉体认的话,至少,我们应该不会认为这个感性,是作为知性系统中第一阶段的"感性",而应该是另一系统的东西。但是,思想史的发展,却以知识论为主流前进。自 19 世纪中叶美学作为"感性学"兴起,这个感性就不自觉地认同了知识论赋予它的地位和内涵,几乎所有的思想家,都在这个基础上,尝试各种方法,试图用一种特殊的理论操作,虚拟出作为直观的感性的一种特别形态,以使它具有直达真理的可能性。康德在他的《判断力批判》中,着力构建所谓无功利性的审美判断。如果康德这个大思想家思考得还算比较复杂的话,叔本华这样的思想家则更为简单直接地在直观上做文章。他的那种超越性的直观是不是符合实情暂且不论,但至少他的这种直观打动了王国维,让王用这一看起来具有亲和性但是完全不同于中国诗学的理论对传统进行改造。

类似对知识论中的感性直观进行改造,以求解释艺术与审美的思想家还有意大利的贝内德托·克罗齐。他说,有一种直观的、想象的、具体的、图像的知识,与理智逻辑知识并立。这种直观,可以独立"完整"地存在;它不是一种对现实的知觉,而是一种"单纯的形象",和现实没有关系;直观是展开在时间、空间形式里的,尽管人在直观的时候有时会忘记时间和空间这两重维度;直观是纯形式的,和它对应的,是纯形式的心灵,而非感受等功利性的东西;直观里含有联想的活动,直观也是"表象"性或者"意象"性的;最后,直观就是表现,因为如果表现不能形成直观,那就说明表现不成形,表现不成立。克罗齐在构建了这样一种直观后,指出:"我们已经坦白地把直觉的(即表现的)知识和审美的(即艺术的)事实看成统一。"①

---

① 以上参见克罗齐《美学原理 美学纲要》,朱光潜译,外国文学出版社 1987 年版,第 7—19 页。

如果说叔本华影响了王国维,那么叔本华,尤其是克罗齐则影响了中国现代美学的奠基者朱光潜。上述关于直观的理论直接影响了朱光潜在20世纪二三十年代关于艺术本体的思考,促成了他对"境界"作现代中国意义上的进一步明确。

在《文艺心理学》中,朱光潜对"审美经验"作了分析和定义。他说:"我们在分析美感经验时,大半采用由康德到克罗齐一线相传的态度。"①他因此分析出美感经验的要点:"美感经验是一种聚精会神的观照。"②所谓观照,就是集中或者创造一个"意象",一个对象。他明确说,"意象"就是一个"形象"。这个作为形象的"意象",因为是凝神对之的,所以它和一般的形象不一样,它完美,"独立自足",而且摆脱了它的日常实用特性。相对的,面对这个形象的创造者也好,观赏者也好,也因凝神而进入了一种状态,这种状态让主体摆脱了日常的功利状态("审美的距离"),甚至"忘我",直至与这个形象"物我同一"。③在这样的审美关系中,主体和形象于是交融在一起,主体的情感也就和形象交汇了。所以标准的"意象",一定是情景交融的。它是审美经验的载体,又是审美经验的目的。过了几年,朱光潜写出了《诗论》。《诗论》完全复制了《文艺心理学》关于审美经验的分析,所不同的不过是"审美经验"换成了"诗",而情景交融的"意象"和形象,换成了王国维的"境界"。"每首诗都自成一种境界。无论作者或是读者,在心领神会一首好诗时,都必会有一幅画境或是一幕戏景,很新鲜生动地突现于眼前……""诗的境界是情景的契合。"④

至此,诗、文学的一切无非就是集中于一个形象,一个特别的蕴含情感的形象。"意象""境界"也不必复杂,无非也就是形象,无论这个形象怎么有"意",但它们终究是一个形象、视觉形象。这个结论,在中西文学理论来看,其实都是非常鲜明的。为了应和这个理论,朱光潜早期思想中还有较鲜明的两个部分,一

---

① 朱光潜《朱光潜美学文集》(第一卷),上海文艺出版社1982年版,第119页。
② 同上,第73页。
③ 同上,第9—19页。
④ 同上,第49—56页。

是"移情说",他用之解释情景怎么交融的问题。这其实是引入了西方近代心理学来作为理论助手。二是"诗画同源"说以及并行的对莱辛《拉奥孔》这部著作的热心分析与驳斥。"诗画同源"是一个中国古典艺术理论命题,其内容并不简单,但在朱光潜看来,"诗画同源"就在于两者都是形象,或者是作为视觉形象的意象或者境界。为此,他特别驳斥莱辛,因为莱辛通过分析雕塑与史诗,指出了诗画不仅形态不同,而且内容也不同。朱光潜特别引用很多中国古典诗词来证明诗的形象本质,却未顾及古代诗词中"山水诗"和写景诗并不是古代诗词发展史上的全局。他特别喜欢引用苏轼的名句:"味摩诘之诗,诗中有画;观摩诘之画,画中有诗。"这句话其实是题在王维《蓝田烟雨图》这幅山水画上的,而王维也是一位以在诗中写景著称的诗人。苏轼之言,大半是对王维这个作者独特的创作题材的感受,并不能代表这位大文豪对于诗的整体思考。

四、"形象思维"讨论与"境界"说

对于中国现代美学与文艺理论来说,西方的影响还有一条线索,那就是马克思主义以及苏联理论的影响。新中国成立后,知识分子普遍经历了思想的转型,朱光潜早期的文艺思想也受到了批判,他也从西方影响的一个条线转向西方影响的另一条线。不过,他的变化,是从"资产阶级唯心主义"到马克思辩证唯物主义的基本立场变化,在具体的关于文艺本体的思考上,除了把文艺本体从唯心的创造转向来源于客观以外,他并没有根本改变他心目中"境界"的结构和内涵。他说:"艺术的思维主要的是形象思维而不是逻辑思维。这个事实也是马克思列宁主义的美学所依据的。""我跟着克罗齐所强调的正是逻辑思维与形象思维的对立。"如果说他的"境界"说比之"形象思维"有什么不足,那不过是没有考虑到这种思维的"极端复杂"而已。[①]也就是说,作为文学载体的形象思维

---

① 四川省社会科学院文学研究所编《中国当代美学论文选》(第一集),重庆出版社 1984 年版,第154—155 页。

还是那个情景交融的样式。

这里，我们接触到了新中国成立以来关于美学的两次大讨论，在讨论中，"形象思维"是一个重要议题。这是一个来自苏联文艺学界的词汇，最初来源于对马恩关于现实主义文学的阐释。这个词汇新中国成立前就已经进入中国，但未有明显影响，但是新中国成立后，随着马克思主义的传播，它也成为美学文艺学的中心词汇。毋庸置疑，在论辩中，维护"形象思维"的论者，都在为维护文学艺术的独特性而努力，他们为新中国文艺创作不至沦为概念化文艺作出了贡献。不过本文要说明的是，"形象思维"在维护文艺的独特性时，仍然没有充分考虑到文学审美的"极端复杂"，还是模式化地阐释文学本体，其实进一步巩固了"境界"说的情景交融意涵。比如在 50 年代论战中崭露头角的李泽厚是这样说的："（形象思维）自始至终都不断地有较清晰、较具体的形象的活动。"它分两方面，在形象方面，是"个体化和本质化的同时进行"；在另一方面，"它永远伴随着美感感情态度"。[1]在今天看来，这种阐释无非重复"境界"说的模式，而理论精度尚嫌不及。

"文革"过去后，1977 年 12 月 31 日《人民日报》整版刊发毛泽东于 1965 年给陈毅谈诗的信。信中毛泽东多次谈到写诗要用"形象思维"，还因此说宋代诗人不会写诗。这启发了关于"形象思维"更为热烈的第二次讨论。这次讨论，在根本确立文学存在方式的独特性的同时，还启发了中国"新时期"的思想解放。不过总的说来，此期"形象思维"讨论，在对文学本体的描述上，与"境界"说没有理论样式的根本不同，反而因为"形象"一字，更加限制和强化了对于"境"、"象"的形象化理解。比如在第二次大讨论中脱颖而出成为此期美学第一人的李泽厚在 1978 年还这样说："不脱离形象想象和情感的思维，就叫形象思维。"他将《沧浪诗话》说的"言有尽而意无穷"，很自然地解释为"要求在有限的言词形象

---

[1]　李泽厚《美学论集》，上海文艺出版社 1980 年版，第 231—237 页。

中包含着极为丰富的内容和意味"①,也不知加上"形象"二字的文献依据何在?

"形象思维"的讨论加固了"境界"(意境)、"意象"说将"境"、"象"解读为形象景物的定式。以至于在时代发展、话语转变,"意境"一词作为中心词出现时,其内涵还是没有变。比如李泽厚就说:"意境和典型环境中的典型性格一样,是比形象、情感更高一级的美学范畴。因为它们不但包含了'象'、'情'两个方面,而且还特别扬弃了它们的主客观的片面性而构成了一个完整统一、独立的艺术存在。"②

五、王、朱"境界""意象"说的意义得失

行文至此,作个小结。中国现当代文学理论中的核心概念群——"境界""意象""意境"等,其内涵是交融着情、理的景、象,这个景、象,是文学经验的载体,文学最根本的就是创造或再现一个形象。显然,这样意义的"境界""意象"和"意境"等,在古代中国与西方古今文学理论传统中是少见的。在文学理论史上,它独特地显现在中国现当代阶段。其实,与其说它们是"境界""意象""意境",不如说它们是模仿说、再现说意义上的"镜界""意像"和"意镜",这些才是它们更为贴切的名称。

不过,这种聚焦图像化、视觉化载体的理论,虽然不出现在以前的文学理论中,却是西方近代哲学知识论以及以之为基础的"美学"的重要内容。也就是说,贯穿在其中的,是以康德哲学为基础的以直观为主要内涵,最多加上展开的想象力的"感性"传统。也就是说,中国现代意义上的文学理论的核心概念群,既不是中国传统文论的自然发展,也不是西方文学理论与中国传统理论的碰撞,而是西方哲学、美学影响中国文学理论的产物。这交错是富有意味的。

---

① 李泽厚《美学论集》,第262—263页。
② 同上,第324页。

中国现代文学理论,多与美学、哲学交织在一起。这表明它一开始就有取法乎上的境界,或许,这与中国现代化焦虑中的启蒙焦虑有关。固然,文艺理论向来与哲学、美学有关,但是,其关系不应该是单向的。文艺理论有它自己独特的研究对象和方法,有其自身独特的体验,这些东西可以反向丰富或启示哲学的思考。所以,西方也好,中国传统也好,文艺理论与哲学一直保持着各自的专业性和开放性,两者的关系也是介于其中的"美学"或者"艺术哲学"如何定位的难题。不过,对于现代中国来说,这个距离似乎比较小,西方哲学极大地影响着文艺理论,以至于文艺理论无暇真正地以作品为起点为思想提供独特的感受视角。

哲学与哲学美学,因为立足点较高,确实能给具体的文艺实践和思考提供比较开阔的视野,当它进入文艺具体理论时,也因此常有振聋发聩的效果。但是,在某些时候,它也会囿于理论系统而武断地自说自话。在"境界"这个问题上,这两方面情况都有。

应该说,王国维、朱光潜建立"境界"说,应该可以算是中国现代文学甚至文艺理论的重要成果。它是中国古代文论现代转型的一次尝试,也是中国文学理论进入现代汉语的第一个也是持久的形态。在理论上,它也试图综合中国的"表现"式文艺论和西方的文艺理论,以及综合西方"表现"与"再现"的文艺理论。这种意图,在朱光潜的理论中是明言的。这种综合,有一举解决文艺学理论关窍的决心,也有一统中国传统文论纷繁复杂的学说的勇气。应该说,其清晰的理论构架部分地实现了这一理想。

但是,我们也要注意到,这种哲学对于文学的侵袭,存在着不少弊端。它在看起来注意文艺独特性的同时,不自觉地应用了已经被认识论改造了的前提,在雄辩、精巧的形式下,可能与文艺有更远的背离。比如说,那种独特的"直观",在很大程度上是思想家的理论构拟,甚至是一种虚构。文艺作品虽然会有很多视觉性的因素,但它整体上是一种视觉吗? 实际上,文艺作品中,感觉性的东西与抽象性的东西,其比例可能和在数学中的一样多。文艺与数学的区别,可能不在感觉性和抽象性的区别上。文艺的本体远比这些复杂得多,进而,文学与别的艺术形式的区别不仅不能用一个共同的"境界"(书画同体)来抹杀,而且其区别也比想象中复杂得多。

此外,"境界"说认为,形象可以先于文本生成而存在。也就是说,作者在创作时,先创造出一个形象,然后"写"出来。在这种复写模式中,语言仅成了"传达",仅成了"修辞",成了无关本质、无关紧要的东西,根本否定了文学是作为语言的艺术。在此,应该提及宗白华。宗白华也谈"意境",但他的"意境"比上述作者的"意境"更加复杂和贴近艺术。在他看来,中国意境的最高表达是"舞",人的精神、世界的道,在"舞"中直接"出场","舞"是道的"具象化、肉身化"。[1]不得不说,这种理论模式充分尊重了艺术创作不到最后结果不能本质完成的特点,也是对古典"诗言志"的更恰当注解。

今天,我们要尊重前人的成就,而不是苛求前人,但是,我们也要明白前人的处境会导致什么样的结果,以及这结果对我们会发生什么样的影响。今天,我们仍旧处于中西思想交织的处境中,也处于哲学与文学交织的处境中,对于一个典型个案的粗浅分析,也许会对今后中西文论的融通,或者说,西方文论的中国化,以及当代中国文艺理论的创新建构有一定的启发。

原载《中外文化与文论》2015 年第 2 期

---

[1] 宗白华《中国艺术意境的诞生》,见《艺境》,北京大学出版社 1987 年版,第 158 页。

Form · 象 · *Viśhvarūpa*

——东西方美学比较札记

张旭曙

形式与内容的关系是美学、文艺理论的基本问题,在某些方面,形式问题构成了解决其他重大学科难题的基础。对于形式的伟大力量,梁宗岱给予高度评价:"形式是一切艺术品永生的原理,只有形式能够保存精神底经营,因为只有形式能够抵抗时间底侵蚀。"①于连则指出:"'形式'(*eidos*)统领整个的希腊思想,也是从它开启了——而且我们永远必须如此重新开始——哲学的历史。……形式的胜利,并不只限于希腊。"②

一

德国哲学家西奥多,阿多诺曾经感叹:一旦想搞清形式究竟为何物时,就会遇到重重困难。的确,理解"形式"之"难"首先表现在其涵义丰富繁杂,根本不可能给予单一明确的定义。据塔达基维奇,西方主要语言中的"形式"一词源于拉丁文的"*forma*",而"*forma*"替代的是两个希腊单词"μορφη"和"εισοs",前者

---

① "新诗底纷歧路口",《梁宗岱选集》,中央编译出版社 2006 年版,第 141 页。
② [法]弗朗索瓦·于连《本质或裸体》,林志明、张婉真译,百花文艺出版社 2007 年版,第 76—77 页。

指可见的形象,后者指概念的形式(本质)。①此后,在西方思想语境里,但凡表示整一性、对称或重复、组织结构、规律性、感性形象、数理关系、形状外观、赋形的力量、要素的安排、风格形态、物理媒介、艺术门类等意思,都可以采用"形式"一语。麻烦还在于,*form* 渗透进了数学、物理、宗教、艺术、语言、哲学、逻辑、文学、政治、法律、伦理等几乎所有人类知识领域,在本体论、知识论、宇宙观、道德学、艺术创造、审美表现等层面,人们对形式的使用越来越混乱歧异。

这种夹缠难解的情况到了东西方审美智慧领域里便更加严重了,因为中国和印度这两大审美智慧传统里并没有 *form* 这个词,当今美学文艺学论著中频繁出现的"形式"是翻译西方典籍的结果。抛开"形式"及其深奥厚重的西方逻辑学、形上学的内涵是否契合于当前中国和印度审美文化语境问题不谈,若单纯用"形式"观照东方传统审美智慧,无异于把命运彻底交付给"普洛克路斯忒斯之床",其结果可想而知。不过,我们发现,在中国,有一个围绕"象"展开的"象家族",其成员有文、美、形、气、道、和、理、韵、势、格、法等;在印度,有一个围绕 *Viśhvarūpa*(万全形式)展开的"万全形式王国",其成员有 *Avatlāra*(化身)、*Tāṇḍava*(湿婆的宇宙之舞)、*Mudrā*(印相、手势)、*Brahman*(梵)、*Lāvaṇya*(美)、*Raga*(印度音乐的旋律)、*Jagac-citra*(时间之外的宇宙之象)、*Abhinaya*(舞蹈中的程式化动作)、*Tribhaṅga*(三道弯)等。形式系统的多义性、遍在性、含混性,象家族和万全形式王国都不同程度地存在着,只不过因为审美文化土壤的差异,它们用各自的特殊术语表示,承领着不尽相同的功用,从而表现出浓郁古奥的民族传统特色。如此看来,我们仿佛走进了三个由无数相互指涉的义项交织而成的范畴、术语迷宫,怎样才能找到那根"阿里阿德涅的丝线",引导我们从这场险象环生的跨文化的理论历险中安然脱身呢?我们打算删繁就简,在形上学(存在论、宇宙观、第一哲学、神学)层次选择最能代表三大审美智慧传统精神的范畴进行功能上的比较,因为只有在"根子"上做足了文章,发掘出形式

---

① [波兰]符·塔达基维奇《西方美学概念史》,褚朔维译,学苑出版社 1990 年版,第 296 页。

系统、象家族与万全形式王国各自的终极思想文化之本源，才有可能进一步理解三大传统各自的审美论和艺术论层次的"形式"的特点和价值，①从这一特定视角透视东西方审美智慧的某些精神特质形成的思想文化根因。

二

发掘形式系统的深蕴，必须把它放到逻辑——数学——形上学的理论框架里。广义"形上学"（*Metaphysics*）研究万有的存在之基、宇宙的性质和构造、至高神与人和世界的关系、现象背后的第一原理，主要相关问题有感性与理性、运动与静止、同一与差异、个别与一般之关系。西方形上学的核心是"存在论"（*Ontology*）。②

我们知道，希腊人眼中的宇宙有限而封闭，托勒密用几何学方法构造的严密完整的天体模型是其象征。他们不信任不喜欢变幻无常的感觉世界，竭尽心力想截断时间之流，把握变中之不变者。可以说，他们把时间空间化了，"空间化"意味着理性用概念思维建立自己的思想王国——某种普遍永恒的本质存在。存在论的字源解释就是 *on to*（*Being*，存在）＋*logos*（尺度、语言、理性等），在希腊文里，$\varepsilon\tau\delta o s$（*eidos*，本质）＝*logos*＝$\tau\delta\acute{\epsilon}\alpha$（*idea*，概念形式）。不难看出，形式的力量就是思想的力量，思想以自身为对象，与自身同一，理性为自然立法。在柏拉图那里，哲学家的崇高任务是探究各种理念（*eidos*，*idea*），"善本身"、"美本身"、"神圣本身"、"正义本身"等，一旦觉得找到了例如美的本质（美的真实存在），他立刻就把客观的永恒的美的理念先验化、形式化，使之成为一切个别可感的事物的美的根源。柏拉图形上学着重解决个别与一般的关系，亚里士多德形上学则力求发现宇宙万物生成的根本原因，他提出"存在"（又译为"本体"）是形式和质料相结合而成的个别事物，形式又先于质料并宰制质料，两者

---

① 关于形式系统意蕴的层次结构，参看拙著《西方美学中的形式：一个观念史的考索》，学苑出版社2012年版，第16—18页。

② 参看唐君毅《哲学概论》（上册），中国社会科学出版社2005年版，第53—56页。

之间有潜能—现实的关系,例如,大理石具有成为雕像的潜能,现实的雕像是大理石被赋予了形式的结果。而终极的动力则来自于不动的动者(永恒的美是第一动者),永恒的现实的存在,即理性神。

那么,希腊大哲们如何思考、表达他们的思维结晶呢？他们用数学尤其是几何学(空间科学)和逻辑学表达精神把握到的普遍真实的形式世界及其必然有效的永恒原理或法则。毕达哥拉斯学派用数量关系表达万物的结构(音乐的和谐),晚年柏拉图常拿几何图形表示宇宙本体的构成原理(美是圆形、三角形等),亚里士多德用分析的方法、可靠的推论建立了前后一贯、精密完整的哲学体系(康德所谓"思想建筑术"),希腊的建筑、雕刻也体现了宇宙构造的形式美法则——和谐、圆满、整齐、均衡、秩序。如前所述,理性—形式的辉煌胜利并不局限在古希腊世界里。在中世纪,超越的永恒的形式成为神学论证的存在论基础,圣言(logos)、光、神性,将一切被造的形式都聚焦到唯一的先验形式即基督形式上,而三角形(三位一体)是神的本质的最稳固的象征形式之一。20 世纪抽象艺术画家蒙德里安提出一种新的造型观念,即用抽象的形式表现"绝对的平衡",那存在于心灵和生命之间的和谐关系,展现一个统一的宇宙。①

前面提到希腊形式的另一个含义是可见的形象,18 世纪美学(感性学)诞生之前,这个形式概念的地位一直非常低。在本质与现象两分,以理性把握真实的存在为哲学智慧的至高无上目标的思想传统中,这种情况不令人感到奇怪。在黑格尔那里,感性形象的作用才第一次得到经典的表述:"美就是理念的感性显现。"②显现、表达意义上的形式(可见形式、外在形象)上升为时代主流,不过,柏拉图的概念形式(理念)在这里变成了精神内容,亚里士多德的纯思的上帝的思维力量释放在了精神现象的演进历程中。

---

① [荷兰]彼德·蒙德里安"自然的现实与抽象的现实",《西方美术理论文选》(下册),迟轲主编,江苏教育出版社 2005 年版,第 571—573 页。

② [德]黑格尔《美学》,朱光潜译,商务印书馆 1979 年版,第 142 页。

三

中国没有"西方式"的形式（概念本质）。古汉语里"形"与"式"分列，"形"有形体、形象、形状、形成、显现、容貌等义项，"式"有法度、样式、效法等义项。表面上看，"形"与感性形象（形式）确实相像，实质上支撑两者的深层思想文化意蕴颇为不同。在概念形式、感性形象的背后，我们发现人的思维的自我反省、纯粹的先验形式理性、主体与客体的分离、彻底的分析精神、超越的普遍本质的寻求等西方科学理性主义文化之菁华。中国的形而上"形式"是"象"，"在天成象，在地成形"（《易·系辞传上》）的"象"，"执大象，天下往"（《老子》第三十四章）的"象"。在象、式、形、文、法等术语的背后，我们看到文道（文质）合一、整体思维、以象喻意、体用不二、道不离器等华夏诗性文化之菁华。一言以蔽之，"道—气—象一体"的宇宙论图式是理解"象家族"之渊深意涵的思想背景。

应当指出，中国人的形式之维源于对自然的沉思。何谓"自然"？自然者，道也。"形而上者之谓道，形而下者之谓器。"（《易·系辞上传》）道先天地生，虚廓深邃，难以形迹；同时，道周涵遍复，万物所然。是什么沟通了形上的道"体"与形下的器"用"呢？是"象"，大象者，大道也，"象即中国形而上之道"，"静的范型是象，动的范型即道"。[1]"见乃谓之象，形乃谓之器"（《易·系辞上传》），无体之名的"道"变化显现而为"象"，万物生长在地成形可为器用。宗白华从动静关系表显中国形上学的生生之理、生命象征，庞朴则分析了道、形、器连而二立的状态，得出结论："形既不在道中，也不在器中，而在道器之中，因为它非道非器；形既在道中，又在器中，它在道器之中，因为道的能中有形的能，器的所中有形

---

[1] "形上学——中西哲学之比较"，《宗白华全集》第一卷，安徽教育出版社1994年版，第611、628页。

的所;形既不在道中又在道中,既不在器中又在器中。"①两位先生的着眼点、方法不尽相同,但很明显,"象"或者"形"都不是脱略感觉界的超时空的真实本质,也不是物体的几何形式,更不是构建实体观念的纯思上帝(纯形式)。

　　然则象究竟具有怎样独特的性质呢?与西方的形式注重本质性、分析性、纯粹性不同,中国的象更偏向功能性、感受性、过程性。"天地氤氲,万物化醇;男女构精,万物化生。"(《易·系辞传下》)天地万物因阴阳二气交感绵密而化育醇厚,宇宙就是普遍生命周流不息的场域。在这个充满生机的场域里,天地人"三才"合为一体。西方心灵的那种人的理性主动介入万物秩序,寻求纯粹永恒的共相(形式、本质)不是中国心灵的特点。中国人更擅长把握生命的动象,这个"象"不是超时空超因果的结构、观念、形式,而是流衍不息的宇宙生命法则,是观赏到的物象与悠然的情趣深契互感而成的意象,所谓"气之动物,物之感人,故摇荡性情,形诸舞咏"(钟嵘《诗品序》)。套用一个广为流行的讲法,象、式、形、文、法等的形上学根据在 becoming(生成),感性形象、数理关系、组织结构、赋型力量等的形上学根基在 Being(存在)。

　　进一步看,中国人理解的时空既非有限也非无限,他们"以位序说时空"②,世间万物在他们眼里都处在刚柔相推而生变化的历程中,"位"(空间、上下四方曰"宇")变则"序"(时间、往来古今曰"宙")变,时序变则位也变。不过,这里的空间不是指几何空间、物理空间,而是指音乐空间、心灵空间,是人对天地间大化流行、无往不复的生命节奏的默契感通,"始终相反乎无端,而莫知其所穷"(《庄子·田子方》),"物极必反,命曰环流"(《鹖冠子·环流》),"日往则月来,月往则日来,日月相推而岁成焉。往者屈也,来者信也,屈信相感而利生焉"(《易·系辞上》)。质言之,中国人以时统空,时空一体,感受、体味、聆听着天地中和之大乐(节奏),"地气上齐,天气下降,阴阳相摩,天地相荡,鼓之以雷霆,奋

　　①　庞朴"形上形下之间",《文化一隅》,中州古籍出版社 2005 年版,第 171 页。
　　②　唐君毅《中国文化之精神价值》,广西师范大学出版社 2005 年版,第 71 页。

之以风雨,动之以四时,暖之以日月,而百化生焉。如此,则乐者天地之和也。"(《礼记·乐记》),此中和即中国人理解的无限之所在,如果有无限时空之说法,那也只能在阴阳相迭、万物涵摄、生化不穷的意义上讲,所谓共感之理,穷深无方也。

前面说过,毕达哥拉斯派有宇宙为一和谐音乐之说,他们用数的比例关系表示音乐的特性。中国的宇宙观却笃信数与理象的合一,理(道)显而象生,象生而有数,理象数内在于自然,"天地设位,而《易》行乎其中矣"(《易·系辞传上》),"八卦成列,象在其中矣"(《易·系辞传下》),可见,这里的"数"不是西方的抽象的数的模型、纯粹理性的客观化,而是生命流转的象征性表达,即,明数以求道,构象以成理。

要之,中国审美精神与艺术创造的某些重要特质,诸如,以和为美,表现宇宙的盎然机趣,以虚涵实、虚实相生,线的艺术,散点透视,等等,都能从"道—气—象—体"的宇宙观(阴阳生万物、万物相感通、理象数合一)里找到某些终极依据。

四

印度的形而上形式是 *Viśhvarūpa*,*Viśhva* 指万全、宇宙,*rūpa* 指形式、色、美、形态,*Viśhvarūpa* 可以理解为宇宙形式、万全形式、普世形式。它源于毗湿奴大神(*Vishnu*),也指无上梵、抽象梵、湿婆大神(*Siva*)、一、创造—维持—毁灭之力等。

根据印度神话,梵创造了世界。然而说"创造"并不恰当,因为梵无形体、无形相,无为安然,有点像道,但又与道不同,道法自然,梵不出于自然,也不含有上帝"无中生有"之意。既然梵不可见,我们怎么知道是梵创世呢?从"显现"(*udbhava*)上看出来,显现即创造。显现者,一在光,"梵的本性是光,它以穴居者著称,因它居住在每个人内心的洞穴里面。它支撑着万有:所有的动者,所有的生命,所有那些眨眼或不眨眼者——所有事物,所有存在都置身于它。这梵既是可见,也是不可见。它被众人所爱慕,却又超越了人们的感知。要知道它就是你我"①。这与中世纪神秘主义者以太阳喻上帝的属性用意深契。二在通过"化身"显现为宇宙形象。毗湿奴有七个化身,其中之一克里希那就曾运用自身的神圣潜能即瑜伽摩耶(*māyā*,神圣之光、创造之力)显现自己的至上的、庄严的宇宙形象:"如果有数以千计的太阳同时在天空照耀,其光辉也比不上那个尊贵存在的光辉","在天神之主克里希那的超然身体中,阿周那看见了整个宇宙,它划分为千态万象,又共处为一。"②这样看来,不能说 *Viśhvarūpa* 有形式性,因为它杳然无迹;也不能说它没有形式性,因为它无处不在。就梵自我显现为宇宙而言,它既是质料又是形式;就梵不生不变而言,它是未显现的或超越的形式和存在,至上的存在(*Avtakta*):"那些无知者无法理解我是亘古不变、不可比拟和不可思议的,无法理解我是超越的形式和存在,他们只相信,作为至上存在的我是无形式的,并会采取各种形式或化身。我并不会对无知者显现自身,因为无知者的自我知识被我的神力(摩耶)所遮蔽,他们不知道我是不生不变的,是超越的形式和人格(并认为我是无形式的)。"③可以说,*Viśhvarūpa* 一身而兼柏拉图的理式和亚里士多德的纯形式。所不同者,*Viśhvarūpa* 不能肉身化、实体化,它循环运行,瞬息万变,又令我们想起了生生不息的大道,只是它至动而至静,没有生命气息、没有心意的超灵性,缺少大化流衍中天地合德、人与宇宙同情共感的盎然生机。

进而言之,*Viśhvarūpa* 既是超越的,也是内在的,内居而充塞宇宙。我们知道,印度形上学的核心议题就是从时间之轮中解脱出来,获得超时空的永恒(普遍有常)。印度思想的主流是吠檀多派,该派有所谓"不二论",其著名口号

---

① 《秃顶奥义书》,第二章第二节,1,[印]斯瓦米·洛克斯瓦南达《印度生死书:四部奥义书义疏》,闻中译,浙江大学出版社 2013 年版。

② [印]毗耶婆著,[美]罗摩南达·普拉萨德英译并注释《博伽梵歌》,4.06,11.09—11.13,王志成、灵海译,四川人民出版社 2015 年版。

③ 《博伽梵歌》,7.24—25。

为"你就是那",即梵我一体。"那闪闪发光的原人没有形式(即无属性),它是遍在者,既在内,又在外;它还是非生者(即非被造),它没有任何的生命之气息(因为它无形体,否则,意味着其有受制于无常之可能)。它也没有心意,它是纯粹的【没有属性】,高于粗糙的摩耶世界(名和相),甚至还高于世界的种子状态,即我们的所谓的原质(*prakrti*)。"①只有通过奉献、冥想等修行,认识到自我与本我(至上之灵、原人、大梵)绝对不二,才能破除种种无明,从虚妄的执念中解脱,使意识在心莲中得以自由地释放,"原人(*purusa*)是遍在的,也是无形无色的(所以无法知其真正面目)。无论何人,如果认识了它,他就会得以解脱【与生死轮回】,而且获得不死(甚至在他尚活着的时候)"②。由此观之,*Viśvarūpa* 又是一种纯粹意识形式,一种独特的灵虚形式。

金克木先生指出,印度人讲的宇宙有限而无始无终,即有限而无穷。③它的时空观如同朱罗时代著名的雕刻"舞王"(*Nataraja*)湿婆之舞中象征着宇宙永恒的生命节奏的无止境的循环,也即梵循环显现形成的"梵轮"。④我们认识的时空是有限的、虚妄的,而梵创世的活动、自我显现的历程是无始无终、真实不虚的。这种循环时空观颇像中国人讲的"无往不复,天地际也"(《易·泰卦·象辞》)与"十二月运行,周而复始"(《文子·自然》),只不过中国人从来不觉得眼前的世界虚妄不实。简言之,印度人的时空观具有双重性:有限的一面,时空一体而皆为幻相、无明;无限的一面,则时间无穷运化,吞噬了空间,刹那即永恒,极微乃虚空。

印度人一方面喜欢用形式分析(以正理论和因明学为代表)、用巨大的数量(既非西方的抽象的数埋,也非中国的象征性的数目)勉强表述 *Viśvarūpa* 的可规定可言说的部分,另一方面又用否定的描述法表示绝对的超验的

---

① 《秃顶奥义书》,第二章,第一节,2,《印度生死书:四部奥义书义疏》。
② 《卡塔奥义书》,第三章,第二节,8,《印度生死书:四部奥义书义疏》。
③ 金克木《文化萏言》,周锡山编,中国人民大学出版社 2006 年版,第 331—332 页。
④ "实际上,是梵的大能显现为这个宇宙的巨轮。"《白骡氏奥义书》,第六章,1,《印度生死书:四部奥义书义疏》。

Viśhvarūpa 的无限性、难以言说性。总之,*Viśhvarūpa* 将超验性和内在性、分析性和感受性、过程性和本质性集于一身,具有非常明显的两面性。而支撑着这种独特的"折衷"性质的乃是非有非无、有机整体观、四角否定原理、重论不存在、轮回解脱、以时空为实体等印度灵性文化之菁华。印度艺术之以象征性为首要特征,重视表现宇宙的生命律动;印度人的美的观念(无形的梵性或佛性显现在有形的形象中)等等,都能从 *Viśhvarūpa* 中寻找到某些最终根据。

五

以上我们从形上学角度发掘、比较了 *Form*、象、*Viśhvarūpa*。毫无疑问,三者都具有非常宽博深湛的存在论、宇宙学、神学背景,都与人类企图言说世间万物的终极意义,窥探事物真相的形而上冲动有关。在西方,形式文化也是"看"("见")的文化,看即思考,思考之物为"形式"(普遍的共相)、"形相"(理想之象),就是用精神之眼认识非可视的本质之形(事物的一般本质)。不难看出,除了形上学(存在论)意义外,形式还有认识论意义。今道友信曾精辟地指出,东方也有"见"的传统,用视觉表象来思考、认识,比如中文里的"见识"、"依我之见"等,但东方的古典认识的"见"偏向于把握整体性展望中的动态生命和氛围,没有"间"(精神性地拉开距离,以中立的客观的态度发现事物的普遍必然的真理)的概念在主客体之间起作用。[①]17、18 世纪,西方历史意识渐渐兴起,希腊人的有限封闭的时空观解体,向无限追求的浮士德精神成为时代象征,两百年后,"解构天使"德里达以摧枯拉朽之势企图给予一切形式的"形式"以毁灭性的消解。概括地说,西方的形式经历了超越之视的形(柏拉图)—测量不动的形(科学的数学的)—动中看事物(从赫拉克利特到黑格尔)—视角论(柏格森、尼

---

① [日]今道友信《东西方哲学美学比较研究》,李心峰、牛枝惠等译,中国人民大学出版社 1991 年版,第 263—272 页。

采)—形式解体(德里达)的波澜壮阔的历程。"动中看事物""视角论"确与中国人的移步换形、多层视点、化虚为实的观物方式有义理相契之处。现在,一个严肃而重大的问题摆在我们面前:是欢欣鼓舞一向傲慢的西方形式传统终于露出了破绽,显示出向中国象论智慧靠拢的迹象呢,还是清醒地认识到,客观的实验态度、逻辑性的系统言说、精细地分析对象的结构等科学理性精神实为中国传统智慧之短板? 一言以蔽之,如何既能延续整一性地体验事物的生命动感的诗性智慧,又向古老的中国象家族传统注入认识论的科学精神、人的理性精神,使之重新焕发勃勃生机,是时代赋予我们的伟大的思想课题。①

原载《兰州学刊》2016 年第 9 期

① 参看拙文《关于构建中国形式美学的若干思考》,《天津社会科学》2014 年第 3 期。

中国当代文论话语的西化焦虑与进阶分析

杨俊蕾

当代中国文艺学之所以会处境尴尬,有一个原因已经成为共识:在强势西方理论话语的重压下出现了"失语症"。当然,"失语"的概括是否贴切,判断是否成立还有待进一步分析,然而西方文艺理论,特别是 20 世纪以来的现代西方文艺理论对中国当代文艺学已经形成覆盖之势却是不争的事实。在"西风"激烈的 20 世纪八九十年代,文艺学的研究似乎"无西不成文",写作一篇批评文章非得祭出一套或更多的西论法宝,构建一个体系或者提出一个新的理论模型设想更像是某种西方理论的汉语版延伸。

由此形成的畸形现象主要是两面:一是以西方理论阐述中国文化文学现象,其弊在于用简单的类比和求同掩盖了中国本土问题的复杂性和独特性;二是以中国文化现象或文学文本来印证西方文论的正确,不仅无助于深入剖析问题本身,甚至会出于形式目的,比如为了完成修辞的逻辑或为了演练完整的理论序列,任意截取文本或者放大文本。这两种做法在表面上以研究中国问题为旨归,可在实际效果上却偏向于证明西方文论的正确和有效。其结果不仅会阻碍中国文艺学对本土问题的认识,而且使研究者困扰于西方文论在当代文艺学研究中的位置,不是以平和的"他者"态度平等视之,而是下意识地把西方文论当作价值参照,不由自主地落入西方中心的叙事圈套。太多研究者的内心深处已经形成固定的价值序列:西方优于本土,离开西方的命题、范畴、术语、概念或者话题,当代中国就没有有效的文学理论可言了。甚至有研究者称颂,"当代西方文学理论是目前世界上水平最高的理论,它对当代中国文学理论的转型具有重要意义,因此当代西方文学理论也就是前沿文学理论"①。

一、功能进阶:思维论—方法论—知识论

长期以来的固习使西方话语在当代中国的文学理论写作中先后承担了思维论、方法论和知识论的功能。早期的文学理论写作倚重苏俄文论资源,高校文艺学教师纷纷抽调到北京大学的毕达可夫文艺理论培训班,再加上季摩菲耶夫的《文学原理》和谢皮洛娃的《文艺学概论》的体系影响,②高度同化了中国当时文学理论的思维基础——"在以群《文学的基本原理》中,马、恩、列、斯、毛和苏俄等社会主义国家文论资源引用占全书注释总量的55.8%,类似的情况也出现在蔡仪本的《文学概论》中,据统计,全书共注释371个,引用最多的是马克思主义思想,共189个,其中又以毛泽东和高尔基的文学思想最为突出……以经典思想限定文学理论的思想边界并直接推导出文学的本质规定,以有限的中西文学理论知识和文学现象去论证先在的文学思想。"③当前苏联经受了国家解体,社会意识形态也随之改弦更张,其文学理论本身的思维根基被动摇、抽空。俄罗斯文学史家谢·科尔米洛夫坦承,"在马克思主义意识形态崩溃后,'方法论'一词简直令我们学界的代表们望而生畏"。④思维论

---

① 章辉《当代文学理论写作中的意识形态与纯粹知识问题》,《学习与探索》2007年第6期。
② 曾军《比较视野中的文学理论教材编写——对中国当代文学理论学科发展与理论创新的一种认识》,《学习与探索》2008年第2期。
③ 田龙过《〈文学理论〉教材中反本质主义文学提问方式的再反思》,《陕西师范大学学报(哲学社会科学版)》2011年第4期。
④ 姚霞《"历史性的文学理论"之建构探索——评四卷本〈文学理论〉》,《俄罗斯文艺》2007年第4期。

基础被掏空后的中国文学理论也转向了以西方话语为方法论的阶段,韦勒克和沃伦的《文学理论》关于文学"内部/外部"的区分很快得到快速传播,中国文学理论开始出现回归文学本体的文学观念。而当欧美的文学研究再次发生内与外的研究翻转,"自1979年以来,文学研究的兴趣中心已发生大规模的转移:从对文学作修辞学式的'内部'研究,转为研究文学的'外部'联系"①。中国的文学理论也随之发生方法论位移,开始"扩界""扩容""置换研究对象"等新的方法论。

当西方的文论话语开始充当中国文学理论的方法论,中国当代的文学理论也逐渐远离了本土的文学实践,并在一段时期内以理论二传手自居,主业就是把外国理论输入中国学界。一波又一波的学术热点都集中在又有什么国外的理论家和新术语被翻译。太多的文章止步于浅表的要览介绍,更像学术圈的话语争先或者某些话题的跑马占地。这种单一的方法论迷恋使很多文学理论的研究者进入了误区,一方面是连绵不断的高产文章,另一方面只是鹦鹉学舌一般的片断缀连和重复,"对外国文化理论一轮又一轮地争相介绍,包括'他者'观点在内,十分热闹。但是令人遗憾的是,这类介绍者缺乏的正是'他者'身份与自己独立的观点。他们几乎把被介绍的外国学者都奉为自己的精神导师,所以在论述上也极难走出大师们的阴影而面向原创"②。其直接后果就是让当代的中国文学理论成果不再成为文学史及文学批评的思想来源。既然当代的中国文学理论本身就充斥着西方理论内容,没有原创的方法论,那么文学史或文学批评的学者们自然不愿兜圈子,而是直接进入西方理论本身寻找可用的话语资源。

在思维论和方法论相继遇冷之后,更多的文学理论写作者转而把西方的理论资源作为知识体系的必要部分直接纳入自己的理论构架。有些编著直接选

---

① [美]希利斯·米勒《文学理论在今天的功能》,拉尔夫·科恩主编《文学理论的未来》,程锡麟等译,中国社会科学出版社1993年版,第121页。

② 钱中文《文学理论三十年——从新时期到新世纪》,《文艺争鸣》2007年第3期。

取"重要而常用的理论流派"作为文学理论的代表进行简析,如《文学导论》的第四单元"文学理论"选取了马克思主义批评、心理分析、女性批评和后殖民批评。①《文学理论基础》在第五章"文学阐释论"中选取了"社会历史批评、文本批评、心理批评、意识形态批评、阐释学、接受美学和读者反应批评、身份批评"。②《文学理论:新读本》在第四章文本理论的部分集中介绍"新批评、后结构主义、俄国现实主义与茵加登"。③

以西方理论话语为文学理论构架知识论的观点促进了关于文学理论本身性质向知识论的转变——"文学理论可以初步理解为关于文学的种种知识,例如文学的种种特征、构造、功能、文化位置,如此等等。当然,理论并非知识的堆积——理论必须对各种命题予以严谨的论证……如果一批概念、范畴、命题相互联系、呼应。某种理论体系即将出现。"④这个偏重知识型架构的理论体系也被概括为"现代性知识体制总体",其中把西化的范畴方法等作为中国当代文学理论建构的知识基础,在知识总体加以统摄的前提下实践"现中传神"的新传统现代文论建设方式。⑤然而有趣的是,在诸多知识论观点看待西方文论话语位置的文学理论论述中,最常闪现的身影仍然是欧美的理论家,尤以乔纳森·卡勒和伊格尔顿为多,除了直接被引用之外,还屡屡"隐身""化身"在多个版本的文学理论知识点叙述中。

西方理论话语对于当代中国文学理论的势压还表现在关于"整体建构"的思考中。来自西方文学理论的观点往往倾向于解构整体性,将文学理论视之为从牛问题的思考集合,而当代中国文学理论的学科要求和教材体例显然又不能接受纯粹的非系统性、非整体性的西方观念。从新时期到新世纪,来自西方文论话语的影响在造成巨大压力和覆盖化影响的同时,也促进了一个新的共识渐

---

① 转引自李颖《基于文学本体的〈文学导论〉》,《外语研究》2012 年第 1 期。
② 阎嘉主编《文学理论基础》,四川大学出版社 2011 年版,第 231 页。
③ 南帆主编《文学理论:新读本》,浙江文艺出版社 2002 年版,第 47 页。
④ 南帆等著《文学理论》,北京大学出版社 2008 年版,第 337 页。
⑤ 王一川《文学理论(修订版)》,北京大学出版社 2011 年版,第 4 页。

渐形成——当代中国文学理论的构造需要本土资源的参与,以完成整体观的构建。越来越多的研究者提出,深受西方知识话语的影响已经是当代中国文学理论无法扭转、也不必硬性"清洗"的现实,寻求并实现文学理论的中国特性或许将成为反弹势压的途径。

就知识资源的构成来说,中国古代文论获得了更多的重视,因为"文学理论建设要有资源,不仅要有外国的资源,也要有中国的资源,中国的资源就是古代文论"①。如何实现中国古代文论的现代转化(转换)也因此获得更深入的探究。与此相类,曾经饱受所谓"反本质主义"质疑的当代早期中国文学理论也在反拨西方文论话语影响的过程中恢复了应有的学科史意义。有学者提出"回到学科史的文学理论"的概念,认为受到西方理论同化威胁的中国文学理论需要"把理论话语建构和学科史的梳理和阐释结合起来,这应该是摆脱困境的可行出路之一"②。

缘于西方话语难题的中国文学理论建构迫切需要原生性的问题研究和新思想产生,其间的两难处境主要表现在当下与历时,部分与整体之间。如果延续现有的西方文论问题罗列,难免会停滞于"借用西方的理论来阐释中国的文学现象"的单向度层面,看似构成了知识论的中西整合,其实缺少本土问题的真正支撑。更何况"单向度的由西向东的'理论旅行'"不是最终目的,"需要的是理论的双向旅行和交流,需要的是中国文学理论的走向世界"③。有学者在权衡中选择了当下的部分问题研究,目的则指向未来的整体构成——"我国文学理论的本土化将是一个长时期的过程,当前似不宜急于匆匆动手构建一个完整体系,不必急于创立成套术语,而适宜研究一个个具体问题,具体的本土性强的问题研究成果积累丰厚之时,文学理论本土化就会水到渠成、成效卓著。"④不无美

① 童庆炳《文学理论的活力在于时代的选择》,《甘肃社会科学》2010年第6期。
② 李春青《文学理论:从哲学走向历史》,《探索与争鸣》2011年第10期。
③ 王宁《全球化进程中中国文学理论的国际化》,《文学评论》2001年第6期。
④ 王先霈《如何实现文学理论本土化》,《深圳大学学报》(人文社会科学版)2012年第1期。

好的愿景描绘说中了很多中国文学理论研究者的隐秘心声,但是哪些"具体问题"可能激发文学理论中的新命题? 哪些"本土性"的批评建树能够上升到普遍化的观念概括,并实现不同语种间的交流对话? 一如海外汉学家的责任自期,"有没有能量告诉英语系、法语系,比较文学的同仁们······你们谈你们的大历史,我也可以告诉你们陈寅恪的历史观相对于西方所谓的新历史主义也完全不逊色"①。

二、选本进阶:西方文论的渐进式旅行

面对西方文艺理论在中国当代文论话语中形成的紧张压力,已经有很多有识之士贡献出了想法,除了一些坚持二元对立并且偏向于构建纯粹本土经验的文论的意见之外,其他思路基本上都已形成一个基本共识,即消除习惯思维中的二元对立观。但是从哪个地方消除壁垒,又经由什么途径达到融合,却至少有三种意见:

其一是用全球的眼光统一地看待西方文论和中国文艺学,使研究者越出单一的当代中国文科学者的身份定位,将中国文艺学的研究过程和理论成果直接纳入宏阔的全球视野;其二是着意突出西方理论在中国范围内的"旅行"过程,认为在过程中逐渐发生着嬗变的西方理论在进入本土化环境的接受和应用以后,已经得到了改写,实现了整体上的交融;其三则是学科本体的立场,以研究者的个人知识为出发点,将多种资源不分地域、不分时间、不分属性,一边针对具体问题进行解答,一边在经验总结中提炼基础理论,由此在个人知识建构中实现理论资源的整合。以上三种思路都打破了非此即彼的单一思维模式,体现了当代文艺学的进步和开放。尤其是第三种途径更具有现实操作可能,适合在实践中进行,而且对于完善知识结构,校准理论视角,增强直面现象的思想辨识

---

① 苗绿《文学史写作及其他——王德威访谈录》,《文学界》(理论版)2012 年第 3 期。

能力和批评分析的穿透力都具有正面的意义。

西方文论在中国语境中的传播是一个渐进的阶段,从读本的层次来说,可以分为四个阶段。首先是用汉语撰写的西方文论通史通论,性质属于泛读类,目的在于勾勒出清晰完整的知识谱系。接下来进入第二阶段,阅读经典理论的汉译选编本以及与之配套的汉语撰写的原典导读。这一阶段的读本性质属于细读,但是出于导读体例的限制,这个阶段仍然是"历史的中间物",需要穿越语言类别进入第三阶段,采用英语国家的通行理论选本。这方面引进的出版物也可分为两种,比如 *The Theory of Criticism：From Plato to The Present*,这本书经过汉译引入,反响集中①,直接促进了与之并成为"西方文论选本双璧"的另一本书,以英文原版的影印方式直接引入,*Critical Theory since Plato*,二者标题与内容大致相同,所不同者仅在于选文的归类方法。②此外,也有直接按照英文原版引进的,如 *Aesthetics：Classic Reading from Western Tradition*。③对于中国文艺学学科的建设而言,直接引进原版理论选本已经势在必行。因为英文选本所依据的版本和经典理论的汉译本有时不尽相同,在比较阅读中发现多种理解方式,有助于深究原典,得到带有个人知识印记的独特理解。

英文本的理论选本一般包括三个基础部分:(1)背景和人物介绍;(2)文本选篇;(3)思考延展。在第三个环节里,思考延展不仅有助于对照检验理解的效果,而且本身就构成一份阅读文选的简单纲要。其中开列了理论的重点贡献、继承创新以及现实适用等,几乎是经由西方的内部视角来重审西方的经典文论,有助于抵达西方文论的语义本然。不过,单单引进英文理论选本还是不够的,第四个阶段就是要求文艺学的研究者在借鉴和总结前人经验之

① [英]拉曼·塞尔登编《文学批评理论——从柏拉图到现在》,刘象愚等译,北京大学出版社 2000 年版。

② Adams，H.Searl，L. *Critical Theory since Plato*,西方文学原版影印系列丛书,北京大学 2006 年版。

③ Townsend，Dabney，*Aesthetics：Classic Reading from Western Tradition*,西方文学原版影印系列丛书,北京大学出版社 2002 年版。

后,独立编纂出英文的文论经典选本,同时配之以产生于中文语境的思考延展。这方面也已经有成果面世,如 *Selections from Classics of Western Theories of Literature and Art*,择取十位西方文论家经典著作中的重要篇章,并在英文篇章后配上汉语的延伸思考,[①]完成了一件非常有意义的工作,开启了文艺学中西方文论存在样态的另一种方向。

三、态度进阶:重视经典,平视西方

正如英国的文艺理论研究者 Dabney Townsend 所说的那样,"要想选编尼采的理论而又不伤及原义是不可能的。"("It is impossible to select or anthologize Nietzsche without distorting him.")文艺理论不同于自然科学的地方恰恰在于:自然科学中的某条定理或者某项实验可以孤立对待,单独重复,而文艺理论作品基本上都是有机的整体组成,尤其是那些包蕴激情的名篇杰作本身就像艺术品,难以切割展览。因此需要回到原典,深入原典,让人类文明的结晶焕发出自身的光辉和魅力,吸引那些已经日渐被炫目的流行文化和浅显的大众艺术败坏了的品味。而且,那些已经被奉为经典的理论代表作往往凝聚了理论家的深湛之思,每一个能够真正沉潜其中的学习者,哪怕由于各种原因只能短时间停留其中,也会感受到理论经典的价值和力量。一如龚自珍的读书心得:"士大夫多瞻仰前辈一日,则胸中长一分丘壑;长一分丘壑,则去一分鄙陋。"[②]

同归原典阅读既是解魅的过程,也是重新赋予理论原典以原有光彩的过程。所谓解魅,指的就是亲历阅读,还原理论的原貌,不要误以为经典著作只是少数专业的知识专利,也不要被评价定性的历史判断阻碍自我认知的步伐,而是自觉地培养起实现经典理论"在体化"的内在需要,让理论经典直接

---

① 章安祺选编/导读:*Selections from Classics of Western Theories of Literature and Art*,中国人民大学出版社 2005 年版。
② 《龚自珍全集》"第五辑·与秦敦夫书",上海人民出版社 1975 年版,第 355 页。

成为构建个体知识结构和内在精神世界的组成部分。另外，还原理论原典的光彩，意味着不止步于西方文论研究的初始阶段。不仅是平正通达的转述选译，更不是出于功利的机械复述，而是从"在体化"的内在需要出发，积极置身于思想的漩涡深处，寻绎并尝试追随理论家的推理论证轨迹，享受思与真的快乐。

但是，重视西方文论中的经典绝不等同于唯西是尊的全盘吸纳。恰恰相反，亲近原典其实意味着平视西方文论。一个对象的神秘感往往与距离感成正比，越是不深入到对象内部了解其真实面目，就越容易人云亦云，因距离而隔膜，因隔膜而盲目崇拜或盲目否弃。相反，经过一番努力跨越语言关隘，在西方语言的语境中深入阅读那些赫赫有名的理论典范之作，就会在认知心理上培养起充分的信心。即便没有达到完全的澄明理解，也会自然而然地将这些西方经典平视为认知积累的对象。这种平视的态度是看待西方文艺理论的必要前提，也是在知识整合的过程中融会西方文论的必由之路，通过个体有意识的架构整合与体系完善，缓解西方文论对于当代文艺学的重压。

重视经典，平视西方，是整合西方文艺理论的应有视角，特别是在全球化到来的时代里，思想观念的同化和侵占渐渐取代了版图的侵袭和军事上的打击。在文艺学界内一度围绕"工具论与方法论"和"思维论与知识"进行讨论，大都未摆脱"主客"二分和"体用"二元的思维惯性。事实上，文艺学研究也是属人的研究，中国当代文论话语的发展根本还是着落在研究者个体的知识整合与创新上。因此，阅读西方文论原典的意义是相对于研究者个体的认知和实践模式而言的，其根本在于强化思维能力，研究当代问题。阅读原典就意味着思维力锻炼，复现历史经典中的长考解答。哪怕是沿着命题发现—考量—解答的现成轨迹完整地行进一遍，也有助于磨砺个体的思维能力，培养良好的思辨品格。反过来说，具有强大思维力的个体相应也会具有更强的辨别力，不屈服于理论经典的声名，也不畏惧理论经典的难度。因为重视原典而深入阅读，由此得来的思维力最终又会帮助学习者采用平视的眼光来对待经典，使之成为个体知识结构的牢固组成。

因此，在中国当代的文艺学学科构成中，对于西方文论的接受和理解最终需要进入其内部，惟其如此才能从根本上消除二元对立的惯性思维。具体到个体的层面，需要将西方文论的基本知识进行"在体化"转变，①化为个体的知识架构中的有机成分，用个体的知识视野统合—转化—涵括西方文论在内的多种资源，进而在个体的批评实践中实现认知推进，使西方文论达到"个体化"的知识整合，由此将成果内化于中国当代文艺学的整体构成。当文学理论的写作能够自觉地在起点上自发关注并提炼本土问题，"使得文论的精神性品格和关于可交流、可延续的公理阐述得以结合，成为富有生命气息和品格力量的新型文论"。②同时，以平视西方理论话语的知识态度建构整体系统，经由研究者个体的文学经验实现理论写作者与各类型阅读者的个体间相关；当产生于中国文艺学中的西方文论研究成果最终又旅行返回西方的理论研究场域内的时候，才是中国当代文学理论的价值印证与实现。

原载《南京社会科学》2013 年第 1 期

---

① 具体观念陈述请参杨俊蕾《诗学经典的在体化面向》，广西师范大学出版社 2010 年版。
② 杨俊蕾《中国当代文论话语转型研究》，中国人民大学出版社 2003 年版，第 281 页。

论体验:一个美学概念在中西汇通中的生成

刘旭光

在过去百多年的审美与文学理论之中,无论中西方,"体验"这个词都是离不开的基本范畴。但这个词有一种魔力,对这个词的每一次使用,我们都大致能知道是什么意思,但无法细究它到底要表达什么,这个迷雾般的词汇,既掩盖,又彰显着自己的内涵,是美学和艺术理论中最具有代表性的那种面纱般的词汇——可意会,不可深究,似乎那是理性之光照射不到的地方。但既然理性在使用它,那么它总有一个可被理性掌握的意义域。奇妙的是,这个"域"的生成,是多种思想与语言共鸣的结果,它的复杂的谱系和它的复杂的应用域,造成了它迷雾般的内涵,但这也正是它的魅力所在。

一、什么是"体验"

在汉语的日常语用中,当我们说:"这事儿我知道","这事儿我有经验"和"这事儿我有体验",这其中有一种微妙的意义差别——"我知道"是对事件及其过程的整体性的了解,它的发生和它的结果是作为信息而被传递;"我有经验"意味着我对事件发生的条件,其中可能遇到的问题,应当如何去应对,由于经历过,所在可以应对。"经验丰富"意味着再次遇到此类事件可以"应对得当",它包含着对应当采取的"行动"的预设;而"我有体验"则意味着,我不但亲身经历了这件事,而且对事件中的苦辣酸甜,对事件的玄微之处,对事件的整个过程,都有"真知"。显然"体验"既意味着最直接与最真切的认识,也是最具有情感性的认识,更是最真切的认识。"有体验"似乎意味着,既具有知性认识,也具有情感上的感受,还具有一种完全个人化的,但又是真切的认识。比如我们常说:爱情只有体验过才知道是什么。这个词似乎意味着——建立在个体感性感受之上的认识才是"真知",与它对立的是作为先天认知能力的知性认识与理性认识。

在体验中,我们会真切地感知到对象的存在,感性不会说谎,它会诚实地对对象做出属于自己的反应。关于对象"是什么"这样一个问题,理性和科学会给出一个确定的,具有普遍性的答案,但一定是冷冰冰的。每一个认识者,除此之外还会有一种完全个人化的感知,"如人饮水,冷暖自知",这种感知是最直接,同时也是真正属于感知者自己的,既求真切,也直指心意。在体验这样一种认识活动中,情感与理性是结合在一起的。因而当我们在体验一物时,我们既在认知着对象,也在感受着对象,我们既求其"所是",又允许心灵对它作出属于自己的情感反应。这一点对于审美来说,太诱人了。

以上大概是我们这个时代对于"体验"这个词之内涵的基本认识,这种认识或者说规定是哪里来的?

在汉语的语境之中,这个词源自宋明理学所强调的亲身经历和实地领会,特别是通过亲身实践而获得的经验。但在汉语中,"体"又有动词意味,大致是体会、体察的意思,但作为动词的"体",又是一种什么样的行为?

朱熹在《诗集传序》中指明:"讽咏以昌之,涵泳以体之",显然是用"涵泳"来解释"体"的。那么"涵泳"意指什么呢?涵者,沉浸也;泳者,潜行也。朱熹的涵泳,比较上面的例子来看,是指沉浸其中,与之为一,从而取得深入的领会。涵泳暗示着一种与物为一,在物之中的与物打交道的方式,它意指进入到"物"之中去,神与物游,体味"物"所蕴含的生命意味,体味"物"之中的"理"。涵泳的本质,是深入到对象的世界中与对象共在,在与对象的共在中体察对象与其他存在者的相互勾连和彼此影响。朱熹将之生动地表述为"通身下水"，他说："解诗，如抱柱浴水一般"，又说："须是踏翻了船，通身都在那水中方看得出。"①

审美这种行为，必定是亲历的结果，而且是建立在主体性之上的，因而，"体验"这个词在我们的民族传统中，就是审美的主导方式，因此这个词在我们的美学与诗论传统中被普遍使用，但为什么必须是"体验"？从认识论的角度来说，它究竟是一种什么样的认识，这些问题却没有被深究。

在西语中，"体验"一词的内涵比较复杂。在英文的语用中，experience 一词大致可以和汉语中的"经验"可以互译，但根据语境，也常被译为"体验"。Experience 这个词在英文中是一个有点模糊的术语，意味着某个事件或事件的存留，本质上是被动性的，它限制着主体，或者说，塑造着主体，它表示我们作为主体，被动地承受着经历，并在这个过程中成为我们自己。从这个意义上说，"经验"定义了我们，确立了我们的身份。经验决定着我们拥有什么，决定着我们的存在，所以文化保守主义非常喜欢这个词。这层意思在汉语该当更强调的是"阅历"，而强调的重点并不是亲身经历。

法语中可以被翻译为"体验"的词主要是这两个：Expérience 和 Expérimenter，前者有经验、实验、感受、经历的意思，后者有实验、试验、体会的意思。这两个词都带有主动性的尝试与探索的意思，可以作为"研究"与"试验"的同义语，也可以与"创作"同意，当我们指既追求又经历着一种关于艺术的经验时，在法语中的表达就是这两词，这两个词在法国是浪漫派与自由主义者的所爱。但这些词的意思在汉语中更像是强调"践行"。

英语和法语都没有单独区分体验与经验，无论是阅历和践行，离我们在审美和文艺中所说的"体验"，还有区别，它强调了"亲身经历"和创造性，但"真知"这层意思没有强调。只有德国人的"erleben"一词与我们中国人所说的"体验"

① 朱熹《朱子语类》卷一一四，王星贤校点，中华书局 1994 年版，第 2482 页。

意义融通。而体验一词之所以在美学与艺术界大显神通，也正是由于德国人的理论建构。

德语中，erleben 和 erfahren，可以在汉语中对译为"体验"和"经验"，在日常语用中，前者强调因生疏而引发的震惊，后者则强调熟悉的与连续性的经历。但从 19 世纪后期开始，德国人对这个概念进行了哲学化，并且从个体感受化了的"真知"的角度进行理论上的反思与概括，并把它上升到艺术与审美的根本能力，使其成为人文科学的核心观念之一。

二、现代"体验"观的诞生

Erleben 这个词，是表示"生命"、"生活"的词 leben，加上使动词前缀 er，指称生命活动的总和，其名词形态为 Erlebnis。德国人所说的"体验"，就其词义来看，就是能动的生命活动，是在生活中对对象的直接经验，这种经验最初被赋予了美学意义，而后又被赋予了认识论意义，最终被上升到生存论——存在论的高度。

这个词的美学意义首先在 19 世纪后期狄尔泰的文学与艺术批判活动中显露出来。在艺术、审美与生活之关系的问题上，体验一词显现出了独特的魅力。狄尔泰在解释文学对象，以及作品的内容时，用了一个有趣的词叫"生活覆盖层"，他说："文学创作着手从生活覆盖层本身，从产生于生活覆盖层的生活经历中建造起一种意义的关联，在这种意义的关联中可以听到生活的节奏和旋律。"①这个词大概指"我"覆盖在生活之上的我的情绪、感受、思考……我赋予生活之中的各个因素及其总体环境的意义与价值。

在评论歌德的艺术时，狄尔泰对生活与艺术之间的关联作了一个深入的解读："在生活中，我的自身于我是已存在于其环境中的，是我的生存的感觉，是同

---

① 狄尔泰《体验与诗》，胡其鼎译，生活·读书·新知三联书店 2003 年版，第 5 页。

我的周围的人和物的一种关系和态度；我周围的人和物对我施加压力或者供给我力量和生活之乐，向我提出要求，在我的存在中占有一个空间。每一事物和每一个人就这样从我的生活覆盖层中接受一种自己的力和色彩。由生和死划定界限的、被现实的压力所限制的生存的有限性在我心中唤起对一种持久状、一种无变易状、一种摆脱事物压力状的向往，我抬头仰望的群星于我而言变成了这样一个永恒的、不可触及的世界。……在我的自身中、在我的状况中、在我周围的人和物中的这种生活的内涵，构成了它们的生活价值，这有别于现实给予它们的价值。文学创作首先让人看到的是前者而不是别的。"①

是"我"的生活，我自身的生存感受，构成了其他存在者的价值，这似乎是一种审美与艺术中的主观主义，但这个观念的合理性在于：

"文学创作的对象不是被认识着的精神而存在的现实，而是出现在生活覆盖层中的我的自身和诸事物的性质与状态。……不是对现实的一种认识，而是对我们的生存覆盖层的最生动的经验。除了这经验以外，不再有什么文学作品的思想以及文学创作应予现实化的美学价值。"②这种最生动的经验，就是"体验"。它是艺术创作的对象与起点。但这个观点马上会受到严厉的质疑：在艺术领域中，难道没有客观、理性、具有确定性的认知吗？文艺难道是建立在主观性的感受之上的吗？

这是一个关涉到人文科学与自然科学的根本差异问题：揭示生命本身的内在创造性力量及其与周边世界的活生生连接过程，另一方面，从生命的精神层面，探索生命的自我创造及其循环更新的逻辑。——这是人文科学的根本使命，要实现这一使命，只能从人的经验出发。狄尔泰关于体验的认识实际上传达了这样一种思想：人的特殊经验决定着人的理解能力，而这种经验具有唯一性，是个人由其独有的切身感情和体会所掌握的，却又是个人对某种意义或价

---

① 狄尔泰《体验与诗》，胡其鼎译，第149页。
② 同上，第149—150页。

值的最深刻的理解。经验的特殊性,使经验的获得过程也自然地属于个人生命的一个组成部分。

那么,经验是怎么获得的?

狄尔泰对这个问题的回答是:经验的获得过程是特殊的体验过程(erleben),而体验的结果所凝聚的经验就是一种特殊的"体验结晶"(Erlebnis,这个德语词是体验的名词形态,国内学者译其为体验结晶,可谓信达)。"体验结晶"是一种通过亲切的历史经验及感同身受的体验而获得的经验,又是历史机遇的实现过程本身,也是个人生命过程的呈现。这个词具有一种跨界性:个体经验、社会历史的经验与个体的自我呈现,三者被结合到了一起。

通过"体验结晶"这个概论,狄尔泰建立起了这样一套人文科学的逻辑:体验或者说自我经验,是认识的起点,在体验中,被认识和被诠释的对象成为自我的诠释对象,成为"我的",通过体验,一切认识和诠释对象,成为"为我之物"而与我们相互沟通、相互渗透。在体验中,不同主体精神活动中具体化和历史化的理解,相互影响并结合成一个合力,形成在历史中运动着的精神实在性与主体性。似乎有那一种超越性的"精神",在每一个"我"和"我"之间回响,这个精神不是超验的,而是历史化的精神主体的"体验的结晶",由体验而来的精神,由此获得了超越于每一个个体的同一性。

这就意味着,个体体验可以获得普遍性,独立主体之间可以共鸣与交响,人文学科由此转变为一个由无数个人体验汇集而成的海洋。精神的总体性与精神的个体性相互生成,构成人文知识的普遍性的基础。通过这一逻辑,精神获得了总体性,同时又包含了个别性,这就使得人文科学中的相互渗透和相互理解成为了可能——经验各不相同,但经验可以交流,人的生命及其历史,因此可获得一种通约性。人文科学由此完成了自己的知识论奠基,它虽然没有自然科学的客观性与规律性,但它仍然可以成为一种"科学"。

在狄尔泰的理论中,"体验"是作为个体对于生活的感受而出现的,是人文科学的真正的基点,由个体体验的共鸣所获得的普遍性成为人文科学的对象。

这个概念的内涵完全是超越于个体性之上的,而恰恰在日常语用中,当我们说"我对这个事有体验",就包含着一种超越于我个人意见之上的对某种普遍性的认同。因而,体验一词,暗含着一种对于普遍性的认同,或者说,只有被个体感受到的普遍性,才构成"体验"的对象。这个普遍性可以是一种情感,可以是某个理念,也可以是一种文化。这一点朱熹一定也会同意——他在诗中所"涵泳"的对象就是"理",这个概念指称的就是具有普遍性的观念。

狄尔泰这种体验论并不孤单,康德之后认识论的发展首先来自哲学家布伦塔诺的"自明性"理论。布伦塔诺认为,康德的先天综合判断中,人们看到的不是认识,而是盲目的成见。不需要借助先验的主体本质结构就可以对对象进行认识,而这种认识凭借洞察所下的判断,直接就是"真的"。他作了这样一个假设:我们的所有概念都来自"经验",源于经验过程中对于对象的"体验",因此在阐明一个概念的时候,只要能描述清楚概念所从之出的体验即可。这确实是一种全新的思路,正是这种思路引发了"现象学"。这个思路认为,通过对对象的直接经验,即可达到对对象的认识,无需借助主体性的范畴,但问题是什么样的经验可以达到这种效果?布伦塔诺的结论是——自明性的体验。

"自明性"这个概念有点神秘,按布伦塔诺的观点,它不能被进一步规定,人们可以感受到它,并依据它进行判断,而这个通过经验的"自明性"下的判断,就是"真理",这个真理是可靠的,并且其他主体也可以认识到。由于经验的自明性本身可以确保判断的绝对性与客观性,换句话说:由于对经验的确信感,因此可以直接判断经验为真。

人类怎么会有这样一种自明的经验认识?自明性并不是与其他感觉并列的一种感觉,而是判断者把握住了他所作出的判断的真理的那种体验。只有这种体验是自明的,真理本身则是在自明的变为了现实体验的那种理念。在自明性存在时,被意识的东西本身出现了;因此,自明性不是别的什么东西,而是对被意念的东西和这个出现的东西本身的一致的认识。这个概念很快大放异彩,在现象学中成为了奠基性的概念。在这个概念中,包含着一些令现代哲学家们期盼已久的内含。自明性这个概念既解决了"存在论—本体论"上对象的显现问题,又解决了认识论上对对象的认识的真理性问题,因此具有双重的奠基作用。但关键的是,自明性是通过"体验"获得的,体验这种以前人们只在审美与文艺欣赏中讨论的认识能力,现在变成了真理性认识的前提,变成了克服康德先验理论的关键切入点。

三、作为"意向性构成"与"在之中的领会"的"体验": 体验是如何发生的?

体验概念在现象学中具有重要地位,胡塞尔在《逻辑研究》中在使用"体验"这一概念时,似乎把以意向性为本质特征的各类意识活动总称为体验,意识和体验经常被连用,而且从经验心理学的角度,把认识和体验结合在一起[1],把心理和体验结合在一起。因此体验一词指称着意向性构成物,本质上是对"意义"的建构。[2]

在胡塞尔的现象学语境中,如果某物被称之为体验,或者作为一种体验被评价,那么该物通过它的意义而被聚集成一个统一的意义整体。这个意义整体作为意向性构成物,是单独与唯一的,它体现着生命活动的特性,一切不可被重复,每一次体验,都是一次奇遇。但是,作为意向性构成物的体验,也不只是一种在生命之流中短暂即逝的东西,作为一个构成物,它是一个意义统一体——"表述的生动意义是保持不变的,那么一个真实的给予意义的体验就永远不消失。"[3]这个意义统一体对于体验者而言,构成了体验者对于被体验物的基础性认识,它是不可忘却的,也是不可替代的,对它的领会是一个漫长的过程,这个过程包含

① 见胡塞尔《逻辑研究》第八章和第十一章的相关叙述,倪梁康译,上海译文出版社 2006 年版。
② 见胡塞尔《逻辑研究》第一卷,倪梁康译,第 126 页。
③ 胡塞尔《逻辑研究》第二卷第二部分,倪梁康译,第 126 页。

着意向性，也包含着目的性。因而，体验实际上是包含着直觉式的生命活动与寻求普遍性的概念活动的某种融合①——体验不是生命感受，而是真知的开始，它是合目的性的意向性构成物。

在狄尔泰、布伦塔诺和胡塞尔的推动下，"体验"这个概念在之后现象学的发展中，成为"直接认识"或者"真知"的代称，但这个"体验"概念和我们的日常经验中所说的"体验"还有一些距离——它太抽象了，它类似于意向性直观，成为一种纯粹的先天能力。在审美和艺术活动中，人们看重的是作为一种"认识活动"的体验，而不是作为先天能力的"体验"，只有当我们描述得清楚这究竟是一种什么的"活动"时，才成为审美所需要的那个"体验"。而对于体验这种活动的描述，不是布伦塔诺或胡塞尔这种从先天能力的角度讨论问题的哲学家所能解决的，必须要落实到的人的生存论上去，必须从人的生存的角度描述"体验"这种活动。这个任务是由海德格尔完成的。

海德格尔尽管经常宣称自己受到狄尔泰与布伦塔诺影响，但他并没有直接讨论体验问题，然而他在《存在与时间》中所描述的"在之中"的此在的基础存在论，却又为理解"体验"这种人类活动奠定了基础。

奠基性的观念是"在之中的领会"。海德格尔认为我们的生存活动本已包含着对"存在"的某种"领会"，"明确提问存在的意义、意求获得存在的概念，这些都是从对存在的某种领会中生发出来的"②。

此在领会着存在，它总以某种方式、某种明确性对自身有所领会。此在自身的存在，也就是"此在无论如何都要以某种方式与之发生交涉的那个存在"③，海德格尔称之为"生存"。"此在总是从它的生存领会自己本身：总是从它本身

---

① 体验与概念之间，生命活动与理性认识之间的关系，是现象学的最核心也最晦涩的部分，加达默尔认为二者之间存在对立，但无论是柏格森，还是胡塞尔与海德格尔，甚至梅洛-庞蒂，他们理论体系的最后结论，都是在导向二者的统一。
② 海德格尔《存在与时间》，陈嘉映、王太庆译，生活·读书·新知三联出版社1987年版，第7页。
③ 同上，第15页。

的可能性——是它自身或不是它自身——来领会自己本身。"①此在从自身的生存领会自身的方式,海德格尔称之为"生存论"。

生存论想要表达这样两层意思:其他存在者只有"进入此在的生存之中"时,其存在才显现出来;第二,此在作为一种非现成性的存在,总是作为一种可能性来存在,因此在本质上就是它的可能性:此在总对自己有所确定,但无论它确定为什么,作为确定者的此在总已经超出了其被确定为的东西,这就是海德格尔的名言——去存在(existentia——去是、去存在)先于实存(essentia——是什么、所是)。

这种此在之生存的具体结构海德格尔称之为"在世界之中存在"。"在之中"并不是指某一现成东西在另一个现成存在者之中,如水在杯之中,"在之中"不是指一种空间关系,而是指"居住""逗留""熟悉""照料"意义上的"我居住于世界,我把世界作为如此这般熟悉之所而依寓之、逗留之。"②在之中构成了此在的基本存在方式,"此在的在世向来已经分散在乃至解体在'在之中'的某些确定方式中"③。这些方式包括:和某种东西打交道,制作某种东西,照顾、利用、放弃或浪费某种东西,以及从事、探查、询问、考察、谈论、规定等等诸如此类的活动,海德格尔将其统称为"操劳"。此在的存在本质上就是操劳。操劳是"在之中"的基本内含,也是此在之生存的本质。一个其他存在者之所以能与此在聚会,就是因为在此在的操劳中它能够在一个世界之内从它本身方面显现出来。因此"在之中"不仅仅是此在的存在方式,也是其他存在者的存在方式。而这种存在方式决定了这样一种状态:此在(也可以说一切存在者)首先从那种它所不是的但却在它自己的世界之内来照面的存在者方面来领会它自己本身,也就是说,领会它的在世。

海德格尔的这种思想在很大程度上体现出狄尔泰的影响,虽然他没有直接用"体验"一词,但人们很快意识到,这种对于在世的"领会",就是体验的"本

① 海德格尔《存在与时间》,陈嘉映、王太庆译,第15页。
②③ 同上,第63—64页。

质",在海德格尔的此在的基础存在论中,它是认识活动的本源。

海德格尔所描述的这种"此在在世界中"的生存论结构,对于"体验"这个词想表达的那种在对象之中,与对象融为一体的方式来说,是一种奠基——我们努力解释"体验"究竟是一种什么样的认识活动时,海德格尔所说的这种"在之中的领会"就成为了最有力的解说。

"在之中"对于体验而言,是其发生论本源,是与对象处在相互生成之中与相互显现之中,是当下的具体的自我的生成与当下的具体的对象的生成,这里有纯感性层面上的直观与感受,有领会,有理解,有表现(呈现出),它就是生命的显现,而由于当下具体性,它又具有社会——历史的内涵。

但对于"在之中"这样一种认识方式的讨论,毕竟不是对于体验的直接研究,但后世关于体验的研究,大都接受了海德格尔的生存论,并以此为基础建构各个领域中的体验观。在这基础上,关于什么是"体验"至少有了两个共识:一、体验是认识的直接源泉;二、体验是主体自身在生存世界中的呈现,也是对象在主体的生存世界中的呈现。

四、肉身亲在与纯粹直观:体验概念之内涵的深化

很快,另一个问题也得到了解决:体验总是亲身在场,是以肉身对世界的感受,"春江水暖鸭先知",肉身的感受才是体验的源泉,"在之中"本意上也先是肉身"在之中"。人类都是以身体本身感知世界、认识世界、洞察世界,这一点是无法否认的事实,这一事实变成了人们想用"体验"这个词表达的最基本的意思,这个事实在理论上的表达由法国的现象学家梅洛-庞蒂用"身体图式"这个概念进行了概括。身体按梅氏的认识,是一种"主体——客观"的统一体①,它既是被动的感受性的,也是主动的选择性,或者说建构性的,身体是外部世界与内部世

---

① 梅洛-庞蒂《知觉现象学》,姜志辉译,商务印书馆2001年版,第132页。

界的桥梁，"内部世界和外部世界是不可分离的。世界就在里面，我就在我的外面……应该说，我就在同一种关系下理解世界。……只有当主体实际上是身体，并通过这个身体进入世界，才能实现其自我性"①。我们是通过身体而进入世界的，这一点实际上也是体验这一概念想要表达的内涵。

身体的主体性使得我们的肉身感受实际上有一种"智性"，它有自己的图式。"身体图式"这个概念意味着，身体不是一个有待于填补的空白，而是一个不断进行"完形"的主体，身体先于经验而存在，它建构着经验，"身体朝向它的任务而存在"，身体以图式的方式呈现自身的存在。②作为图式的身体意味着：我走进世界，世界因此向我开放，我也向世界开放，所以，我与世界的关系是一种"相互嵌入"，身体决定了我对世界是一种"体认"。这种生发于我与世界彼此"嵌入关系"中的体认，就是体验，而且这一体认处于不断开放的状态中。"认识"在梅洛-庞蒂看来是这样的：把认识活动还原到最基本的事实，它首先是身体对外部世界和内部世界连接，身体同时也是在内时间—空间构成精神世界（精神生命）的最基础材料。在认识的过程中，知觉和身体本身的感受相互蕴涵，身体图式和运动机能天然交织、相互蕴涵，共同产生我们的感知觉综合，在每一个知觉中都呈现出意义和形式。因此，体验就不是单纯的肉身感受，而且感知觉的综合，被体验到的，实际上是对象呈现给我们的"意义统一体"。"成为一个意识，更确切地说，成为一个体验，就是内在地与世界、身体和他人建立联系，和它们在一起，而不是在它们旁边。"③我们的身体是活生生的意义的纽结，思维是通过身体而思考的，身体在欲望、需要与满足的推动下，通过对原初的物我关系的体验，最初根据客体关系中的原初信念（体验感受的好与坏），而后依据价值观最基本的形式和内容——信念、理想和信仰作出价值判断与选择，形成知觉信念的高度统一性、一致性，主动地把身体各部分的感知在瞬间联合在

---

① 梅洛-庞蒂《知觉现象学》，姜志辉译，第511页。

② 同上，第137—139页的内容。

③ 同上，第134页。

一起。这就是梅洛-庞蒂的体验观。

"体验"这个概念尽管在梅洛-庞蒂的著作中用的是 Expérience,就其语境而言虽然被翻译为"体验",但表达的核心意思却是"经验",是"践行"意义上的经验。梅洛-庞蒂的理论对于体验概念的完善来说,解决了肉身,或者说身体自身的感受性在体验中的基础性地位,解决了体验作为"亲在"是如何建立在肉身感受上的,并且把体验的目的与效果归结为意义统一体,或者说知觉信念的统一体。

至此,由狄尔泰首先在审美与艺术中发现的体验概念,由现象学家们导向具有自明性的真知,而后在海德格尔的此在的基础存在论中,体验获得了"存在论——生存论"上的奠基,然后在梅洛-庞蒂这里,体验获得了认识论上的奠基,并且在身体图式上找到了自己的特殊性。但到目前为止,它还没有正式从美学上得到认可与诠释。这个工作要到加达默尔才总结性的完成。

体验概念进入美学与艺术,源于"艺术创作是个人体验的结晶"这一命题,这是狄尔泰的结论,但如果沿着狄尔泰的思路再深问一下:表达个人体验有何意义?

体验这个概念之所以在审美与艺术中具有重要作用,是因为在审美与艺术中情感与意义的感受与传达问题。朱熹看重的是通过涵泳而实现情感与意义在艺术中的传达问题,而狄尔泰的体验概念,是强调艺术家获得情感与在感性状态下获得对于意义的体认的方式问题。艺术家通过个体化的、感性化的"体验"而获得对情感的感受与对意义的体认,这构成了艺术传达的内容。但如果我们承认艺术经验是个体化的、情感化的"个人经验"的传达,那么这种个人化状态在审美中是不是普遍可传达的? 如果是,为什么可以? 狄尔泰解决问题的方式是"体验结晶",但加达默尔给出了更深入的解释,这就是他看重"体验"这个词的原因。

"体验"这个词所表达的不是我们的经验方式,而是我们的经验结果。只有当我们的个人经验一方面具有直接性,这种直接性先于所有解释、处理或传达而存在,并且可以为解释提供线索、为创作提供素材,这种个人经验就是"体验"。但这个词还有更深一层的含义——它还指由直接经验中获得的收获,即在经验中直接留存下来的结果。如果我们的个人经验不仅仅是我们个人的,而且这种经历还获得一种持久的继续存在,那么这种经历就属于"体验"。加达默尔就是在这层意义上使用"体验"一词,这更像汉语中的"阅历"一词。但加达默尔令人不解把体验又和"直观",和"意向性构成"结合在一起,而后又把它上升到"意义构成物"的高度。

"在解释历史对象时所追溯到的最初的所与并不是实验和测试的数据,而是意义统一体。这就是体验概念所要表达的东西:我们在精神科学中所遇到的意义构成物——尽管还是如此陌生和不可理解地与我们对峙着——可能被追溯到意识中所与物的原始统一体,这个统一体不再包含陌生性的、对象性的和需要解释的东西,这就是体验统一体,这种统一体本身就是意义统一体。"①

很难想象"体验"这种完全建立在个人感受状态之上的认知,居然是为了获得意义统一体!体验在加达默尔的语境中是个纯粹的认识论概念,它表达着认识者和认识对象之间的这样一种状态:体验统一体能够达到与所与物的真实统一。也就是说,是对对象之存在的真切感知,体验概念由此可以成为一切知识的认识论基础。

这一点是加达默尔与狄尔泰与梅洛-庞蒂是达到共识的——体验不仅仅是以身体感受为基础的生命感受,而是意义统一体。体验是意向性构成物,是意义统一体,是生命性的体现,也是真知的开始。在审美体验中,艺术作品从一"物"转化为一个意向性构成的意义统一体,成其为艺术作品,艺术作品的规定性似乎就在于成为"审美"的体验。在审美体验中,某物抛开了一切与现实的联系而成为艺术作品,更重要的是,体验者的生命活动,也就是他最真切的存在,直接而持久的融入到艺术作品中,使得艺术作品成为"他的艺术作品",成为一个被体验者填充过

① 加达默尔《真理与方法》,洪汉鼎译,上海译文出版社 1999 年版,第 81—82 页。

的意义丰满的艺术作品。艺术作品作为审美体验中的构成物,它包含着某个无限整体的经验,这个经验具有可诠释性,使其成为超越了"确定性"的意义整体。因此,体验概念对确立艺术的立足点来说就成了决定性的东西。由于在体验中生成,艺术作品被理解为生命的象征性再现,艺术作品本身就被表明为审美体验的结果,因此,加达默尔指出,一切艺术,本质上都是"体验艺术"。

加达默尔对于"体验艺术"这个概念又作了深入的诠释。这个概念具有一种显著的两重性。体验艺术显然是指艺术源于体验,并且是体验的表现。但体验艺术概念也被用于那种专由审美体验所规定的艺术——凡是以某种体验的表现作为其存在规定性的东西,它的意义只能通过某种体验才能把握到。

这个概念对于当代的艺术与审美来说具有决定性的意义:从艺术创作的角度来说,艺术经验源自艺术家的个人体验,而在体验这种直接与持久的认识中,借助于技术性的物化手段,产生了意向性构成物——艺术作品,艺术作品既是一个意义整体,又包含着个体的"体验结晶体",既是感知的对象,又是领会与理解的对象;而从艺术欣赏或审美的角度来说,欣赏者同样以体验的方式,把艺术作品转换为自己的意向性构成物,这种转换同时也是创作者之体验的移置,在这种体验中,艺术作品才以"作品"的方式存在,可以这样说:艺术作品在体验中生成,体验中存在。

这就使得体验对于艺术作品而言,具有了存在论性质,但体验本身是微妙而复杂的,体验怎样才可以被传达? 非概念化的,甚至是个人化的体验,必须通过特定的技巧才能传达,怎么把非感觉的,转化为可感觉的,这构成了艺术创作的目的。为此加达默尔对传统的修辞学中的"譬喻"和 19 世纪风靡一时的象征论又进行了学术史的回顾,用他的说法:"象征是感性的事物和非感性的事物的重合,而譬喻则是感性事物对非感性事物的富有意味的触及。"[①]引入这两个概念是要解决这个问题:体验的对象是感性的,体验的结果是非感性的,如何把非

---

① 加达默尔《真理与方法》,洪汉鼎译,第 95—96 页。

感性的生命体验传达出去？——通过譬喻和象征！在譬喻和象征中，会形成"意象"，而"意象"又可成为审美体验的对象，这就解决了体验的传达问题。

五、审美体验与审美区分

但真正使得加达默尔对于体验概念倾注热情的原因在于，"体验"这种活动所创造出的意向性构成物相对于对实在之物的认知，被纯粹化了。加达默尔的体验观念显然与胡塞尔所说的现象学还原，与纯粹直观有某种内在关联。在体验中，我们直接和"对象的存在"发生共同在场性的关系，在这种关系中，对象是作为"自身"而存在的。这一点当然也是"审美体验"的特性，在审美体验中，那些被我们作为艺术作品而加以体验的东西，由于撇开了一部作品存在于其中并在其中获得其意义的一切宗教的或世俗的影响，这部作品将作为"纯粹的艺术作品"而显然可见。在审美体验中，艺术作品作为存在者，它和此在发生了纯粹的体验关系，从而把它从自身的存在世界中被拔了出来。因此，审美体验对于对象的认识，是有所选择的，它的对象是"作品自身"，所有非审美的因素在审美体验中是不被关注的，如：目的、作用、内容意义。尽管这些因素对于艺术作品非常重要，它们是作品"在世界中存在"的必然构成，并且规定了作品原来所特有的丰富意义，但是，作品的艺术本质必须与所有这些要素区分开来。

这种体验对于现代人的审美和艺术来说太重要了！现代的审美观实际上把审美理解为这样一种纯粹的体验活动。

"这就正好给了审美意识这样一个本质规定，即审美意识乃进行这种对审美意指物和所有非审美性东西的区分。审美意识抽掉了一部作品用以向我们展现的一切理解条件。因而这样一种区分本身就是一种特有的审美区分。它从一切内容要素——这些内容要素规定我们发表内容上的、道德上的和宗教上的见解——区分出了一部作品的审美质量，并且只在其审美存在中来呈现这种质量本身。同样，这种审美区分在再创造的艺术那里，也从其上演中区分出了原型(文学脚本、乐谱),而且由于这样,不仅与再创造相对立的原型,而且与原型或其他可能见解相区别的再创造本身,都能成为审美意指物。这就构成了审美意识的主宰性,即审美意识能到处去实现这样的审美区分,并能'审美地'观看一切事物。"①

这段话提出了两个重要的概念,一个是"审美区分",一个是"审美意识",两个概念相互规定。关于审美区分,加达默尔说:"我们称之为艺术作品和审美地加以体验的东西,依据于某种抽象的活动。由于撇开了一部作品作为其原始生命关系而生根于其中的一切东西,撇开了一部作品存在于其中并在其中获得其意义的一切宗教的或世俗的影响,这部作品将作为'纯粹的艺术作品'而显然可见。就此而言,审美意识的抽象进行了一种对它自身来说是积极的活动。它让人看到什么是纯粹的艺术作品,并使这东西自为地存在。这种审美意识的活动,我称之为'审美区分'。"②通过审美区分而抽象出一个"纯粹艺术作品",但这种抽象是在审美体验中实现的,或者说,只有审美体验才能够完成这种审美区分。

在审美意识与审美区分之间,有一个循环论证:由审美意识所进行的区分叫审美区分;进行审美区分的意识叫审美意识。审美意识决定我们可以"审美地观看世界"。这种循环的本源在于审美体验,或者说,审美意识与审美区分本身就是"审美体验"这张纸的两面,它们是统一的。

加达默尔不是在讨论"体验",而是在讨论一个专门的体验的领域,叫"审美体验"。按照他的观点,对对象的纯粹直观,就是"审美的",这显然是康德的审美是非功利非概念之直观这一观点的复现,在这种直观中会产生"审美对象",他又显然把"意向性构成物"与"审美对象"直接对等了。这令人诧异——这种纯粹的直观,是怎么形成"审美对象"这一意义统一体的? 审美当中的情感现象

---

① 加达默尔《真理与方法》,洪汉鼎译,第109—110页。
② 同上,第109页。

与意义发生怎么在这种体验中生成？

加达默尔对这个问题的回答是：在审美经验的形成中，个人化的体验具有普遍性，这种普遍性的基础是加达默尔所强调的"教化"、"敏感"、"共通感"等在社会历史中所习得的能力，我们的体验是建立这些具有共通性的认知能力的基础上的，因而本身具有共通性，本身可以建构出意义统一体。这个思想中包含着这样一种观念：在体验这种最个人化的认知行为中，我们不是以个体化的方式，而是以共同体的方式进行体验，体验是具有共同性的。这就意味着，体验作为意义统一体具有其持久性，体验的结晶构成认识的普遍性的基础。

这种体验观和我们日常语用中所说的"体验"不一样，这很像是建立在共通感之上的直观，他所说的体验更像是具有建构功能的"经验"概念，而不是"狄尔泰—海德格尔"所说的那种"在之中的领会"。这是一次理论上的倒退吗？

这是对康德美学的现象学意义上的复活，加达默尔所说的审美意识作为一种区分与抽象的能力，这种意识在康德那里找到了自己的先天基础，由于这种意识的先天存在，使得主体可以到处"审美的看世界"，所以加达默尔得出结论说——审美意识具有共时性特征，它可以把一切具有艺术价值的东西聚焦起来，从而在审美与艺术领域中超越"历史相对性"。的确，在博物馆与剧院中，我们可以"审美地"看完整个艺术史，而无需细看每一件作品的说明材料。

加达默尔的体验观，建立在感性直觉，强调认识的纯粹性，而在人文教化的过程中，这种纯粹直观被社会历史化，因而可以成为对意义统一体的建构性直观。可以这样理解，加达默尔所说的"体验"，就是通过感性直观而获得的意义统一体，有点"智性直观"的味道。显然，加达默尔的"体验"观当中强调的是认识发生的直接性。

体验这个词如此的复杂，以至于当我们在 20 世纪后期使用这个词时，它首先是指狄尔泰所说的生命化的个人感受，而这种感受可以通过共鸣而获得普遍性；其次，体验可以通达具有自明性的经验认识；第三，体验是意识的意向性构成，和意义统一体的建构过程，是真知的开始，它是合目的性的意向性构成物；

第四,体验是"在之中"的领会,是在世的领会,体验是此在的生存论的状态;第五,体验是亲身在场,是以身体图式对外部世界的直接感知;第六,审美体验是建立纯粹直观之上的,对对象的审美区分,这种区分借助于审美意识,而审美意识的核心就是纯粹直观。

六、中国文化语境中的"体验"观

或许我们不得不问,这些理论家所说的"体验",是同一个词吗？事实是:所有这些概念,无论英语、法语还是德语,是被译为汉语词"体验"之后才被我们视为同一个概念的不同层次的内涵的,而对于每一位把这些词译为"体验"的译者来说,他们实际上有一个共识——这些词想要表达的内涵,就是中国人所说的"体验"一词的内涵。尽管在我们民族的学术传统中,我们没有对这个词进行过系统的内涵分析与梳理,但这个词所表达的,恰恰是我们想要用"体验"这个汉语词去表达的。完全对等的翻译是不可能的,但恰恰是在翻译的过程中,各民族的思想可以形成共鸣与和声。"体验"这个词在当下汉语中的内涵,恰恰就是在译介过程中与诸种西方思想所形成的多声部的和声。

西方人对于"体验"的内涵的分析,深化着我们对于"体验"的认识,但这个词仍然有一些属于民族特性的内涵,没有被西方思想涵盖。当一个中国人说"我体验过这种事"时,除了表达"我"对这件事的个体化的认识外,还有个人的情感化的反应在其中。这个词的内涵,关系到中国人所认为的情感的发生。在汉文化的语境中,"体验"一词,除了指亲身经历和实地领会外,往往还指伴随着认知过程的情感发生。这一点西方人的体验观却没有强调。

情感不能被"理解",只能被"体验"。体验是我们交流情感的最主要的方式,在体验中,我们投入到一个具体的情境中,既感受对象,也感受整个氛围,然后任由身体与心灵产生属于自己的反应,这种反应由于是自由的,是完全属于审美者个人的,因而是最真切的,最具体的。在体验中这种行为中,我们把对象,无论是有机物还是无机的,想象为一个生命体,想象为一个包含诸种情感可能的交流的对象,似乎在对象(无论是有机物还是无机物)与体验者之间,有一种感应式的关系。这种关系可以体会,不可言传,对象总会以某种方式触动我们的心弦,或许直接,或许婉转,或许浓烈,或许隐约,只要允许心灵自由地感受对象,这个世界就一定会在我们的心湖中留下涟漪,这是情感产生的一种方式。"昔我去兮,杨柳依依",杨柳的依依之态,与我们的不舍之情是同构的,敏感的心灵,一定会捕捉到这种"同构"。由于"体验",我们在认识对象的时候,会产生各式各样的情感反应,"春山澹冶而如笑,夏山苍翠而如滴,秋山明净而如妆,冬山惨淡而如睡"(语出宋·郭熙《林泉高致·山水训》)。"我见青山多妩媚,料青山、见我应如是"(辛弃疾·贺新郎),诗人最懂得体验世界,这个世界是饱含着情感的。

在体验中,我们会真切地感知到对象的存在,感性不会说谎,它会诚实地对对象做出属于自己的反应。关于对象"是什么"这样一个问题,理性和科学会给出一个确定的,具有普遍性的答案,而每一个认识者,除此之外还会有一种完全个人化的感知,"如人饮水,冷暖自知",这种感知是最直接,最真实,同时也是真正属于感知者自己的,既求真切,也直指心意。在体验这样一种认识活动中,情感与理性是结合在一起的。因而当我们在体验一物时,我们既在认知着对象,也在感受着对象,我们既求其所是,又允许心灵对它作出属于自己的情感反应。

还有一个语用上的现象:在审美中使用"体验"这个词的时候,常常直接使用"生命体验"这个词。"体验"在中华民族的审美中一直是作为生命感受的获得与传达而被重视的。所谓生命体验,就是以个体生命经验为基础对对象的内在生命性的情感感受。生命性所指的是生命体在其生命活动中所展现出的多姿多彩的情态,这种情态直接表现为诸种"情感"。情感有其层次,最基本的是生理性的冷、热、痛、麻、胀等;还有生命性的情感,如高兴、悲伤、愁、闷、爱等等;还有一些精神性的情感,如慈悲、勇敢、崇高、怜爱、敬畏等。

在中国的文化传统中,"感"是情感何达的主导方式,人不仅认识着对象,用各式各样的方式与对象打交道，人还用自己的整个生命来感受对象，这种包含着感受，包含着情感反应的，并且以情感反应为主导的认识，在中国的文化语境中，是"体验"一词的基本内涵。同时，"感"这个词，也包含着梅洛-庞蒂想用身体图式表达的主要内涵。在审美中，"感"首先是肉身的感受性，而后是心灵的感动。"感"是一种互动性的"物—我"关系，"我"是以肉身的方式在场的主体，而"物"不仅仅指实在的客体，在民族文化的审美语境，作为"审美对象"的"物"，不仅仅是作为一个实在的物质实体而被感知的，它本身被理解为生命体。这个生命体有其结构，就生命形式而言，它的外在形式被理解为"肉"；其次是支撑这一外在形式的结构性因素——"骨"；然后是对生命情态的体验与领会——"韵"；最后是对生命状态与生命本质的终极领悟——神、气。这种生命构成不是作为理性反思的对象而存在的，按民族文化的语境，这是只有通过体验才有把握的生命特征，把握这种特征，构成了汉文化语境中使用"体验"一词的根本原因。

在民族传统的体验观中，还暗含着一种对于想象力之活跃的肯定，在进入体验状态后，"浮想联翩""心驰神往"这种心灵状态似乎是进入"体验"状态的必然结果，或者说，这就是体验状态。

想象力是人的一种先天的感性能力，但对于每一个人有强弱之别。想象力的责任是把我们的诸种感性认识统合起来，它体现为把一个不在场的对象在直观中表现出来。想象力也负责把我们的对对象的感性认识与对它的知性的，也就是概念性的认识结合起来。通过感性我们所认识到的世界，是无数感觉的碎片，想象力把它们统合为一个整体性的表象，然后为这个表象与某个概念性的规定结合起来，从而形成我们对对象的"经验认识"。

在面对自然之景时，比如黄山的山峰与云海，我们常常会陷入这样一种状态：我们直观山与云，觉得它一会像野马，一会如尘埃，一会如传说中的神灵，一会如尘世的少女，风起云散时，心情起浮，物象百转，风情万种。而神定之后，山仍然是山、云只是云。这一切如在眼前的幻相，实际上是我们的想象力在欺骗着我们，或者说，是想象力带着我们神游天地之间。

在观赏或者聆听一件艺术作品时,我们常常会思绪万千,神游八荒,我们的人生经验,我们的梦想,我们最渴望的那些景象与情感,我们记忆深处的那些"美好",会被不知觉间带上心头,在体验之中,我们不是放空自己的胸怀与心灵,而是任由想象力填充它——自由的填充,"若有所思而无所思,以受万物之备",在那个属于想象力的瞬间,可谓思接千载,视通万里,吐纳珠玉之声,卷舒风云之色,古人谓之"神与物游"。这个时候,审美就是一次"神游"。

想象力承担着激活记忆、联想、表象变形等等功能,也体现着自由地进行"表象活动",当我们在体验一个对象时,往往进入到想象力的自由状态下,在浮想联翩中,情感才真正进入自由宣泄状态,慷慨动容、潸然泪下。这样一种神游与动情的状态,在中国的审美传统中,处于审美感受的中心地位,要达到这种状态,就必须首先进入到"体验"状态。显然,在民族审美的传统中,体验的目的不仅仅是达到"真知",也不是强调意义统一体在直观中生成,而是强调个体心灵的自由与情感感动,这一点在现代西方人所建构出的"体验"观中,没有体现。

这就产生了中西方在使用"体验"这个范畴时的差异,西方人所强调的是"在之中"的认识所具有的"直观"与"领会状态",而在民族传统文化语境中强调的"在之中"的个体的感受状态,以及想象力和情感的自由。

无论是现代西方人的思想,还是民族传统观念,都是在"体验"这一个能指之下表达的,因而,诸种意义会在其中交融,无论是 erleben、Experience、Expérience,还是"体验",会产生一种共鸣,正是在共鸣中,一个审美范畴的内涵才现实的产生。所当,当我们在当下的汉语语境中使用"体验"这个词时,实际上是包含了中西汇通之后这个词所具有的意义上的丰富性:生命化的,但又结晶了的个人感受,经验认识的自明性,经验过程的构成性,在世的领会,肉身的亲在,纯粹的直观,再加上个体情感与想象力的自由,这就构成了这个词的基本内涵,这种内涵超越于每一种"本意"而成为我们使用它的原因,并且成为我们的审美活动的一个环节。

原载《复旦学报(社会科学版)》2017 年第 3 期

编　后　记

　　本书所编文章,汇集了复旦大学中文系文艺理论教研室诸前辈及同仁有关中西美学与文论的研究成果,所谓"涓流积至沧溟水,拳石崇成泰华岑",观此足可见文艺理论教研室之煌煌成就,亦可见作为中文系最重要的学科之一,其自来的学术传承与鲜明的研究特色。

　　倘稍作展开,可见以下数端。其一,注重对中西方美学和文论的宏观把握与体系构建。通史意识从来是以蒋孔阳先生为代表的复旦文艺学、美学学者强烈的追求。全面宏观地把握中西方美学和文论的理论脉搏,凸显当代中国学者对中西方知识资源的理解和贯通,从而为构建中国本土美学和文学理论提供着实可靠的基础,体现在从蒋孔阳主编的《西方美学通史》,吴中杰所著《文艺学导论》,朱立元主编的《西方美学思想史》《当代西方文艺理论》,朱立元、张德兴合著《西方古典美学与文论选讲》,到王振复《中国美学史教程》,陆扬《欧洲中世纪诗学》等一系列著作和教材中。它们不但切实嘉惠于后学,亦使复旦文艺理论和美学学科蜚声海内外。其中,蒋孔阳先生的德国古典美学研究、吴中杰先生的文艺思潮与审美文化研究、施昌东先生的汉代神学与美学研究、朱立元先生的黑格尔美学研究、应必诚先生的红学美学研究、王振复先生的周易美学研究等,更堪称学科最成熟丰厚的收获。

　　其二,注重对理论命题与概念、范畴的深刻理解与把握。如果说通史把握是学科史的层面的累积,上述名言的研究则是理论层面的抽象与深化,二者互为表里,推动了复旦文艺理论教研室的相关研究呈现出精深与邃密的特点。这种特点在吴中杰主编的三卷本《中国古代审美文化论》、朱立元主编的《西方美学范畴史》、王振复主编的《中国美学范畴史》到叶易《论文学理论范畴概念的拓展》等著作论文中都有体现。诚如海德格尔在《面向思的事情》一书中所指出的那样,"任何一门科学都依赖于范畴来划分和界定它的对象领域,都在工具上把范畴理解为操作假设"(陈小文、孙周兴译,商务印书馆1999年版,第71页),复旦大学文艺理论教研室在中西美学范畴研究上所做的基础性工作,必将进一步推动整个学界的相关研究,并使之走向更深广和成熟的境地。

其三,注重与当下理论思潮的互动,进而对学界各种热点问题有积极的回应,对当下的现实困惑也有主动的介入。美学研究和文艺理论研究虽然常聚焦在抽象的理论问题上,有较强的专业性和浓厚的思辨色彩,但从来植基于时代,不排除与更广大的社会生活的联系。如蒋孔阳先生的审美关系论美学、吴中杰先生的古代审美文化研究、朱立元先生的实践存在论美学、王振复先生的周易美学思想研究,都是在二十世纪以来文艺学美学大讨论中,对各种观点、学派与理论思潮做出的建设性回应。而张德兴的西方现代美学研究、陆扬的后现代美学研究、郑元者的人类学美学研究、王才勇的西方原典翻译与研究、张岩冰的女性主义研究、杨俊蕾的影像美学研究、谢金良的周易与审美文化研究、张宝贵的实用主义美学研究、张旭曙的形式美学研究、李钧的实践存在论研究等也各有特点,不同程度地包含了鲜明的现实指向。

总之,不管是体系性构建还是具体问题的把握,融汇中西、综合古今是建设中国本土美学和文艺学学科的必由之路。正如蒋孔阳先生曾指出的:"目前,我们正处在一个古今巨变,中外汇合的时代,各种思想和潮流纷至沓来,我们面临多种的机遇和选择。这就决定了,我们不能固步自封,我们要把古今中外的成就,尽可能地综合起来,加以比较,各取所长,相互补充,为我所用。学者有界别,真理没有界别,大师海涵,不应偏听,而应兼收。综合比较百家之长,乃能自出新意，自创新派。"当今世界虽然已经发生了巨大的变化，但作为知识人，我们面对的课题大体仍未超出先生所指的范围。故谨以此种教诲，表达我们未来的方向。

本书编选得到了教研室诸位前辈与同仁的帮助，朱立元先生还对选目提出过很好的建议。此外，校友张玉能、朱志荣和刘旭光诸先生不吝赐稿，亦是宝贵的支持。大量具体工作均由学生王汝虎承担，在此，也对他的付出表示衷心的感谢！

编选者

2016 年岁末